교양으로 읽는
물리학 강의

교양으로 읽는 물리학 강의

_별이 된 원자

초판 1쇄 발행일 2015년 3월 5일
초판 2쇄 발행일 2016년 5월 20일

지은이 임채호
펴낸이 이원중

펴낸곳 지성사 **출판등록일** 1993년 12월 9일 **등록번호** 제10-916호
주소 (03408) 서울시 은평구 진흥로1길 4(역촌동 42-13) 2층
전화 (02) 335-5494 **팩스** (02) 335-5496
홈페이지 지성사.한국 | www.jisungsa.co.kr **이메일** jisungsa@hanmail.net

ISBN 978-89-7889-298-8 (03420)

잘못된 책은 바꾸어드립니다. 책값은 뒤표지에 있습니다.

이 도서의 국립중앙도서관 출판시도서목록(CIP)은 서지정보유통지원시스템 홈페이지(http://seoji.nl.go.kr)와
국가자료공동목록시스템(http://www.nl.go.kr/kolisnet)에서 이용하실 수 있습니다. (CIP제어번호:CIP2015004489)

별이 된 원자

교양으로 읽는 물리학 강의

임채호 지음

지성사

저자의 글

우주와 물질에 대한 이해가 늘면서 현대문명은 놀랄 만한 발전을 이루었다. 과학자, 특히 물리학자들은 시공간과 원자를 늘 새로운 관점에서 바라본다. 그래서 자연의 원리를 파헤치며 경이로움을 느끼는 동시에 신물질을 만들어내기도 한다. 반면 일반인들은 물리학에 그다지 관심이 없다. 원자 세계나 새로운 우주관에 호기심이 있다 하더라도 학문적 접근이 쉽지 않기 때문이다. 더욱 안타까운 것은 시간이 갈수록 이러한 간극이 점차 커지고 있다는 점이다.

고등학교 때부터 문과와 이과를 분리해 가르치는 우리의 현실에서 이러한 간극을 좁힐 수 있는 기회는 거의 없어 보인다. 대학에서도 상황은 크게 다르지 않다. 인문 · 사회계 학생은 물론, 물리나 미적분을 배우지 않은 이과 학생들은 현대과학에서 다루는 과학 정신을 접할 기회가 많지 않다. 문제는 이렇게 과학 정신을 제대로 배우지 못한 학생들이 졸업 후에 각계 사회지도층이 되어 국가의 정책 결정을 담당하게 된다는 점이다.

현대과학에 대한 기본 이해가 없는 상태에서 국가의 정책 방향이 결정된다면 어떠한 결과를 가져오게 될까? 물질적 풍요와 과학기술로 만들어진 결과에만 집착한 나머지 그 이면에 놓인 과학 정신과 과학자들이 추구하는 의의를 제대로 헤아리지 못한 채 국가 정책을 결정한다면 훗날 어떤 상황을 맞이하게 될까? 분명 국가의 품격을 높이는 데 큰 도움이 되지 못할 것이고, 국가의 지속적 발전 가능성 또한 해치게 될 것이다. 국가의 자부심은 경제적 발달은 물론, 그것을 지탱하는 정신적 바탕이 함께할 때 생겨나기 때문이다.

과학의 발전은 사고방식의 전환을 통해 이루어진다. 그런데 21세기를 살고 있는 우리의 사고방식이 여전히 19세기의 개념으로 고정되어 있다면 과연 어떤 미래를 기대할 수 있을까? 물질문명은 양자적 시공간에 대한 사고방식의 산물인데, 정신적 바탕은 절대적 시공간의 개념으로 차 있다면 과연 우리 사회는 어디로 향하게 될까? 또한 과학이 추구하는 정신과 방향을 일반인들이 이해하고 지원해주지 않는다면, 어떻게 지속적인 기술의 발전과 경제력이 유지될 수 있을까?

우리나라의 경우, 과학자들이 1960년대 이후 경제 발전과 더불어 기울여온 노력은 매우 크다. 그 결과 서구의 과학적 전통을 이해하고 모방하는 단계까지 도달했다. 그러나 필자의 생각으로는 아직도 우리 나름의 학풍을 만들어내는 데까지는 미치지 못한 것 같다. 50여 년이라는 짧은 시간에 걸쳐 이루어낸 우리의 과학적 성과는 세계적 사고의 흐름 속에서 볼 때 어느 위치에 있는 것일까? 우리가 어렴풋이 짐작하는 것처럼 정말 우리 과학이 세계적으로 도약할 수 있는 위치에 서 있는 것일까? 그러나 어느 위치에 있든 지금 우리에게 필요한 것은 한국의 과학계가 지향하고 있는 과학 정신에 대해 좀 더 진지한 고민이 필요하다는 점이다. 이런 점에서 인류가 공동으로 개척해온 과학이 하늘과 물질의 세계를 어떻게 통합적으로 다룰 수 있게 되었는지를 되새겨보는 일은 충분한 가치가 있다고 본다.

우리가 살고 있는 지구와 우주에 존재하는 물질들은 어떻게 만들어진 것일까? 우리는 원자 세계를 얼마나 이해하고 있을까? 물질과 우주 공간은 서로 어떤 영향을 주고받을까? 이런 질문들에 대해 과학자들은 어떻게 답하고 있는지, 과학자가 찾은 우주의 근본 법칙이 뜻하는 바가 무엇인지를 음미해보자. 그리고 현대문명의 최첨단 기술을 일구어낸 혁신적인 능력이 바로 우주를 합리적으로 바라보려는 노력의 산물이라는 것도 확인해보자.

현재 일반인을 대상으로 하는 이야기식의 과학 책은 다양하게 나와 있지만, 인문 · 사회 분야의 학생들과 과학 지식이 해박한 일반인에게 과학 정신을 전달할 만한 내용의 책은 찾아보기 어려운 현실이다. 현대과학의 꽃으로 불리는 물리학에 대해 보다 심화된 내용을 알고자 하면 수식부터 등장하는 현실 속에서 대부분의 비전공자는 더 이상 다가갈 수 없는 장벽을 느끼게 된다. 이 책은 지난 수년 동안 전북대학교와 서강대학교의 인문·사회계 학생을 대상으로 강의한 내용을 바탕으로 썼다. 책에는 필자가 지난날 가졌던 학문적 태도에 대한 반성의 결과가 오롯이 녹아 있다.

과학자로서 일반인에게 과학을 쉬운 말로 설명하지 못한다면, 그것은 자연을 제대로 이해하지 못하고 있다는 증거일 것이다. 때문에 이공계를 전공하지 않은 일반인의 입장에서 과학이 발전해온 기본 철학, 그리고 철학을 추구하는 과정과 방향 등을 쉽게 이해할 수 있도록 집필하고자 노력했다. 이 책을 통해 과학에 대한 흥미로움을 발견하는 것은 물론, 물리학을 중심으로 일어난 과학혁명에 대해 진지하게 생각하고 스스로 질문할 수 있는 계기가 되었으면 좋겠다.

끝으로 이 책을 쓰는 데 도움을 준 많은 분들께 감사의 말을 전하고 싶다. 집필을 시작할 즈음 이화여자대학교의 김찬주 교수와 많은 교류가 있었고, 서강대학교 물리학과의 동료 교수들과 양자시공간 연구센터를 방문한 교수들의 격려 또한 큰 힘이 되었다. 이 밖에도 서강대학교 과학커뮤니케이션학과 학생들의 조언은 책의 내용 전개에 많은 도움이 되었음을 밝힌다. 문장을 다듬는 데 글쓰기센터 김남미 교수의 조언이 많은 도움이 되었고, 젊은 층에게 쉽게 읽힐 수 있도록 문장 표현을 다듬는 데 두 아들의 도움이 컸다. 누구보다 일반인의 입장에서 조언해준 아내가 있어서 어려운 과정을 마칠 수 있었다. 이 책을 쓰는 데 도움을 준 모든 이들에게 감사의 마음을 전하고 싶다. 특히 뜻을 같이하여 이 책의 출판을 기꺼이 허락해주신 지성사 이원중 사장님께 진심으로 감사드린다. 그리고 책의 내용을 독자의 입장에서 전개할 수 있도록 큰 도움을 준 지성사 편집부, 삽화를 그려준 엄화진 님께 감사드린다.

차례

이 책을 읽기 전에

우리의 일상을 들여다보면, 불과 한 세기 전에는 상상조차 하지 못했던 놀라운 일들로 가득하다. 낮밤에 상관없이 24시간 밝은 불빛 아래 생활할 수 있고, 자동차와 KTX로 일일생활권이 가능해졌다. 또 비행기로 지구촌 어디든 갈 수 있게 되었다. 이뿐만이 아니다. 우리가 생산한 공산품이 해외에서 널리 사용되고, 세계 곳곳의 과일을 사시사철 맛볼 수 있다. 또 전 세계의 도시에서 시간차로 열리는 주식시장들은 세계의 경제를 하나로 묶고, 광속으로 연결된 네트워크는 개개인의 생각을 순식간에 전 세계로 퍼뜨릴 수 있다. 한때 종이신문을 저녁에 배달할지, 아침에 배달할지를 두고 고민하던 시절이 있었다는 것이 까마득하게 여겨질 따름이다.

여기서 잠시 생각해보자. 우리의 생활이 이토록 변화하게 된 주요 원인은 무엇일까? 직접적으로는 정부 정책이 주효했고, 공학이 이를 뒷받침했다. 그리하여 우리의 주거환경은 물론, 이동수단과 통신수단 등이 하루가 다르게 변해왔다. 그런데 이러한 변화는 우리에게만 해당되는 것은 아니다. 선진국들은 우리보다 훨씬 앞서 이러한 변화를 맞이했다. 그런데 현대문명이라 불리는 급격한 변화는 왜 20세기 이후에 일어난 것일까? 과거와는 확연히 다른 질적인 변화가 어떻게 공학에 일어날 수 있었을까?

우리가 눈여겨보고 싶은 대목은 사고방식의 혁신적 변화다. 역사적으로 볼 때 공학과 과학은 서로 밀접한 관계를 맺어왔다. 이 때문에 많은 이들은 공학과 과학을 동일시하기도 한다. 그런데 놀랍게도 주요 과학자들의 업적은 당시대의 생활을 편리하게 하는 기술과는 거리가 멀었다. 과학은 일상생활과 동떨어진 천문과 수학의 원리를 대상으로 삼았기 때문이다. 과학은 상아탑 속에서나 존재하는 먼 나라 이야기에 불과했다. 이러한 과학이 2000년 이상 지속되어왔다는 사실이 참으로 놀랍다. 때로는 지성으로 존경받기도 하고, 때로는 사회적으로 수세에 몰려 박해를 받기도 했지만, 끊임없이 샘솟는 호기심으로 긴 세월을 이겨낸 것이다. 그리고 과학자들은 자연의 진정한 기본 원리를 하나둘 찾았다.

과학이 실생활에 스며들기 시작한 것은 2000년이라는 긴 세월에서 볼 때 비교적 최근에 일어난 일이다. 20세기부터는 오히려 과학이 공학의 변화를 주도하게 된다. 천문과 수학으로 터득한 능력이 물질을 다룰 수 있는 강력한 능력으로 바뀐 것이다. 우주를 바라보는 관점도 크게 바뀌었다. 과학은 이제 지구가 속한 태양계를 벗어나 우리 은하와 우주 전체를 대상으로 더 큰 그림을 그리고 있다.

이 책은 우주와 물질에 대한 인식의 변화가 어떤 방향으로 이루어져 왔는지를 다루고 있다. 과학자들, 특히 물리학자들이 어떤 철학과 안목으로 자연을 대해왔는지, 자연을 바라보는 사고방식의 결과가 어떻게 자연법칙에 실증적으로 적용되고 있는지를 자세히 다루려 노력했다. 1장은 이 책의 서론에 해당되는 부분으로, 하늘에서부터 물질 속을 보기까지의 노력을 개괄적으로 다루고 있다. 2장부터 4장까지는 하늘의 움직임에 대한 이야기다. 만유인력을 찾아내는 과정과 만유인력이 과학사에서 차지하는 의미를 중점적으로 다루고 있다. 5장은 약간 특이한 부분이다. 여기에서는 예술가들의 상상력이 과학자들보다 먼저 나타나고 있다는 점을 보여준다. 2장부터 5장까지를 1막이라고 한다면, 6장부터 9장까지는 2막에 해당한다. 여기에서는 물질에 대한 지식을 얻는 과정이 나온다. 전하가 일상생활의 도구로 변하게 된 과정, 열을 통해 분자의 운동을 유추해내는 과정, 그리고 원자 세계의 특이한 모습이 드러나는 과정 등을 소개한다. 마지막으로 10장부터 14장은 3막에 해당한다. 원자 세계에 적용되는 물질의 법칙과 시공간을 다루는 하늘의 법칙이 하나로 통합되는 과정을 담고 있다. 광속이 특별하다는 것을 깨닫게 된 특수상대론, 만유인력을 시공간의 기하학으로 바꾸어놓은 일반상대론, 핵에너지를 이용하여 빛을 내는 원소를 만드는 별 이야기, 그리고 삼라만상을 만드는 기본 입자와 기본 힘에 대한 이야기가 나온다. 마지막으로 물질과 하늘의 법칙이 본래 하나가 되는 우주의 역동적인 모습을 다룬다.

중간중간에 등장하는 '읽어보기'는 본문의 흐름을 끊지 않으면서 약간의 설명을 추가하기 위해 넣은 글이다. 주로 본문에서 나오는 예를 추가하거나 간단한 설명을 덧붙였다. 또 '생각해보기'는 본문에 나오는 내용을 읽은 독자라면 한 번쯤 곰곰이 생각해보아야 하는 질문을 제시하고 있다. 어떤 질문은 뚜렷한 답이 없는 경우도 있다. 이는 보는 이에 따라 결론이 달라질 수도 있고, 새로운 차원에서 바라보면 전혀 새로운 답이 나올 수도 있기 때문이다. 책 전반에 걸쳐 강조했지만, 과학이란 문제를 다르게 보는 시각에서 전혀 새롭게 변화되어 왔다는 점을 꼭 기억하자.

끝으로 이 책을 쓰는 데 여러 서적이 참고가 되었지만, 특히 브라이언 그린이 쓴 『우주의 구조*The Fabric of the Cosmos: Space, Time, and the Texture of Reality*』(박병철 옮김, 2005)와 조앤 베이커가 지은 『물리와 함께하는 50일*50 Physics Ideas You Really Need to Know*』(김명남 옮김, 2010)을 보면서 이 책을 쓰기로 결심하게 되었다. 각 단원에는 좀 더 읽어볼 만한 참고서적을 명기해놓았다. 특히 위키피디아의 온라인 백과사전은 자료를 수집하는 데 큰 도움이 되었으며, 책에 나오는 여러 사진 또한 위키피디아에서 가져온 것임을 밝힌다. 이 밖에 유사한 책으로 로이드 모츠의 『물리 이야기』(차동우 · 이재일 옮김, 1992)와 『최무영 교수의 물리학 강의』(책갈피, 2008)는 이 책의 내용을 이해하는 데 도움이 될 것이다.

1장
우주란 과학자에게 무엇인가?

We stand today on the edge of a New Frontier—the frontier of 1960s, the frontier of unknown opportunities and perils, the frontier of unfilled hopes and unfilled dreams. … Beyond that frontier are uncharted areas of science and space, unsolved problems of peace and war, unconquered problems of ignorance and prejudice, unanswered questions of poverty and surplus.

_John F. Kennedy

하늘의 움직임을 알아낸 과학자의 눈

아침이면 하늘에 태양이 떠오르고, 밤이 되면 별이 빛난다. 이처럼 명확한 사실이 또 어디 있을까? 하지만 매일 낮과 밤이 생기고, 해와 별이 뜨는 이유를 묻는다면 선뜻 답할 수 있을까? 누군가 답을 한다 한들 그 답을 확인할 수 있을까? 과거, 하늘은 인간의 상상으로만 가늠할 수 있는 세계이자 문학의 대상이었다. 때로는 신앙의 대상으로 숭배하기도 했다. 고대 피라미드나 거대한 신전은 하늘로 통하는 정신적 관문이었다. 평안남도 룡덕리에서 발견된 고인돌에는 북극성을 중심으로 11개의 별자리에 속하는 80여 개의 별들이 구멍으로 표시되어 있다. 기원전 2900년경에 이미 우리 민족도 하늘과의 교감을 중시했음을 알 수 있다.

과학자들이 하늘을 알기 위해 가장 먼저 시도한 일은 관측이었다. 하늘 관측과 관련된 유명한 일화가 있다. 탈레스(Thales of Miletus, 기원전 624~기원전 546년경)가 밤하늘을 바라보며 깊은 생각에 잠겨 걷다가 그만 우물에 빠지자 하인이 이렇게 빈정거렸다. “한 치 발 앞의 일도 모르면서 하늘의 일을 알려고 하다니요."

그런데 하늘에 관심을 가진 것은 과학자들뿐이었을까? 하늘의 움직임을 이용하려는 권력자들 역시 하늘에 대해 자세히 알고 싶어 했다. 그들의 필요가 있었기에 하늘에 관한 자료가 오랫동안 꾸준히 수집될 수 있었다. 그리고 점차 자료가 늘면서 정리하는 작업 역시 필요하게 되었다. 자료에서 나타내는 의미를 통해 하늘의 미래를 예측하고자 했기 때문이다.

자료를 어떻게 해석하고 정리하는가는 과학자가 속한 사회와 시대에 따라 달랐다. 그런데 오랜 세월에 걸쳐 하늘의 움직임을 공통적으로 보는 경향이 있었다. 바로 하늘이 지구를 중심으로 돈다는 해석이었다. 이러한 천동설은 15세기까지만 해도 부동의 진리로 여겨졌다. 그러나 이러한 전통에 위대한 반전이 나타났다. 폴란드의 천문학자 코페르니쿠스(Nicolaus Copernicus, 1473~1543)의 지동설이 탄생한 것이다.

코페르니쿠스는 어떻게 지동설을 주장하게 되었을까? 코페르니쿠스가 살던 16세기에는 망원경이 존재하지도 않았다. 때문에 당시의 관측 정밀도로는 천동설과 지동설 중 어느 것이 옳은지 구별할 수 없었다. 당연히 코페르니쿠스의 주장은 정밀한 천문 관측을 토대로 한 것이 아니었다. 그가 지동설을 주장한 이유는 별의 움직임을 해석하는 당시의 방식이 너무 복잡했기 때문이다. 그는 지구가 아니라 태양을 중심으로 별의 움직임을 조사해야 한다고 주장했다. 태양을 중심으로 보면 별의 움직임이 쉽게 설명되기 때문이었다. 여기서 주목해야 할 점은 코페르니쿠스가 단지 별의 움직임을 쉽게 파악하는 방법 때문에 지동설을 주장한 것이 아니라는 점이다. 그는 하늘을 보는 사고방식에 대전환이 필요함을 강조했다. 코페르니쿠스가 살던 시대에는 천동설을 신앙처럼 믿고 있었기 때문에 지동설을 주장하는 것은 생명을 내놓는 일이었다. 그럼에도 코페르니쿠스는 끝까지 자신의 생각을 굽히지 않았고, 결국 그의 뛰어난 통찰력 덕분에 후세 과학자들은 새로운 과학의 길을 갈 수 있었다. 과학이 발달해온 역사를 한마디로 정리한다면, 지구가 우주의 중심이 아니라는 것을 찾아가는 과정이라 할 수 있다.

17세기 초반이 되어서야 하늘을 좀 더 자세히 볼 수 있는 망원경이 등장했다. 이탈리아의 물리학자 갈릴레오(Galileo Galilei, 1564~1642)가 망원경으로 본 하늘은 중세 가톨릭교회가 전통적으로 믿었던 하늘과는 너무 달랐다. 하늘에 떠 있는 별은 완전한 구가 아니었다. 망원경에 보인 울퉁불퉁한 달의 표면이 그 증거였다. 모든 별들은 지구를 중심으로 도는 것도 아니었다. 목성 주위에는 목성을 중심으로 도는 위성이 존재했다. 종교계에서는 하늘에 대한 기존의 믿음이 무너지는 것이 두려워 갈릴레오가 망원경으로 하늘을 관측하는 것을 금하기까지 했다. 이러한 방해에도 하늘에 대한 환상이 하나둘 벗겨지기 시작했다. 갈릴레오와 동시대에 살았던 독일의 수학자이자 천문학자 케플러(Johannes Kepler, 1571~1630)는 행성의 자세한 움직임을 법칙으로 정리했다. 그리고 마침내 1687년 영국의 물리학자 뉴턴(Sir Isaac Newton, 1642~1727)은 케플러 법칙을 바탕으로 만유인력을 찾아냈다.

만유인력은 하늘과 땅 모두에 적용되는 보편적인 법칙이었다. 하늘에 떠서 움직이는 별은 이제 단 하나의 법칙으로 설명이 가능했다. 그뿐이 아니었다. 지상으로 떨어지는 뉴턴의 사과도 만유인력때문이었다. 하늘의 별이나 지상의 물체나 모두 운동법칙을 따르는 거대한 기계로 보였다. 하늘은 더 이상 신화나 교리로 설명되는 것이 아니라, 보편적인 법칙에 따라 움직인다는 생각이 힘을 얻기 시작했다. 그 결과 우주는 기계적으로 움직인다는 생각이 과학적 진리로 받아들여지게 되었다. 과거를 지배하던 '신화의 시대'는 갈릴레오와 케플러, 뉴턴으로 이어지는 이른바 '이성의 시대'로 대체되었다. 당시 서구를 지배했던 종교적 도그마(dogma)는 만유인력 앞에서 무기력해진 것이다. 그리고 인류는 역사상 처음으로 지구 중심에서 벗어나 하늘을 볼 수 있는 합리적인 안목을 갖게 되었다. 과학적 사고에 바탕을 둔 새로운 시대로 진입한 것이다.

1969년 7월 20일, 우주비행사 암스트롱(Neil Alden Armstrong, 1930~2012)과 올드린(Buzz Aldrin, 1930~현재)은 아폴로 11호를 타고 인류 최초로 달에 발을 내딛게 되었다(그림 1-1). 그때 암스트롱이 남긴 작은 발자국은 우주를 향한 커다란 꿈의 상징이 되었다. 쥘 베른이 『지구에서 달까지』(1865)를 쓸 때만 해도 달에 도착하는 일은 동화에 지나지 않았다. 그런데 상상 속에서나 가능했던 달나라 여행이 현실이 된 것이다. 물론 달 착륙은 미국의 케네디 정부가 시작한 우주 프런티어 정책이 일구어낸 성과였다. 그러나 달 착륙은 단지 미국인의 성공으로 끝난 것이 아니었다. 달 착륙은 우주로 나아가려는 인류의 오랜 꿈이 실현 가능한 것임을 보여주는 역사적 사건이었다. 당시 한국에서도 달 착륙 과정을 흑백 TV로 중계했는데, 이때의 장면은 젊은이들에게 과학과 기술이 미래를 개척한다는 희망을 확신시켜주는 계

| 그림 1-1 | 1969년 인류 역사상 처음 달에 도착하여 남긴 올드린의 장화 자국

기가 되었다. 그후 2013년 1월 30일, 나로호 발사를 계기로 우리나라 역시 우주로 한발 다가서고 있다.

1977년에 우주로 쏘아 올린 무인 우주 탐사선 보이저 1호는 1990년에 태양계 바깥쪽 약 65억 킬로미터까지 도달했다. 그리고 인류 역사상 최초로 태양계 밖에서 행성들의 모습을 사진으로 찍어 보내왔다(그림 1-2). 행성의 모습을 담은 60개의 사진을 합성하여 만든 태양계 사진은 뉴턴 이전에 이미 케플러가 예측했던 대로 행성이 공전하는 모습이 그대로 나타나 있다. 더욱이 보이저 1호는 2014년 현재까지도 정해진 궤도를 운행하면서 만유인력에 따라 행성 너머 태양계 외곽으로 들어가고 있다. 인공위성이 원래의 계획대로 우주 여행을 하고 있다는 사실은 만유인력이 천체운동을 정확히 반영하고 있다는 증거이다. 만유인력의 예측력이 얼마나 정확한지 놀라울 따름이다.

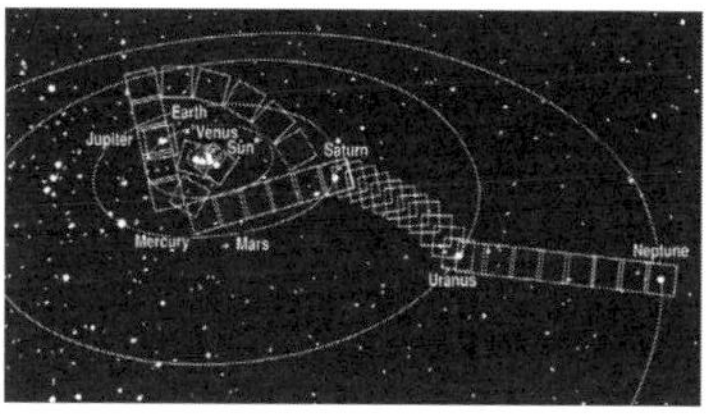

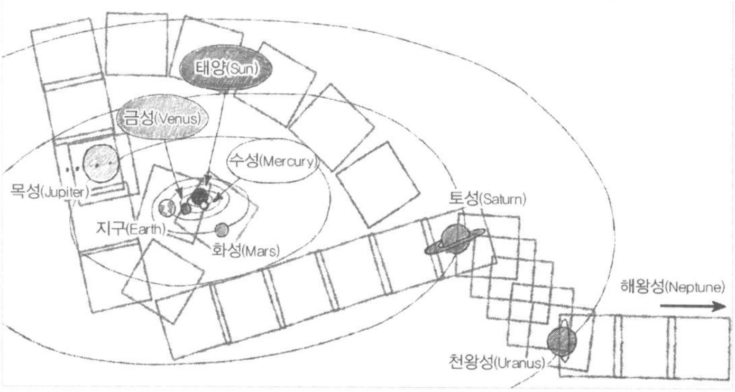

| 그림 1-2 | 태양계 사진(위, 보이저 1호 촬영)과 그 개략도(아래)

원자 세계의 등장

우리 주위는 공기와 물 그리고 땅과 같은 물질로 가득 차 있다. 물질이 원자와 분자로 만들어진다는 사실을 간접적으로 알게 된 것은 화학반응을 통해서였다. 19세기 중반에 러시아의 화학자 멘델레프(Dmitri Ivanovich Mendeleev, 1834~1907)는 화학적 성질을 바탕으로 원소를 정리하여 주기율표를 만들었다. 그런데 원소는 왜 이런 주기적 성질을 가지고 있는 것일까? 이 질문은 원자가 답해주고 있다.

원자와 분자를 맨눈으로 직접 볼 수는 없다. 과학자들은 17세기에 광학현미경이 나오면서 겨우 미생물을 보기 시작했다. 그러나 이 광학현미경으로도 원자를 볼 수는 없었다. 20세기 초가 되면서 과학자들은 원자의 속을 들여다볼 수 있는 도구를 갖게 된다. 바로 방사선 물질에서 나오는 알파입자다. 알파입자로 충돌시켜보니 원자의 내부는 텅 비어 있고, 중심부에는 아주 조그맣지만 무거운 핵이 놓여 있었다. 그리고 화학반응에 관여하는 전자는 원자의 중심에서 멀리 떨어져 있었다. 이 모습을 본 과학자들은 환호했다. 원자가 겉보기에 태양계를 쏙 빼닮았기 때문이었다. 그렇다면 행성이 태양을 중심으로 공전하듯이, 전자도 핵을 중심으로 공전하지 않을까?

그러나 막상 원자를 자세히 들여다보니 뉴턴의 방식으로는 원자를 설명할 수 없다는 것이 확실해졌다. 더욱 이상한 것은 원자가 태양계를 닮기보다는 오히려 바이올린처럼 화음을 내는 악기를 더 닮은 듯이 보인다는 점이었다. 악기가 아름다운 소리를 내듯이 원자는 영롱한 빛을 낸다. 길거리에 걸린 네온사인이 붉은빛을 띠는 이유는 네온 원자가 붉은색을 내기 때문이고, 밤길을 밝혀주는 수은등이 푸른빛을 내는 이유는 수은 원자가 푸른빛을 내기 때문이다. 뉴턴의 입장에서 보면 전자가 행성처럼 움직이는 것이 당연해 보이지만, 정작 원자가 자신의 고유한 빛을 내고 있다는 사실을 설명할 길이 없었다. 원자가 빛을 낸다는 사실 때문에 과학자들은 뉴턴과는 전혀 다른 각도에서 원자를 보기 시작했다. 원자를 입자가 아니라 파동의 입장에서 설명하기 시작한 것이다.

원래 파동은 입자와 대치되는 개념이다. 넘실거리는 파도는 서로 만나면 새로운 형태의 파도를 만들어낸다. 이런 현상을 간섭이라고 한다. 간섭을 일으킨다는 점에서 파동은 입자와 크게 구별된다. 더욱이 파동은 간섭을 이용하여 공명을 일으킬 수 있다. 연주자가 피리로 음을 낼 수 있는 것은 피리 내부에서 공기의 공명이 일어나기 때문이다. 공명이란 뚫어져 있는 피리의 구멍에 맞추어 내부의 공기가 크게 진동하는 현상이다. 원자가 특별한 빛을 낸다는 것도 이와 비슷하다. 원자에서 공명이 일어나고 있다.

과학자들은 전자를 '물질파'라고 불렀다. 전자가 파동의 특성을 보이기 때문이다. 전자는 분명 입자인데 전자를 파동으로 본다는 것은, 뉴턴이 볼 때 전혀 말이 되지 않았다. 그런데 전자가 이상한 점은 이것만이 아니었다. 전자가 물질파로 보이기는 하지만 항상 파동으로만 행세하지도 않는다. 어떤 때는 입자처럼 보이고, 어떤 때는 파동으로 보인다. 그런데 한 가지 확실한 것은 전자가 입자로 보일 때는 파동으로 보이지 않고, 전자가 파동으로 보일 때는 입자로 보이지 않는다는 점이다. 마치 동전의 앞면과 뒷면을 보는 것과 같다. 동전의 앞면을 볼 때는 뒷면이 보이지 않듯이, 전자가 입자로 보일 때는 파동의 성질이 전혀 보이지 않는다. 물론 전자가 파동으로 보이게 되면 그전에 입자로 보이던 모든 성질은 사라진다. 이러한 전자의 불가사의한 특징 때문에 과학자들은 몹시 고민했다. 이 과정에서 독일의 물리학자 하이젠베르크(Werner Karl Heisenberg, 1901~1976)는 '불확정성 원리'를 찾아냈다. 불확정성 원리는 8장에 자세히 나온다.

원자 세계는 뉴턴이 찾았던 하늘의 세계와는 전혀 달랐다. 그리고 전자가 기존에 알고 있던 입자나 파동과는 상당히 다르기 때문에 전자를 기존에 부르던 입자나 파동이라는 명칭으로 부를 수가 없었다. 기존에 사용하던 용어로 전자를 표현하는 데 한계가 있기 때문이다. 이를 극복하기 위해 과학자들은 원자 세계에 나오는 모든 물질을 '양자(Quantum)'라고 부르기 시작했다. 원자, 분자, 전자, 양성자, 중성자 등 원자 세계에서 나오는 모든 물질을 통틀어 양자라고 부른다.

태양계에 놓인 행성은 과거와 현재 그리고 미래의 위치를 기계처럼 정밀하게 예측할 수 있다. 그러나 태양계와 비슷하게 보였던 원자는 전혀 그렇지 않다. 원자 안에 놓여 있는 전자는 그 위치를 정밀하게 예측할 수 없다. 전자가 어디에 놓여 있는지는 확률로만 말할 수 있다. 전자는 뉴턴의 운동법칙을 따르지 않는다. 전자는 파동 형태의 새로운 운동법칙을 따른다. 원자 세계는 뉴턴이 상상도 못했던 전혀 다른 운동법칙이 적용되는 세계다. 원자 세계의 등장은 17세기에 확립되었던 기계적 우주관의 기반을 송두리째 무너뜨렸다. 하늘과 물질이 전혀 다른 법칙을 따르기 때문에 우주를 기계적으로 볼 수 있는 근거가 사라진 것이다.

그렇다면 원자 세계와 천체 세계는 전혀 다른 세계일까? 우주의 오묘함과 예측 불허가 여기에서 다시 한 번 나타난다. 원자와 우주가 전혀 뜻밖의 곳에서 하나로 만나기 때문이다. 새로운 만남의 장소는 아주 먼 옛날, 태초의 우주다.

원자와 우주의 만남 : 빅뱅

밤하늘에는 별과 은하가 존재한다. 그러나 과거에도 은하와 별이 있었던 것은 아니다. 초기의 우주에는 별도 은하도 존재하지 않았다. 이러한 사실을 알게 된 것은 1920년대 후반 미국의 천문학자 허블(Edwin Powell Hubble, 1889~1953)의 발견 덕분이다. 허블은 은하에서 나오는 별빛을 조사했는데, 지구에서 멀리 떨어진 은하일수록 별빛이 원래 색보다 적색 쪽으로 변해 있었다. 이 결과는 은하가 지구에서 멀리 떨어져 있을수록 우리에게서 멀어져가는 속도가 더 크다는 것을 뜻한다(이것을 도플러 효과라고 말한다). 허블의 발견에 따르면 은하들은 지구로부터 멀어져가고 있다. 이 사실은 지구가 우주의 중심임을 뜻하는 것일까? 그렇지 않다. 지구가 태양계의 중심이 아니듯, 지구가 우주의 중심이 될 가능성은 전혀 없다. 그렇다면 허블의 발견은 무엇을 의미하는가?

우주를 제대로 이해하려면 우주를 제대로 볼 수 있는 원칙이 필요하다. 그 원칙은 코페르니쿠스가 생각해냈던 것과 비슷하다. 코페르니쿠스는 행성의 움직임을 보고 지구가 태양계의 중심이 아니라고 주장했다. 현대에 사는 우리는 은하의 움직임을 어떤 관점을 받아들여야 할까? 우리는 코페르니쿠스보다 한 걸음 더 나아가 지구가 우주의 중심이 아니라는 관점을 받아들여야 하지 않을까? 그렇다. 여기에는 과학적 사고방식의 믿음이 필요하다. 다시 말해, 하늘을 우리 은하에서 관측하든지, 아니면 다른 은하에서 관측하든지 하늘을 관측한 결과는 같을 것이라는 믿음이다. 과학자들은 우주를 바라보는 이런 보편적 관점을 '우주원리(Cosmological Principle)'라고 한다.

우주원리란 코페르니쿠스가 도입했던 지동설의 우주관을 우주 전체로 확장한 것이라고 볼 수 있다. 우주원리에 따르면 지구가 우주에서 특별한 위치에 있을 이유가 전혀 없다. 허블의 발견대로 외부 은하가 지구에서 멀어져간다면, 이 은하는 다른 어떤 은하에서도 멀어져갈 것이다. 이것을 곰곰이 다시 생각하면, 우주의 모든 은하는 서로가 멀어져가고 있음을 알 수 있다. 허블은 우주가 전체적으로 팽창하고 있다는 것을 발견한 셈이다.

우주가 팽창한다는 것은 벨기에 신부인 르메트르(Monsignor Lemaître, 1894~1966)가 제일 먼저 생각해냈다. 그는 대학에 진학하기 전, 예수회 학교에서 교육을 받았다. 고등교육을 받으면서 우주론을 연구했고, 가톨릭 신부가 되었다. 르메트르는 허블의 관측 결과가 세상에 알려지기 2년 전에 논문을 벨기에 학술잡지에 발표했다. 그는 우주가 초기원자 또는 우주 달걀 형태에서 팽창하고 있다고 주장했지만, 크게 주목받지는 못했다. 이후 1930년 영국의 천체물리학자 에딩턴(Sir Arthur Stanley Eddington, 1882~1944)이 그의 이론을 소개하면서 외부에 알려졌다. 한편, 호일(Sir Fred Hoyle, 1915~2001)은 당시 영국의 유명한 천체물리학자였다. 그는 허블의 발견을 따라 은하가 멀어진다는 것을 받아들였지만, 우주의 시작이 있다는 것에는 동의할 수 없었다. 그는 멀어지는 은하 사이에 물질이 계속 생성되기 때문에 우주는 항상 같은 상태로 보인다는 이른바 '정상상태' 우주론을 신봉하고 있었다. 그래서 호일은 1949년 BBC 라디오 방송에서 르메트르의 주장을 빅뱅(Big Bang, 대폭발)이라고 비꼬아 불렀다. 빅뱅이라는 용어가 만들어지던 당시의 분위기가 현재와는 사뭇 달랐음을 알 수 있다.

빅뱅 우주론이 과학계에서 인정받게 된 계기는 1965년에 발견된 마이크로파 잡음의 발견이다. 펜지아스(Arno Allan Penzias, 1933~현재)와 윌슨(Robert Wilson, 1936~현재)은 벨연구소에서 마이크로파 통신을 연구하고 있었다. 그들은 지상에 낮게 떠 있던 에코(Echo) 통신위성에서 반사되는 라디오파를 수신하도록 안테나를 개선하고 있었다. 위성에서 반사되는 신호는 아주 약하므로, 그들은 6m의 거대한 호른 안테나를 이용했다(그림 1-3). 그런데 스피커에서 마이크로파 잡음이 들렸다. 그들은 이 잡음을 최대한 제거

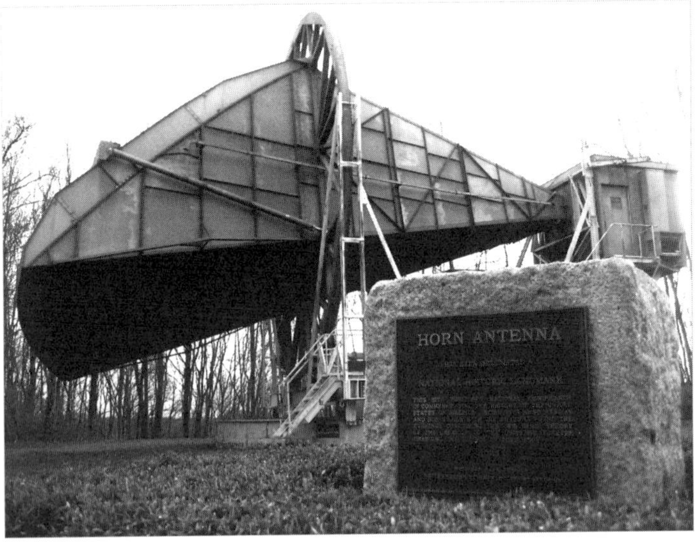

| 그림 1-3 | 펜지아스와 윌슨이 벨연구소에서 사용하던 호른 안테나

하기 위해 안테나를 청소하고, 회로를 바꾸고, 온도를 영하 270도까지도 내려 보았다. 하지만 아무리 해도 7.35cm 마이크로파의 잡음을 없앨 수가 없었다. 이 잡음은 안테나 방향을 이리저리 돌려보아도 소용없었다. 잡음의 원인이 지상의 물체나 태양, 우리의 은하가 아니었던 것이다. 그런데 알고 보니 이 잡음은 러시아에서 미국으로 망명한 가모프(George Gamow, 1904~1968)와 그의 연구진이 이미 1948년에 예견한 것이었다.

현재는 이 마이크로파 잡음을 '우주배경복사'라고 한다. 우주배경복사는 텔레비전을 켜면 발생한다. 방송 주파수가 맞지 않을 때 칙칙거리는 소리가 바로 이 마이크로파 잡음이다. 그러나 우주배경복사는 단순한 잡음이 아니다. 우주의 아주 먼 곳으로부터 날아와, 과거에 우주가 계속 팽창해왔다는 사실을 확인시켜주는 일종의 증언이다. 우주배경복사는 우주의 과거를 알 수 있는 실마리가 되어준다. 과학자들은 이 실마리를 얻기 위해 하늘에 위성을 쏘아 올려 정밀히 관측하고 있다. 1989년 코비위성(COBE, Cosmic Background Explorer), 2001년의 WMAP 위성(The Wilkinson Microwave Anisotropy Probe), 그리고 2008년의 플랑크 위성이 그 역할을 해왔다. 이러한 측정 결과는 과학자들이 우주를 바라보는 우주원리가 틀리지 않음을 뒷받침해준다.

우주는 시간이 지나면서 팽창했고, 온도는 점점 내려갔다. 지금의 우주는 아주 넓고 차갑지만, 먼 옛날의 우주는 아주 작고 굉장히 뜨거운 불덩어리였다. 또 현재의 우주는 별과 은하로 차 있지만, 과거의 우주는 전혀 달랐다. 초기의 우주에는 은하와 별은 물론 원자도 없었다. 당시의 우주는 원자보다 더 작은 물질로 가득 차 있었다. 이 작은 물질들은 우리 주위에서 쉽게 볼 수 있는 물질이 아니다. 원자핵 아주 깊숙이 들어가야만 보인다. 원자핵 속 깊은 곳에 과거의 우주를 채우고 있던 물질들이 들어 있기 때문이다. 우주 초기의 신비가 핵 깊숙한 곳에 숨어 있는 셈이다. 이러한 이유로 원자핵 속을 들여다보는 일이 우주 초기의 모습을 알아내는 결과가 되었다.

그러나 핵 속을 들여다보는 일은 전혀 간단하지 않다. 보통의 현미경으로는 어림도 없다. 보다 강력한 가속기가 필요하다. 유럽핵물리연구소(CERN)는 2009년부터 양성자 가속기 LHC(The Large Hadron Collider)를 가동하고 있다. LHC는 현재 핵 속을 가장 깊숙하게 들여다볼 수 있는 가속기다. LHC는 스위스와 프랑스 접경 지역의 지하 175m에 만들어진 원형 모양의 터널 안에 있다. 터널의 길이는 27km나 되며, 이 터널을 따라 자석이 연속적으로 정렬되어 있다. 양성자는 1조 볼트 이상의 전압으로 가속되어 광속으로 달리고 있다. 양성자가 터널을 따라 돌 수 있도록 인도하는 역할은 자석이 한다. 터널 안에서 양성자들은 서로 반대 방향으로 돌고 있으며, 네 군데에서 서로 충돌한다. 각 충돌 지점에는 각기 다른 실험을 위한 거대 탐지기가 설치되어 있다. 이러한 LHC는 아토미터(am, 10^{-18}m)의 작은 크기까지도 들여다볼 수 있다. 핵 속 깊숙이 들여다볼 수 있는 강력한 현미경이다. 인류가 만든 가장 좋은 현미경이라고 볼 수 있다.

우주란 무엇인가? 한자어에서 생겨난 우주(宇宙)는 집을 뜻한다. 그래서 온 삼라만상을 담는 공간이라는 의미가 강하다. 그리스어에서 나온 코스모스(Cosmos)는 카오스(Chaos, 혼란)와 대비되어 쓰였다. 우주란 정리되어 있는 공간이란 점을 강조한다. 라틴어에서 나온 유니버스(Universe)는 우주가 회전하는 것, 변화하는 것이라는 의미를 가지고 있다. 이처럼 우주는 다양한 어원을 가지고 있지만, 결국 온 세상에 존재하는 모든 것을 뜻한다. 현재 과학자들이 생각하는 우주란 물질과 에너지 그리고 이를 담는 시간과 공간을 통틀어 가리킨다. 물질과 시간, 그리고 우주 공간은 서로 어우러져 불가분의 관계를 유지하고 있다는 것이다. 뉴턴이 발견한 우주는 물질 속에서 발견된 원자 세계로 발전했고, 이들이 다시 합쳐 우주의 시공간을 형성하고 있다. 과학자들이 우주의 모든 것에 대해 알아온 과정과 의미를 하나씩 살펴보자.

생각해보기

우주원리란 우주의 성질에 대한 믿음의 표현이다. 큰 범주에서 봤을 때 우주 어느 곳에서 관찰하더라도 우주는 모두 똑같아 보인다는 것을 뜻한다. 우주원리는 코페르니쿠스의 지동설을 확장하여 우주에 적용한 것으로 볼 수 있다. 우주론에서 많이 사용되는 또 하나의 원리로 인류원리(Anthropic Principle)라는 것이 있다. 이것은 우주를 관찰하는 생명체의 존재를 중심으로 설명한다. 우주의 초기 환경은 현재의 우주가 생명체를 품을 수 있도록 조성되었어야 한다는 것이다. 우주의 생성과 전개 과정 자체가 생명체가 만들어질 수 있는 환경으로 이루어져 왔다는 주장과 생명체가 우주의 전개 과정에 맞추어졌다는 주장은 어떻게 다르다고 생각하는가?

(참고: 나에게 잘 맞는 집은 나를 위해 만들어진 것인가, 아니면 내가 집에 잘 맞는 것인가? "This is an interesting world I find myself in—an interesting hole I find myself in—fits me rather neatly, doesn't it? In fact it fits me staggeringly well, must have been made to have me in it." The Salmon of Doubt: Hitchhiking the Galaxy One Last Time(2005, Douglas Adams))

더 볼 만한 자료

Powers of Ten, Charles and Ray Eames (IBM, 1968, 1977)

Cosmology, M. Rowan-Robinson (Oxford, 4판, 2004)

Introduction to Cosmology, Matts Roos (John & Wiley, 3판, 2003)

『LHC, 현대물리학의 최전선』, 이강영 지음 (사이언스북스, 2011)

http://www.aip.org/history/cosmology/index.htm (2014)

2장
밤하늘을 정리한 케플러

The Earth sings Mi, Fa, Mi: you may infer even from the syllables that in this our home misery and famine hold sway.

_Johannes Kepler

머리 위에 펼쳐 있는 하늘은 훤히 보이지만 쉽게 다가갈 수 없는 곳이다. 하늘을 나는 새가 신기하게 보이듯이, 과거 하늘에 떠 있는 해와 달은 더욱 신비하게 보였다. 새는 땅으로 내려오기 때문에 자세히 볼 수 있지만, 해와 달은 결코 땅으로 가까이 오는 법이 없다. 그러나 신비하게만 보이던 하늘에도 규칙이 있다는 것을 깨닫게 된다. 신앙심이 깊었던 케플러는 우주를 신의 형상으로 생각하고, 태양을 하나님으로 비유하여 태양 중심설을 받아들였다. 그는 태양 중심설이 지구 중심설보다 오히려 성서를 반영한다고 믿었다. 그리고 한평생을 밤하늘의 규칙을 정리하는 데 보냈다.

프톨레마이오스와 코페르니쿠스의 차이

태양은 지구에 없어서는 안 되는 존재다. 지상에 필수적인 에너지를 공급하고, 밤과 낮을 구분하며, 사계절의 변화를 주도한다. 태양이 없다면 인류가 존재할 수 있었을까? 과거 농경사회에서는 식량 재배에 영향을 미치는 태양의 변화에 민감할 수밖에 없었다. 사람들은 태양의 움직임에 따라 절기를 구분하고, 씨를 뿌릴 시기와 곡식 거둘 시기를 예측했다. 안정된 농경사회를 유지하던 이집트는 이미 기원전 3000년경부터 태양력을 사용했고, 중국도 기원전 2000년경부터 태음력을 사용했다.

밤하늘에 대한 지식도 오랜 세월에 걸쳐 쌓여갔다. 이집트 기자에 있는 피라미드는 기원전 2560년에 세워졌다. 이 피라미드의 입구는 정북(正北)을 가리킨다. 그런데 이집트인들은 어떻게 정북을 알아냈을까? 우리는 하늘의 북극성을 보고 쉽게 정북을 찾을 수 있다. 그러나 당시에는 하늘에 정북 방향의 북극성이 없었다. 왜냐하면 지구의 자전축 방향이 조금씩 바뀌기 때문에 북극에 보이는 별은 2만 6000년마다 제자리로 돌아온다. 이를 세차운동(Precession)이라고 부른다. 때문에 기자 피라미드를 건설할 당시에 정북 방향을 찾아내는 것이 그리 간단한 일은 아니었을 것이다. 이집트인들은 정북 방향을 찾기 위해서 태양과 별자리를 상당한 수준으로 이용하고 있었음을 추정할 수 있다.

중국의 경우 상 왕조시대(기원전 1300년경)의 갑골문자 기록에 보면 청룡(동), 백호(서), 주자(남), 현무(북)에 해당되는 28숙 별자리표가 나온다. 또한 바빌론 수메르 지역에서 발견된 암미사두콰 금성 글판(Venus Tablet of Ammisaduqa)에는 바빌론시대의 점성술이 기록되어 있다. 이 글판은 기원전 7세기 이전에 만들어졌음에도 금성이 뜨고 지는 시각이 21년 주기로 기록되어 있다. 기원전 6세기경 소아시아 밀레투스에 살았던 탈레스는 일식도 예견했다고 한다. 이처럼 천체의 관측 자료가 모아짐에 따라 하늘의 움직임을 이해할 수 있는 기반이 서서히 만들어졌다.

프톨레마이오스(Claudius Ptolemaeos, 100~170년경)는 바빌론과 그리스 학자들이 발견한 천문 지식을 바탕으로 『알마게스트*Almagest*』를 집필했다. 이 책은 총 13권으로, 2세기경에 출간되었다. 여기에는 해와 달 그리고 행성의 위치, 일식과 월식, 별자리 등에 대한 자세한 내용이 집대성되어 있다. 『알마게스트』는 9세기에 아랍어로 번역되어 이슬람권의 천문학에 큰 영향을 미쳤다. 그러나 정작 서구에서는 원본이 분실되어 12세기에 아랍어 번역본이 다시 라틴어로 번역되었다. 프톨레마이오스가 정리한 천구이론(The Theory of the Celestial Spheres)은 중세 서구의 신학적 의미와 결부되면서 우주관의 표준으로 받아들여졌다. 아마도 프톨레마이오스는 서구의 우주관에 가장 큰 영향을 미친 학자일 것이다.

프톨레마이오스는 태양과 달, 별들의 운동을 천구이론으로 설명했다. 천구이론이란 별들이 자리 잡고 있는 하늘이 천구이며, 각 천구들은 지구

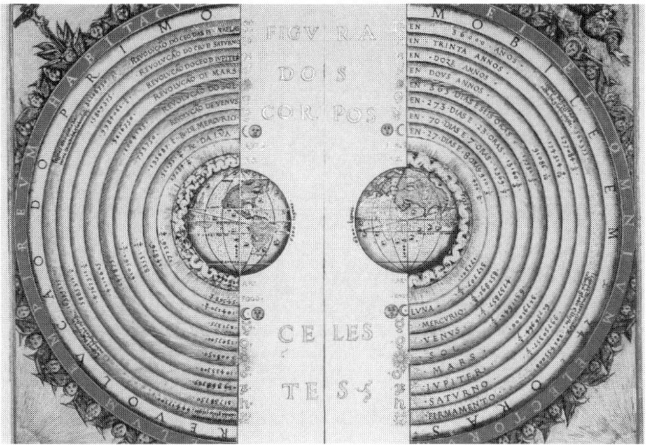

| 그림 2-1 | 프톨레마이오스의 지구 중심 모형(16세기)

를 중심으로 원운동을 한다는 것이다. 프톨레마이오스의 이러한 천구이론은 원을 숭상하던 피타고라스(Pythagoras of Samos, 기원전 570년경~기원전 495년경)의 전통이 그대로 이어진 것이다. 피타고라스는 원을 가장 완벽한 도형으로 이해했다. 원은 처음도 없고, 끝도 없으며, 중심으로부터 일정한 거리를 유지한다. 가장 아름답고 영원한 천체야말로 가장 완벽하고 조화로운 원운동을 해야 하지 않겠는가? 달, 수성, 금성, 태양, 화성, 목성, 토성의 7개의 별들은 지구에서 가까운 궤도의 순서대로 놓인다. 그리고 가장 먼 궤도에는 항성들이 놓여 있다(그림 2-1). 프톨레마이오스의 천구이론은 피타고라스학파의 입장에서 볼 때 아주 만족스러웠다. 그러나 이러한 천구이론에도 약간의 문제가 있었다. 이 문제는 이미 프톨레마이오스 이전부터 알려져 있었는데, 역행 또는 퇴행(Retrograde)이라는 행성의 움직임과 관련이 있다.

달을 매일 같은 시간에 관측해보자. 달은 매일 50분 정도 늦게 나타날 것이다. 매일 같은 시각(가령 밤 12시)에 달을 관측할 경우, 달의 위치는 날

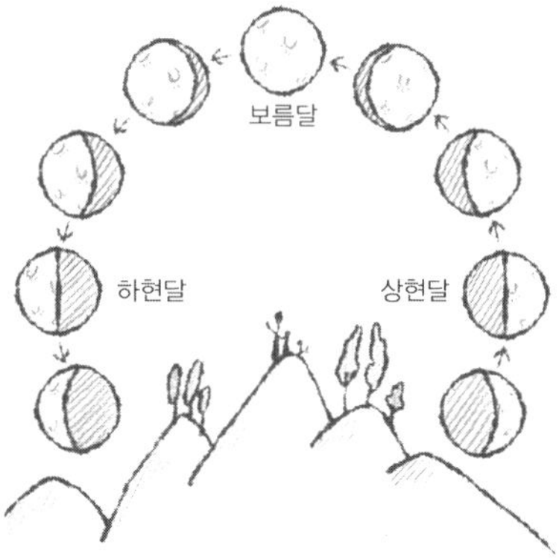

| 그림 2-2 | 달의 순행 : 달은 매일 동쪽으로 12.5도씩 움직이는 것처럼 보인다.

마다 동쪽으로 약 12.5도씩 이동하는 것을 알 수 있다(그림 2-2). 즉, 달이 자리 잡고 있는 천구가 원운동을 하고 있다는 증거로 볼 수 있다.

그런데 몇 개의 별들은 예외가 있다. 그 별들은 동쪽 방향으로 일정하게 움직이지 않을 뿐만 아니라 심지어 서쪽으로 움직이기까지 하는데, 이를 역행이라고 한다. 화성은 역행을 하는 대표적인 별이다. 약 2년마다 몇 개월씩 역행이 나타나곤 한다(그림 2-3). 이처럼 동쪽 방향으로 일정하게 움

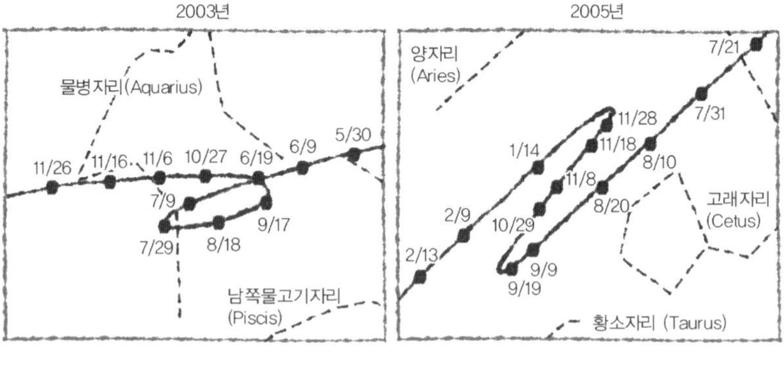

| 그림 2-3 | 화성이 역행하는 궤적

직이지 않는 별들을 행성(떠돌이별)이라고 부른다. 행성들의 궤적은 균일한 원으로 표시되지 않는다. 완전해야 할 천체가 어떻게 완전하고 흠 없는 원운동을 하지 않는 것일까?

당시의 이러한 철학적 위기를 벗어나게 해준 사람은 그리스 수학자이자 천문학자인 아폴로니우스(Apollonius of Perga, 기원전 262~기원전 190년경)였다. 그는 행성궤도를 원으로 표시할 수 있는 새로운 방안을 제시했다. 그의 해결책은 행성의 궤적을 하나의 원이 아니라 복합된 원들로 표시하자는 것이었다(그림 2-4). 즉, 원래의 원궤도(주원, Deferent)에 주전원(Epicycle, 원주를 도는 작은 원)이라는 작은 원을 덧붙여 표시하는 것이다. 주원은 원점(그림 2-4에서 X로 표시된 점)을 중심으로 균일한 원운동을 한다. 그리고 주전원은 원점을 중심으로 주원을 따라 자체적인 원운동을 한다.

그러나 당시 관측된 7개 떠돌이별의 관측 자료는 주전원의 궤도와 완전히 일치하지는 않았다. 그래서 그리스 수학자이자 천문학자인 히파르쿠스(Hipparchus, 기원전 190~기원전 120년경)는 이 제안을 약간 바꾸었다. 지구의

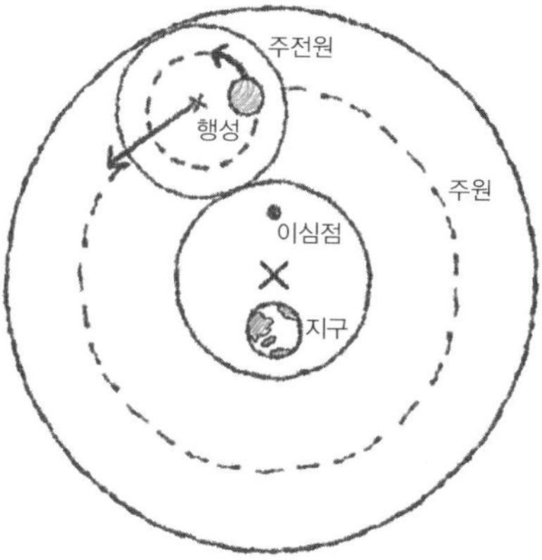

| 그림 2-4 | 천체 모형 : 행성의 역행을 2개의 원운동으로 설명하려고 했다. 이심점은 원점 X를 중심으로 볼 때 지구의 대칭점이다.

위치를 주원의 원점 X에 놓는 대신 약간 벗어난 곳(지구 모양의 원판)에 맞춰놓았다. 그리고 주전원은, 주원의 원점 X를 중심으로 회전하는 것으로 놓았다. 이러한 히파르쿠스의 모형도 천문관측이 더욱 정밀해짐에 따라 맞지 않다는 점이 또다시 알려졌다. 그래서 프톨레마이오스는 주전원의 움직임 자체를 약간 수정했다. 프톨레마이오스는 중심에서 벗어난 이심점(Equant, 그림 2-4에서 동그란 점●으로 표시된 점)을 중심으로 주전원이 균일하게 회전한다고 보았다.

프톨레마이오스가 찾은 행성의 운동방식은 아주 복잡한 기하학이 되었다. 행성들의 궤도는 피타고라스의 전통에 따라 원운동으로 표시되었지만 결코 간단하지가 않았다. 코페르니쿠스는 이러한 복잡한 프톨레마이오스의 이론에 의문을 품기 시작했다. "지구 대신 태양을 중심으로 생각하면 행성궤도가 간단하게 표시되는데, 하나님이 창조한 우주가 프톨레마이오스의 이론처럼 복잡할 리가 없다." 코페르니쿠스에게는 태양 중심이 지구 중심보다 더욱 합리적으로 보이기 시작했다. 1514년경, 코페르니쿠스는 행성들의 움직임을 태양 중심으로 보는 관점을『짧은 논평*Commentariolus*』으로 쓰고 이 원고를 그의 절친한 친구들에게만 보냈다. 이에 대한 자세한 설명은 1543년이 되어서야 출간되었다.[1]

코페르니쿠스는 우주를 보는 시각을 바꿔야 한다고 주장했다. 역행과

---

1 『천구의 회전에 대하여*De Revolutionibus Orbium Coelestium*』는 코페르니쿠스 임종 직전에 출간되었다. 아마도 책의 출간에 따른 위험을 피하고자 했던 것으로 보인다. 당시 출간 책임자는 조수로 일했던 오시안더(Osiander)가 맡았는데, 코페르니쿠스는 숨을 거두기 얼마 전에 침대에서 이 책을 받았다고 전해진다. 그런데 책의 서문에 보면 다음과 같은 내용이 나온다. "천문학이란 결코 행성의 불규칙한 운동의 원인을 찾아내려는 학문이 아니다. ……천구 면에 보이는 운동에 대해서 다른 가설이 존재할 경우, 천문학자는 관찰하기에 편리한 쪽을 선택한다." 이 문장은 코페르니쿠스의 주장과는 거리가 있다. 코페르니쿠스는 행성을 관측할 때 단순히 편리한 방편으로 태양 중심을 택한 것이 아니다. 실제로 이 문장은 코페르니쿠스가 직접 쓴 글이 아닌 것으로 알려졌다.

관련된 행성의 궤적은 프톨레마이오스의 방식으로 보면 아주 복잡해진다. 그러나 이러한 복잡성은 태양을 중심으로 보면 사라진다. 따라서 코페르니쿠스는 행성의 움직임을 태양 중심으로 보는 것이 바람직하다고 보았다. 코페르니쿠스의 생각은 여기에서 끝이 아니었다. 그는 지구를 중심으로 보는 관점이 잘못되었다는 것을 지적한 것이다.

코페르니쿠스의 지동설은 당시의 종교적 세계관과 크게 달랐다. 결국 이 당시 과학자들의 새로운 믿음과 결론은 지구 중심설로 대변되는 종교적 전통과 충돌하게 된다. 아마도 이때가 과학적 신념 때문에 과학자들이 고통을 겪어야 했던 가장 힘든 역사적 시기가 아니었을까?

코페르니쿠스의 주장은 지금 생각해보면 당연한 듯이 보인다. 그러나 당시의 상황으로 보면 태양 중심설은 쉽사리 증명할 수 없는 주장이었다. 당시의 측정 결과로는 그의 주장이 옳은지 그른지 구별할 수가 없었다. 이런 이유로 17세기 중반까지도 대부분의 사람들과 천문학자, 자연철학자들은 태양 중심 우주론을 받아들이지 않았다. 그럼에도 코페르니쿠스의 주장은 후세의 과학자들에게 큰 영향을 미쳤다. 태양중심설은 행성의 궤적을 수학적으로 단순하게 다룰 수 있는 상당한 이점이 있었을 뿐 아니라 과학자들의 눈에는 합리적으로 보였기 때문이다. 코페르니쿠스 이후 태양중심설이 확립되는 과정에는 티코 브라헤(Tycho Brahe, 1546~1601), 케플러, 갈릴레오, 그리고 뉴턴이 그 중심에 서 있다. 그들의 업적을 통해 이 과정을 자세히 살펴보자.

생각해보기

아폴로니우스가 도입한 주전원의 방식과 코페르니쿠스가 도입한 태양중심설의 방식은 화성의 역행(그림 2-3)을 각각 어떻게 다르게 설명하는지 비교해보자.

브라헤와 케플러의 운명적 만남

코페르니쿠스가 죽은 뒤 덴마크에서 태어난 티코 브라헤는 천체관측에 새로운 역사를 남겼다. 그는 1572년 카시오페아 별자리에 나타난 초신성은 대기의 흔들림이 아니며 실제 있는 별이라는 것이다. 그리고 초신성은 달보다 멀리 있다고 주장했다. 이 주장의 근거는 초신성의 거리가 연주시차로 잴 수 없을 정도로 멀다는 것이었다. 연주시차란 현재와 반 년 후에 하늘에 보이는 별의 위치가 달라지는 차이를 말한다. 멀리 있는 별일수록 연주시차가 줄어든다.

브라헤는 이 분석으로 일약 유명세를 탔다. 점성술과 연금술에 관심 있던 프레데릭 2세는 브라헤에게 코펜하겐 해협의 작은 호벤 섬을 사용하도록 허락하고, 자금도 후원했다.

이에 브라헤는 1576년에 지름 6m의 대형 관측시설과 함께 연구소 역할을 하는 우라니보르(Uraniborg) 천문대를 지었고, 1581년에는 정밀 측정을 위해 지하에 스체른보르(Stjerneborg)라는 작은 관측 공간을 더 만들었다.

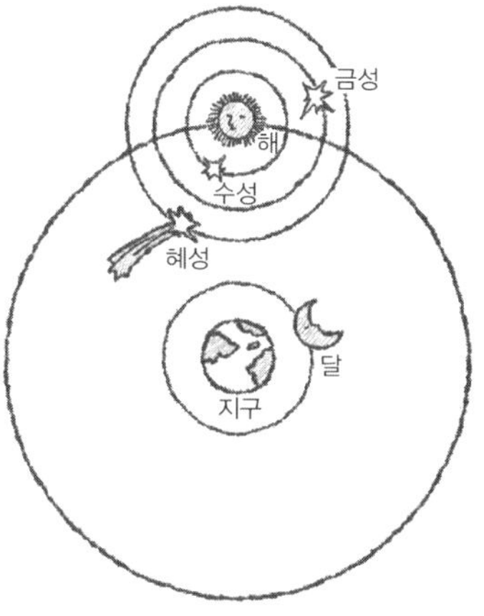

| 그림 2-5 | 티코 브라헤가 신봉했던 지구-태양 중심설을 나타낸 천문도

그는 이 연구소에서 약 20년 동안 천체를 관찰했다.

브라헤는 맨눈으로 천체를 직접 관측했다. 그리고 대기 수차에 따른 보정도 했다. 이전에 다른 이들이 관측했던 정밀도는 15분 안에 들었음에 비해 브라헤의 관측 결과는 4분 안에 들었다(1분은 1/60도에 해당한다). 이전의 관찰자들은 천체의 중요한 위치만을 쟀지만 브라헤는 화성을 비롯한 행성의 궤도 전체를 세밀히 기록했다. 이처럼 브라헤는 이전의 관측 결과를 훨씬 뛰어넘는 정밀한 천체관측을 수행했다. 그의 정밀한 측정 결과는 천문학사에 중요한 전기를 마련하게 된다. 브라헤의 측정 자료를 바탕으로 과학적 해석에 끈질기게 매달린 케플러가 코페르니쿠스의 태양 중심설에 확고한 기반을 확보했기 때문이다.

이처럼 브라헤는 천문관측의 최첨단에 있었지만 정작 자신은 지동설을 받아들이지 않았다. 대신 아리스토텔레스(Aristotle, 기원전 384~기원전 322)와 코페르니쿠스의 주장을 혼합한 '지구-태양 중심설'을 주장했다(그림 2-5). 지구는 세계의 중심이고, 달과 해는 지구를 중심으로 돈다. 별들도 지구를 중심으로 놓여 있다. 그러나 5행성(수성, 금성, 화성, 목성, 토성)만은 태양을 중심으로 돈다. 그의 천문도에는 1577년 관측한 혜성의 궤도를 금성과 화성 사이에 놓인 원으로 표시했다. 브라헤의 우주관은 17세기 초반까지도 유행했다. 브라헤는 자신의 정밀한 천문관측을 아주 자랑스럽게 생각했다. 그러나 새로 즉위한 덴마크 국왕은 브라헤를 탐탁지 않게 여겼고, 결국 불화로 결별하게 된다. 그는 1597년 관측기구와 책을 챙겨 덴마크를 떠났고, 2년간의 방랑 끝에 프라하에서 황제 루돌프 2세의 궁정 수학자로 정착한다.

한편, 케플러는 브라헤보다 25년 후에 태어나 독일에서 신학과 함께 수학을 전공했으며, 점성술에도 조예가 깊었다. 신학을 전공했음에도 그는 태양 중심설을 받아들여, 우주를 신의 형상으로 생각하고 태양을 하나님으로 비유했다. 그는 태양 중심설이 지구 중심설보다 오히려 성서를 반영한다고 믿었다.

케플러는 자신의 신념을 바탕으로 기하학적 모형의 천문궤도를 생각해냈고, 1597년 이를 바탕으로 『우주의 신비*Mysterium Cosmographicum*』를 출간했다. 여기에서 그는 6행성(수성, 금성, 지구, 화성, 목성, 토성)의 궤도를 플라톤(Plato, 기원전 429~기원전 347년경)의 5개 정다면체와 연결하고자 했다.

정다면체란 정다각형으로 만들 수 있는 다면체를 말하며, 5가지 종류가 있다. 플라톤은 각각의 정다면체가 이 세상에 있는 모든 물질을 이상적으로 표현하는 방식이라고 보았다. 구체적으로 보면 4면체인 피라미드는 불꽃이 일어나는 형상이고, 6면체는 차곡차곡 쌓이는 땅의 형상을, 8면체의 미끄러운 면은 공기를, 20면체의 경사면은 물을 나타낸다. 그리고 원형에 가까운 12면체는 하늘에 퍼져 있는 제5원소(에테르)를 표시한다고 보았다.

케플러는 자신의 생각을 구현하기 위해 먼저 5개 정다면체를 순서대로

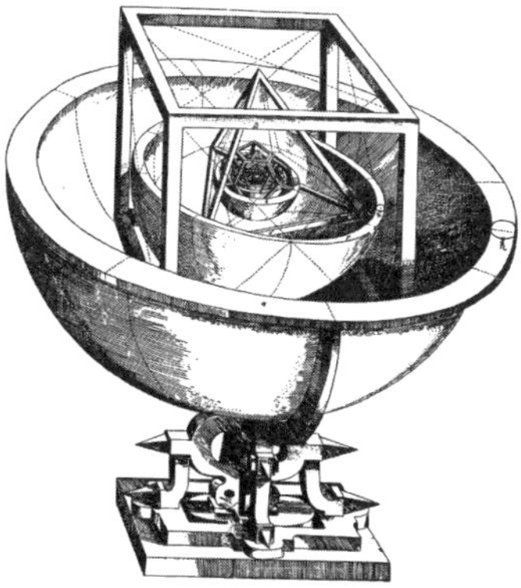

| 그림 2-6 | 플라톤의 정다면체에 맞추어본 행성의 궤도

포개어 놓았다(그림 2-6). 가장 안쪽에 8면체를 놓고, 20면체, 12면체, 4면체, 6면체를 차례로 놓았다. 그리고 각 다면체 사이에 내접과 외접하는 구면을 넣었다. 이 구가 바로 5행성의 궤적에 해당한다고 주장했다. 케플러의 주장은 당시의 종교관과 달랐지만 성서와 관련된 내용을 삭제하는 선에서 튀빙겐 대학의 승인을 받아 책을 출판할 수 있었다. 이 저서는 널리 읽히지는 않았지만 천문학자로서의 명성을 쌓는 계기가 되었다.

브라헤는 자신의 천문관측 자료를 이용하여 지구-태양 중심설을 증명하고 싶었다. 그러나 그에게는 행성궤도를 정확하게 설명할 수 있는 수학적 능력이 없었다. 그는 자신의 관측 자료와 행성의 궤도를 맞추는 데 케플러의 수학적 재능을 이용하고자 케플러를 조수로 초청하기로 했다. 당시 케플러는 그의 태양 중심적 가치관 때문에 재직하고 있던 학교에서 상당한 종교적 압력을 받고 있었다.

이 상황이 맞물리면서 케플러는 한편으로는 구교의 압력을 피해, 다른 한편으로는 재정적인 도움을 받기 위해 1600년 프라하로 자리를 옮겼다. 결국 브라헤와 케플러는 서로의 필요에 따라 역사적 만남을 갖게 된다.

그러나 두 사람이 함께 일한 지 2년도 채 되지 않은 1601년, 브라헤가 갑자기 세상을 떠나게 된다. 다행히 케플러는 브라헤의 뒤를 이어 제국의 수학자로 임명되었고, 재정적인 뒷받침과 함께 종교적 자유도 보장받게 되었다. 그는 1612년 황제 루돌프 2세가 사망할 때까지 제국 수학자의 직함을 유지했다. 그런데 제국 수학자의 주요 임무가 점성술이었다는 것은 아이러니컬하다.

1604년에 초신성이 나타났다. 케플러는 이 초신성을 자세히 관측하고 그 내용을 『뱀주인 자리에 나타난 새로운 별에 대하여*De Stella nova in pede Serpentarii*』(1606)에 기록했다. 이 초신성을 SN 1604(일명 케플러 초신성)라고 부른다.

그런데 맨눈으로 관찰할 수 있었던 이 초신성은 우리의 『조선왕조실록』에도 자세한 관측 기록이 나온다. 1604년은 선조(1552~1608) 37년에 해당한다. 조선에서 초신성은 객성으로 불렸는데, 손님별이라는 뜻이다. 『조선왕조실록』에는 초신성의 밝기 변화를 금성, 목성 등과 비교하여 정밀하게 기록했고, 그 횟수도 7개월간에 걸쳐 130회나 나온다. 또한 여기에는 유럽에서 날씨가 좋지 않아 관측하지 못했던 부분이 상당량 실려 있다. 『조선왕조실록』의 관측 자료는 바로 이 부분의 공백을 메우는 역할을 했다. 그 결과 케플러 초신성의 타입은 (Ia)로 확인되었다.[2]

브라헤가 남긴 정밀한 천문 자료는 지동설을 증명할 수 있는 정밀한 근거를 제공해주었다. 브라헤 사후에도 케플러는 브라헤의 자료를 이용하여 행성의 궤적에 대한 연구를 계속했다. 그러나 유족과 재산 분쟁에 휘말리면서 케플러는 브라헤의 자료를 공식적으로 사용할 수가 없었다. 결국 케

---

2 *The Historical Supernovae*, D. A. Green와 F. R. Stephenson 지음, http://arxiv.org/pdf/astro-ph/0301603.pdf의 그림 1 참조.

플러는 비공개적으로 비밀리에 브라헤의 자료에 접근할 수밖에 없었다. 우여곡절 끝에 브라헤의 관측 자료와 케플러의 연구 결과는 그전에 알려진 천문 자료와 함께 『루돌프 표*Rudolphine Tables*』(1627)로 출간되었다.

생각해보기

1만 원권 지폐 뒷면에는 우리나라의 과거와 현재의 천문학이 소개되어 있다. 여러분은 우리나라의 천문학 역사에 대해 얼마나 알고 있는가?

케플러가 찾은 행성의 궤도

앞서 이야기한 대로 케플러는 신부였음에도 태양 중심설을 자연스럽게 받아들였다. 태양이 행성을 움직이게 하는 동력의 원천이라는 것을 신앙심으로 받아들였기 때문이다. 그는 태양을 중심으로 행성들의 궤도를 맞추려 심혈을 기울였다.

그는 브라헤가 알아낸 관찰 자료를 바탕으로 행성들의 궤도가 태양을 중심으로 공전하는 원궤도에 들어맞는지 확인하고자 했다. 그런데 태양을 중심으로 행성의 궤도를 나타내려면 태양에서 행성을 바라보는 자료가 필요했다. 그러나 브라헤의 자료는 지상에서 관찰한 자료이기 때문에 이 자료들을 태양에서 관찰하는 자료로 바꾸어야만 했다. 케플러는 이를 위해 태양–지구–화성 사이의 기하학적인 관계를 이용했다. 그리고 지상에서 관찰한 브라헤의 자료로 태양에서 본 지구의 위치를 역추산한 다음 지구의 궤도를 계산해냈다. 이러한 과정을 거쳐 케플러가 내린 결론은 다음과 같다.

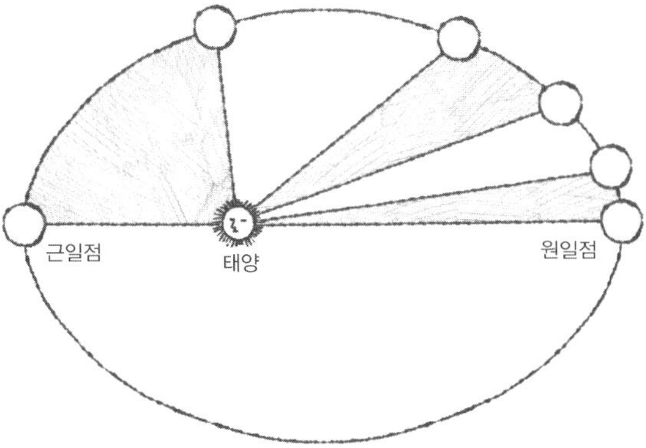

| 그림 2-7 | 케플러의 법칙

지구는 태양을 중심으로 원궤도를 그리는 것으로 간주해도 좋다. 그러나 태양은 지구궤도의 중심에 있는 것이 아니라 중심에서 약간 벗어나 있다. 태양이 놓인 점을 이심점이라고 하는데, 이심점의 위치는 태양과 지구 사이 거리의 약 0.018배 정도이다. 이 결과는 프톨레마이오스가 작성했던 지구 중심 모형을 태양 중심 모형으로 바꾼 것과 같다.

그런데 케플러는 이심점과 관련하여 프톨레마이오스가 미처 발견하지 못했던 중요한 사실을 알아냈다. 이심점이 작기는 하지만 0이 아니기 때문에 지구의 공전궤도는 완전한 원이 아니다. 공전궤도에는 근일점(태양에서 가장 가까운 지점)과 원일점(태양에서 가장 먼 지점)이 생긴다. 하지만 근일점에서의 지구가 공전하는 속력과 원일점에서 공전하는 속력이 다르다. 지구의 공전 속력은 거리에 반비례한다. 케플러는 이 사실을 기하학으로 표현했다. 같은 시간 동안에 지구가 공전궤도 면을 휩쓸고 가는 면적은 일정하다(그림 2-7). 이 발견은 케플러의 제2법칙(면적 속도 일정의 법칙)으로 정리되었다. 시간적으로 보면 케플러 제2법칙이 제1법칙보다 먼저 발견된 셈이다.

케플러는 태양에서부터 화성까지의 거리도 같은 방법으로 찾아냈다. 화성궤도를 찾기 위해 먼저 화성이 태양을 중심으로 원운동을 한다고 가정했다. 그러나 지구와 달리 화성은 원궤도로 맞추기가 쉽지 않았다. 브라헤의 측정 자료에서 얻은 화성의 위치는 원궤도에서 8분(8/60도) 정도 벗어나 있었다. 케플러는 브라헤의 정밀한 관측을 잘 알고 있었기 때문에 이 오차를 무시할 수 없었다. 6년에 걸친 힘든 작업이었음에도 케플러는 결국 화성궤도를 원궤도에 맞추는 노력을 포기해야만 했다. 그 후 케플러는 원궤도 대신 다른 궤도들을 생각하고 이 궤도에 자료를 맞춰보기 시작했다. 먼저 달걀 모양의 궤도를 생각했는데, 이 궤도는 면적 속도 일정의 법칙을 만족하지 않았다. 케플러는 다시 그 중간에 해당하는 궤도들을 생각해내고, 이를 맞추기 위해 같은 작업을 수없이 반복했다. 그는 오랜 기간에 걸쳐 힘들게 자료 확인 작업을 거치는 와중에 우연히 타원궤도를 생각해냈고, 이를 자료와 맞출 수 있었다.

타원궤도는 기원전 200년경 그리스의 수학자 아폴로니우스가 찾아낸 수학적 모형이었다. 케플러는 기하학에 능통했기 때문에 타원궤도의 성질을 잘 알고 있었다. 그리고 마침내 타원궤도가 화성궤도의 자료와 잘 맞는다는 사실을 알아냈다. 그는 두 가지 법칙을 다음과 같이 정리했다.

케플러 제1법칙 : 행성은 태양을 초점으로 하는 타원궤도를 돈다.

케플러 제2법칙 : 행성이 같은 시간에 휩쓰는 면적은 언제나 같다.

지구와 화성은 태양을 중심으로 공전한다. 태양을 중심으로 보면 이것들의 공전궤도는 타원으로 표시된다. 태양은 타원궤도의 초점에 놓인다. 행성들은 근일점에서는 빨리 움직이고, 원일점에서는 반비례하여 천천히 움직인다. 이러한 사실은 모든 행성에서 나타나는 공통점이었다. 태양을 중심으로 행성의 공전을 관찰하자 모든 행성들이 보여주는 아주 간단한 규칙이 나타난 것이다. 이는 태양이 행성들과는 다른 특별한 위치를 차지하고 있다는 증거이기도 했다. 이 발견은 1609년 발간된 『신 천문학 *Astronomia Nova*』에 발표되었다. 그런데 케플러가 출판한 저서의 실제 이름은 조금 길다. 『티코 브라헤의 관측 결과 화성의 움직임에 대한 해석으로부터 찾은 법칙들, 즉 천체 물리학에 근거한 신 천문학*New Astronomy, Based upon Causes, or Celestial Physics, Treated by Means of Commentaries on the Motions of the Star Mars, from the Observations of Tycho Brahe, Gent*』. 책 제목에서도 알 수 있듯이, 케플러는 티코 브라헤의 관측 결과를 해석하여 공전궤도를 만들어내는 법칙들을 찾았음을 밝히고 있다. 그는 공전궤도를 일정하게 유지하는 동력이 태양에서 나온다고 보았기 때문에 태양이 이 법칙들의 근거가 된다고 생각했다. 바로 태양 중심설이다.

행성의 공전 데이터를 조사하던 케플러는 또 다른 놀랄 만한 규칙을 발견했다. 모든 행성들이 각 궤도의 길이와 주기 사이에 일정한 관계를 가지고 있음을 확인한 것이다. 그리고 그 정량적 관계를 구체적으로 찾았다. 이것이 의미하는 바를 알아보기 위해 각 행성들의 데이터를 비교해보자.

행성	주기	장반경	(주기)^2/(장반경)^3
수성	7.6×10^{6}초	5.8×10^{10}m	3.0×10^{-19} s^2/m^3
금성	2.0×10^{7}초	1.1×10^{11}m	3.0×10^{-19} s^2/m^3
지구	3.2×10^{7}초	1.5×10^{11}m	3.0×10^{-19} s^2/m^3
화성	5.9×10^{7}초	2.3×10^{11}m	3.0×10^{-19} s^2/m^3
목성	3.7×10^{8}초	7.8×10^{11}m	3.0×10^{-19} s^2/m^3

위의 데이터에서 보듯이 각 행성의 공전주기와 태양까지의 거리는 모두 다르다. 그럼에도 공전주기의 제곱과 행성까지의 거리(장반경, 원일점의 거리)의 세제곱의 비는 행성들과 상관없이 똑같았다. 이 결과는 제3법칙으로 정리되었다.

케플러 제3법칙 : 행성 주기의 제곱과 태양으로부터 그 행성까지 거리(장반경)의 세제곱의 비는 모든 행성들이 똑같다.

케플러는 세 번째 규칙을 찾아내고는 크게 감격했다. 당시 케플러는 피타고라스의 종교적 신비주의에 몰입되어 있었다. 그는 피타고라스의 생각을 따라 우주의 천구들이 자신의 궤도에서 천상의 화음을 내는 것으로 믿었다. 행성이 놓인 위치와 행성의 주기가 일정한 규칙을 가지고 움직인다는 사실은, 우주에 음계가 있다는 것으로 케플러는 해석했다. 그는 이러한 규칙을 조화법칙(Harmonic Law)이라고 불렀다. 그리고 "이렇게 명쾌한 하늘의 법칙에 따라 행성이 운행한다니! 창조주인 신의 위대함이 나타난 것이다"라고 표현했다. 그는 이 사실을 『세계의 조화*Harmonice Mundi*』에 발표했다. 이때가 제1법칙과 2법칙을 발표한 지 10년이 지나서였다.

케플러는 행성을 움직이는 동력이 태양에서부터 나온다고 보았다. 그러나 어떻게 행성이 움직이게 되는지에 대한 구체적인 원인을 밝히지는 못했다. 태양계를 근본적으로 이해하려면 수학적 능력과 과학적 사고능력이 더 축적되기를 기다려야만 했다. 뉴턴이 만유인력을 찾아내게 된 계기는 바로 케플러의 제3법칙이다. 케플러가 발견한 제3법칙에는 태양계의 보편적인 법칙이 숨어 있었다. 자세한 이야기는 4장에 나온다.

한편, 케플러와 갈릴레오는 같은 시대를 살면서 과학적 교류를 이어갔다. 갈릴레오는 망원경으로 목성을 관측했고, 처음으로 목성의 위성을 발견했다. 그리고 이 사실을 「별의 메신저*Sidereus Nuncius*」(1610)라는 논문에 발표했다. 이때가 케플러가 제1법칙과 제2법칙을 발표한 다음 해였다. 갈릴레오는 케플러에게 조언을 구했고, 케플러는 갈릴레오를 지지하기 위해 「별의 메신저와의 대화*Dissertatio cum Nuncio Sidereo*」라는 논문을 발표했다. 그 해 말 케플러도 망원경을 사용하여 목성을 관찰하고 그 결과를 「목성의 4개 위성에 관한 글*Narratio de Observatis Quatuor Jovis Satellitibus*」에 발표했다. 이런 소책자들은 갈릴레오에게 큰 힘이 되었다. 왜냐하면 갈릴레오의 발견에 대해 많은 사람들이 의구심을 가졌기 때문이다.(갈릴레오와 종교계의 갈등은 1616년에 이르러 표면화되기 시작했고, 1663년에는 갈릴레오가 지구 중심이 아닌 태양 중심을 주장하는 이단으로 간주되어 종교재판을 받아 가택연금을 당했다.) 케플러도 자신의 제1법칙과 제2법칙이 실려 있는 『신 천문학』을 갈릴레오에게 보냈다. 그러나 갈릴레오는 케플러의 책에 대해 어떠한 반응도 하지 않았다고 한다. 아마도 갈릴레오는 원운동의 신봉자였기 때문에 케플러가 찾아낸 타원궤도를 받아들이지 못했던 것으로 보인다.

생각해보기 : 지구계에 나타나는 케플러 제3법칙(조화법칙)

달과 인공위성들의 주기와 궤도 반경을 조사하면 다음과 같다.

위성	주기	장반경	(주기)^2/(장반경)^3
우주정거장(ISS)	5544초	6.7×10^6m	$1.0\times10^{-13}\,s^2/m^3$
GPS위성	43200초	2.6×10^7m	$1.0\times10^{-13}\,s^2/m^3$
정지위성	86164초	4.2×10^7m	$1.0\times10^{-13}\,s^2/m^3$
달	2.4×10^6초	3.8×10^8m	$1.0\times10^{-13}\,s^2/m^3$

표에서 보듯이 지구계에서 각 위성들이 보여주는 주기의 제곱과 장반경의 세제곱 비는 모두 같다. 그러나 이 값은 본문에 있는 태양계의 경우와 다르다. 케플러가 찾은 조화법칙이 태양계와 지구계에 똑같이 적용되고 있지만, 태양계와 지구계의 값이 다른 것은 그 원인이 어디에 있다고 생각하는가?

더 볼 만한 자료

『물리학이란 무엇인가』, 도모나가 신이치로 지음, 장석봉 · 유승을 옮김 (사이언스북스, 2002)

http://csep10.phys.utk.edu/astr161/lect/history/brahe.html (2014)

http://galileo.rice.edu/sci/kepler.html (2014)

http://csep10.phys.utk.edu/astr161/lect/history/kepler.html (2014)

http://www.youtube.com/watch?v=xsX6BeBOorA (2014)

3장
갈릴레오의 멈추지 않는 기차

Nature's great book is written in mathematical language.

_Galileo

The laws of nature are but the mathematical thoughts of God.

_Euclid

우리는 물체의 움직이는 성질에 대해 얼마나 알고 있을까? 아리스토텔레스는 이미 기원전 4세기에 그의 경험과 철학을 바탕으로 물체의 움직임에 대한 논리적인 이론을 만들었다. 당시에 아리스토텔레스의 주장은 학술적 권위를 가지고 있었고, 논쟁의 대상이 될 수 없었다. 그의 주장에 반대한다는 것은 당시의 학자로서는 감히 상상도 할 수 없는 일이었다. 그런데 갈릴레오는 달랐다. 그는 어떤 주장이든 반드시 실험으로 확인되어야 한다고 굳게 믿었다. 그는 논쟁의 여지가 없어 보이던 아리스토텔레스의 주장에 색다른 질문을 던졌다. 이는 일종의 사고 실험과 같은 형식으로, 기존과 다른 방식으로 생각할 수 있는 가능성을 열어주었다. 사고 실험이란 실제 실험은 아니지만, 그 주장이 맞는지를 논리적으로 확인하는 과정이다. 갈릴레오는 이 사고 실험에서 아리스토텔레스의 주장에 문제가 있음을 밝히기 시작했다. 그리고 직접 실험을 해보임으로써 자신의 주장이 옳다는 것을 확실히 증명했다. 이러한 갈릴레오의 시도로 사람들은 움직임에 대한 본성, 물체가 들어 있는 공간 자체와 시간이 흘러가는 모습에 대해 다시 생각하게 되었다.

물체는 왜 정지하는가

월드컵 축구 경기가 열리면 경기장은 열성 팬들로 가득 찬다. 선수들이 보여주는 절묘한 동작은 관중의 눈을 사로잡고, 관중은 선수들의 몸짓 하나하나에 열렬히 환호한다. 여기서 관중의 최대 관심사는 단연 공의 움직임이다. 관중이 잠시도 눈을 떼지 못하는 것은 바로 이 공 때문이다. 공이 골문을 향해 힘차게 돌진하고 승부를 가르는 순간, 관중석에서는 기쁨의 탄성이 쏟아진다. 그런데 선수가 아무리 절묘한 동작을 한다 해도 공이 골문을 가르지 않으면 무슨 소용이 있을까? 당연한 이야기로, 선수가 공을 차지 않으면 공은 절대 움직이지 않는다. 마찬가지로 잔디밭에 덩그러니 놓인 공은 결코 절로 움직이지 않는다. 골문 앞에 놓인 공이라도 반드시 누군가가 건드려야만 골문을 향해 움직인다. '축구공은 저절로 움직이지 않는다.' 이 경험 법칙을 이길 수 있는 법칙은 이 세상에 없다.

도심을 가르며 유유히 흐르는 강물을 떠올려보자. 강물은 가만두어도 저절로 흘러 내려간다. 축구장의 공은 혼자서 저절로 움직이지 않는데 강물은 어떻게 저절로 흐르는 것일까? 흐르는 강물의 바닥이 경사져 있기 때문이다. 바닥에 경사가 없다면 강물은 결코 흐르지 못한다. 이를 잘 알고 있던 고대 로마인들은 수십 킬로미터 떨어진 수원지에서 도시로 물을 끌어오기 위해 3km 수로에 1m 낙차를 유지하는 정밀한 수로를 만들었다.

하늘에 떠 있는 해와 달은 어떠한가? 해와 달은 매일 동쪽에서 떠서 서쪽으로 움직인다. 그런데 해와 달은 왜 저절로 움직이는 것처럼 보일까? 해와 달이 축구공과 다른 점은 무엇일까? 하늘에 떠 있는 해와 달은 지상에 있는 축구공과 본질적으로 다른 것일까? 축구공이 반드시 외부 힘이 가해져야 움직이듯이 해와 달이 움직이는 것도 외부에서 무엇인가가 밀어주고 있는 것은 아닐까? 강물이 흐르듯 해와 달도 경사진 길을 따라 움직이고 있는 것은 아닐까? 물체는 왜 움직이거나 정지하는 것일까?

먼저 물체는 왜 움직이는가에 대해 알아보자. 이 질문은 아주 단순하다. 그러나 이 질문은 답하는 사람의 기본적인 관점에 따라 해석이 크게 달라진다. 시각차가 확실히 드러나도록 질문을 바꾸어 해보자. 움직이던 물체는 왜 정지하는가? 먼저 주변에 결코 정지하지 않고 계속해서 움직이는 물체가 있는지 찾아보자. 투수가 던진 야구공은 빠른 속도로 날아가지만 얼마 지나지 않아 멈춘다. 자동차가 아무리 빨라도 연료가 떨어지면 결국 멈춘다. 하늘 아래 영원히 움직이는 물체가 있기는 한 것일까?

그렇다면 도대체 움직이던 물체가 정지하는 이유는 뭘까? 이를 설명하는 입장은 크게 두 가지로 분류된다. 바로 아리스토텔레스의 입장과 갈릴레오의 입장이다. 두 사람이 살았던 시기는 2000년이라는 시간 차가 있다. 아리스토텔레스의 입지가 얼마나 탄탄했으면 사람들은 그 오랜 세월 동안 그의 주장을 당연한 것으로 받아들였을까? 두 주장의 차이점을 알아보자.

먼저 아리스토텔레스의 주장이다. 아리스토텔레스는 물체의 운동을 설명하기 위해 지상의 물체와 하늘의 물체를 구분했다. 지상의 물체는 그리스의 철학자 엠페도클레스(Empedocles, 기원전 490~기원전 430년경)가 주장한 대로 흙, 공기, 물, 불이라는 네 가지 기본 원소로 구성되어 있다. 이와 달리 천체는 지상의 사물과 본질적으로 다르다. 천체는 순수한 물질로 만들어져 있다. 이 순수한 물질을 아리스토텔레스는 제5원소(에테르)라 불렀다. 제5원소는 지상의 네 가지 원소와는 전혀 다르다. 아리스토텔레스는 물체의 운동을 각 원소의 고유한 성질로 설명했다. 각 원소는 자신의 고유한 위치가 정해져 있다. 물체가 자신의 고유 위치에서 벗어나면 불균형 상태가 되고, 물체는 자신의 고유 위치를 향해 움직인다. 예를 들어 흙의 고유 위치는 바닥이다. 흙이 바닥에서 벗어나 하늘에 놓이면 흙은 본성에 따라 바닥으로 떨어진다. 낙하운동은 흙의 본성에 따라 움직이는 운동이다. 이번에는 불을 떠올려보자. 불의 고유 위치는 천계다. 불이 바닥에 놓이면 고유 위치를 향해 하늘로 솟구친다. 이처럼 본성을 따라 움직이는 운동을 자연스러운 운동이라고 한다.

자연스러운 운동이 있으면 부자연스러운 운동도 있다. 부자연스러운 운동은 본성에 따라 움직이는 운동이 아니다. 이것은 폭력이나 힘이 작용하여 강제로 움직이는 운동이다. 선수가 축구공을 차면 축구공이 움직인다. 이때 축구공이 움직이는 것은 부자연스러운 운동이다. 화살이 하늘을 나는 것도 외부 작용으로 생겨나는 것이므로 역시 부자연스러운 운동이다. 축구공이나 화살이 저절로 공중에 있을 수 없듯이 부자연스러운 운동은 모두 외부 영향으로 만들어지는 운동이다. 이처럼 부자연스러운 운동은 물체의 본성을 따르지 않기 때문에 그 원인이 되는 외부 작용이 멈추면 정지할 수밖에 없다. 따라서 축구공이나 화살이 일정 시간이 지나 멈추는 것은 당연한 이치다.

그렇다면 달과 같은 천체의 운동은 어떠한가? 하늘에 떠 있는 천구는 지상의 원소와 본질적으로 다르다. 천구를 만드는 제5원소의 본성은 영원히 원운동을 하는 것이다. 천구는 그 본성에 따라 하늘에 위치하고, 천구는 영원히 원운동을 한다. 천구의 운동은 부자연스러운 운동이 아니라 본성에 따라 움직이는 자연스러운 운동이다. 아리스토텔레스는 경험과 논리를 바탕으로 지상과 하늘을 확실하게 구분했다. 지상의 운동은 하늘의 운동과는 전혀 다르다. 지상에서 부자연스러운 운동을 하는 물체는 계속해서 외부 작용을 받아야 하지만 하늘의 운동은 그럴 필요가 없다. 아리스토텔레스의 주장만큼 논리정연하고 확실한 주장이 과연 있을까? 그럼에도 갈릴레오는 아리스토텔레스의 주장에 대해 다음과 같이 질문하기 시작했다.[3]

갈릴레오 : 미끄러운 탁자를 기울여보세요. 그리고 탁자 위에 동전을 놓아보세요. 동전이 아래로 흘러내리지 않습니까? 동전은 경사가 있는 한 계속해서 흘러내리게 되어 있습니다.

아리스토텔레스 : 동전이 움직이는 것은 본성에 따라 움직이는 자연스러운 운동일 뿐이네.

갈릴레오 : 이번에는 탁자 위에서 경사진 위쪽으로 동전을 밀어보세요. 동전은 위로 미끄러져 올라가다가 느려집니다.

아리스토텔레스 : 경사진 위쪽으로 거슬러 올라가는 운동은 부자연스러운 운동이지. 동전을 위로 밀치는 외부 작용이 사라지면 동전은 멈추어야만 한다네.

갈릴레오 : 그렇다면 탁자를 위나 아래로 기울이지 말고 수평하게 놓아보시지

3 갈릴레오가 1632년 지은 『두 가지 세상에 관한 견해*Dialogue Concerning the Two Chief World Systems*』에 나온다. 실제 아리스토텔레스의 입장은 심플리초가 이야기하는 것으로 나온다. 그런데 심플리초(Simplicio)는 바보(simpleton)라는 뜻도 가지고 있어, 이 말이 교황을 지칭하는 것으로 오해받아 종교재판에 악영향을 미친 것으로 알려져 있다.

요. 그리고 탁자 위에서 동전을 밀어보세요. 자, 어떻게 될까요?

아리스토텔레스 : 동전은 경사면 아래로 움직이는 자연스러운 운동도 하지 않고 경사면 위쪽으로 거슬러 올라가는 부자연스러운 운동도 하지 않지.

갈릴레오 : 하지만 동전이 정지해야 하는 이유도 없지 않습니까?

동전은 탁자 위 어디엔가 정지한다. 동전은 왜 정지하는 것일까? 아리스토텔레스는 외부 작용이 없기 때문에 정지한다고 주장했지만 갈릴레오의 생각은 전혀 달랐다. 갈릴레오는 다음과 같이 사고실험을 했다. 탁자면을 매끄럽게 해보자. 접촉면이 매끄러울수록 동전은 멀리 간다. 따라서 동전이 멀리 가지 못하고 멈추는 것은 표면이 매끄럽지 않기 때문이다. 갈릴레오는 바로 이 점에 착안하여 다음과 같은 결론을 내렸다. '표면이 아주 매끄럽다면 동전은 결코 멈추지 않을 것이다.'

갈릴레오의 관점을 정리해보면 다음과 같다. 동전의 운동 상태가 바뀌는 것은 동전에 외부 영향력이 작용하기 때문이다. 동전이 정지하는 것은 동전의 본성 때문이 아니다. 동전이 정지하는 것은 동전의 움직임을 방해하는 그 무엇(마찰)이 있기 때문이다. 물체가 일단 움직인다면 그 움직임은 저절로 계속되어야만 한다. 움직이던 물체가 정지한다는 것은 오히려 부자연스러운 일에 해당한다. 갈릴레오의 결론은 당시 학문적 권위를 가진 아리스토텔레스의 관점과는 완전히 달랐다. 같은 운동에 대한 해석이지만 아리스토텔레스는 경험에 충실했고, 갈릴레오는 사고실험에 충실했다. 어느 의견을 따라야 할까?

두 관점을 약간 다른 측면에서 생각해보자. 아리스토텔레스의 견해는 논리적이기는 하지만 너무 복잡하다. 원소에 따라 다르고, 상황에 따라 다르다. 이에 비해 갈릴레오의 설명은 아주 간단하다. 물질의 종류에 영향을 받지 않는다. 그에게는 운동을 간단히 설명할 수 있는 기본 틀이 있다. 갈릴레오의 관점은 단순 명료하고 보편적이다. 그리고 쇠공이나 나무공이나 낙하운동은 똑같다는 것이 실험을 통해 확인되었다.

그러나 갈릴레오의 입장은 우리가 일상에서 터득한 경험과 커다란 괴리가 있다. 우리의 경험에 비추어 생각했을 때 움직이는 모든 물체는 얼마 후 정지한다. 따라서 '정지하지 않는 성질이 물질의 본성'이라는 주장이 전혀 가슴에 와닿지 않는다. 더구나 속도 변화가 없는 운동(관성운동)을 운동의 기준으로 삼는다는 것도 공감하기 어렵다. 하지만 갈릴레오의 이러한 관점이 근대 과학의 틀을 마련했다. 상식과 경험에서 벗어나 자연에 통하는 보편적 사고를 만들어내는 것이 얼마나 어려운지를 단적으로 보여주는 예이다.

갈릴레오의 위대한 업적이 또 하나 있다. 갈릴레오는 네덜란드에서 처음 망원경을 만들었다는 소식을 듣고, 1609년 자신이 직접 망원경을 제작했다. 그는 망원경을 개량하여 배율을 30배로 높였다. 그는 이 망원경으로 하늘의 달과 행성을 직접 관찰했다. 관찰 결과, 천체는 아리스토텔레스가 주장한 것과 많이 달랐다. 천체가 순수하지도, 완벽하지도 않다는 것을 찾아낸 것이다. 망원경으로 본 달은 완전한 구형이 아니었고, 달 표면에는 지구처럼 산과 계곡이 보였다. 1610년에는 목성 주위에 있는 4개의 달을 발견했다. 처음에는 3개를 발견했는데 며칠 후 그중 1개가 목성 건너편으로 사라진 것을 목격했다. 그리고 다시 며칠 후 목성의 달 1개를 더 발견하여 총 4개를 관찰했다. 이 모든 관찰이 1월 7일에서 1월 13일에 일어났다. 갈릴레오가 본 목성의 달은 하늘의 모든 천구가 지구를 중심으로 돌지 않는다는 결정적 증거가 되었다. 갈릴레오는 이 발견을 「별의 메신저 *Siderius Nuncius*」라는 논문으로 발표했다. 천구의 운동이 지상의 운동과 다를 것이라는 논리적 근거가 무너지는 순간이었다.

갈릴레오의 결론은 다음과 같다. 첫째, 물체는 운동하는 모습을 그대로 유지하려는 본성이 있다. 이 본성을 관성이라고 부른다. 둘째, 지상의 물체와 천상의 물체는 구분할 필요가 없다. 따라서 천상의 물체와 지상의 물체 모두 관성을 본성으로 가지고 있다.

갈릴레오가 만들어낸 사고방식의 전환이 우리에게 던지는 화두는 무엇일까? 근대과학의 발전은 그 당시 전해오던 고전이나 학설을 계승 발전하여 이루어진 것이 아니다. 과학의 사고방식에 혁명이 일어난 결과다. 이는 사고실험과 실제 실험을 통해 확인하고 재현하는 과정을 거쳐 잘못된 주장을 버리고 새로운 틀을 만들어냈기 때문에 가능했다. 고전을 배우는 것은 중요하다. 그러나 고전이 주장하는 바를 철저한 검증 없이 받아들이는 것은 어찌 보면 맹신일 따름이다. 검증 없이 외우는 지식은 도서관의 장서를 스캔하여 컴퓨터 하드디스크에 복사하는 것과 별반 다르지 않다.

갈릴레오의 말에 따르면, 관성으로 움직이는 물체와 그렇지 않은 물체는 구분이 된다. 관성으로 움직이는 물체는 속도가 변하지 않는다. 움직이던 물체가 정지하거나 속도가 빨라지는 것은 물체가 외부의 영향을 받고 있기 때문이다. 따라서 물체의 운동을 구분하려면 그 물체가 운동할 때 속도가 변하는지를 먼저 살펴야 한다. 그렇다면 속도가 변하는 모습을 관찰하려면 어디에서 관찰해야 할까?

정류장에 서서 버스가 움직이는 것을 관찰해보자. 버스가 다가와서 정지하는 경우를 보자. 이 버스는 관성으로 움직이지 않는다. 운전기사가 버스의 속도를 줄이기 위해 브레이크를 밟았기 때문이다. 버스가 출발하는 경우도 마찬가지다. 운전기사가 가속페달을 밟아 속력을 높였기 때문이다. 관성으로 움직이는 버스는 어떤 버스인가? 정류장을 통과하는 버스다. 이 버스는 멈추지 않고 지나가기 때문에 관성으로 움직인다고 볼 수 있다. 이처럼 버스가 관성으로 움직이는지 아닌지를 구별하려면 정류장에서 관찰하면 된다. 정류장처럼 물체가 관성으로 움직이는지를 제대로 관찰할 수 있는 곳을 관성계라고 부른다.

관성계에서 보면 물체가 관성으로 움직이는지, 아니면 외부의 힘이 작용하는지를 쉽게 구별할 수 있다. 이렇게 생각하면 건물 안에 있는 실험실은 관성계다. 그렇다면 움직이는 비행기 안도 관성계일까? 답은 상황에 따라 다르다. 움직이는 비행기가 관성계인지 아닌지는 안전벨트를 매야 하는지 그렇지 않은지로 구별할 수 있다. 순항하는 비행기 안에 있는 승객이 눈을 감고 있다고 하자. 이 승객이 느끼기를 비행기가 정지한 것처럼 느낀다면, 이 비행기는 관성계다. 비행기가 이륙하거나 착륙할 때는 승객의 안전을 염려하여 의무적으로 안전벨트를 매도록 요구하고 있다. 좌석에 가만히 앉아 있어도 승객에게 충격이 가해질 수 있기 때문이다. 이런 경우는 순항하는 비행기와 다르다. 순항하는 비행기와 달리 이착륙하는 비행기 안은 관성계가 아니다. 달리는 버스도 마찬가지다. 일정 속도로 달리고 있는 경우, 승객은 자신이 정지해 있는 버스 안에 있는 것과 차이를 느끼지 못한다. 그러나 갑자기 정지한다면 이야기가 다르다. 일정 속도로 움직이는 버스 안은 관성계로 볼 수 있지만, 갑자기 정지하는 버스 안은 비관성계다. 놀이공원의 롤러코스터는 대표적인 비관성계다.

마찰이 없다면 물체는 관성만으로 움직일 것이라는 주장은 갈릴레오가 아리스토텔레스의 입장을 뒤집기 위해 필요한 가장 기본적인 요소였다. 그러나 갈릴레오 당시에는 관성계를 증명할 수 있는 구체적인 실험 방법이 존재하지 않았다. 그런데도 관성을 우주의 보편적인 속성으로 받아들여야만 하는가? 아니면 관성이란 수학의 공리(Axiom)처럼, 증명이 아니라 시작할 때 무조건 받아들여야 하는 명제인가? 관성에 대한 이야기는 앞으로도 계속 나온다. 갈릴레오가 도입한 관성은 혁신적이었지만 그 개념을 제대로 정립하는 데는 많은 시간이 필요했다. 갈릴레오가 도입했던 관성을 바탕으로 뉴턴이 보편적인 운동법칙을 발견했다는 점에서 갈릴레오의 업적은 빛나는 것임을 알 수 있다. 그리고 20세기가 되면서 아인슈타인(Albert Einstein, 1879~1955)은 관성과 관련한 좀 더 대담하고 깊은 이해를 통해 자연과 우주에 대한 심오한 원리를 발견한다.

생각해보기

갈릴레오는 직선운동을 받아들이지 않았다. 직선운동은 무한한 길이가 필요하기 때문이다. 갈릴레오는 지상에서의 직선운동을 원운동의 일부로 보았다. 지구가 크기 때문에 원운동이지만 직선으로 보일 뿐이라는 주장이었다. 그리고 아리스토텔레스처럼 이상적인 원운동을 자연스러운 운동으로 선호했다. 갈릴레오의 이러한 관점은 자신이 주장한 관성과 어떻게 배치되는가?

아름다운 수와 유클리드 공간

밤하늘을 바라보자. 밤하늘은 언제나 매력적이고 인간의 상상력을 자극한다. 사람들은 밤하늘에서 느끼는 아름다움을 여러 가지 방식으로 나타낸다. 윤동주는 「별 헤는 밤」(1948)에서 별을 통해 느꼈던 인간의 감정을 시로 표현했고, 고흐는 「별이 빛나는 밤」(1889)에서 푸른색 밤하늘에 떠 있는 별을 노랗게 그렸다. 독일의 음악평론가이자 시인인 레스타프는 베토벤의 피아노 소나타 14번(월광 소나타)을 듣고 1악장이 마치 루체른 호수를 비추는 달빛을 연상케 한다고 평했다고 한다. 이처럼 아름다움을 표현하는 방법은 다양하다.

그런데 밤하늘의 아름다움을 '수'로 나타낸다면 어떨까? 아름답다고 느낄 수 있을까? 피타고라스의 생각은 남달랐다. 그는 아름다운 우주를 제대로 표현할 수 있는 언어는 '수'라고 주장했다. 수는 자연의 언어다. 우주는 조화롭고, 우주의 본성은 수와 기하학적인 형상으로만 파악될 수 있다. 피타고라스는 자연의 아름다움을 음악으로 표현된다고 믿었다. 왜 이런

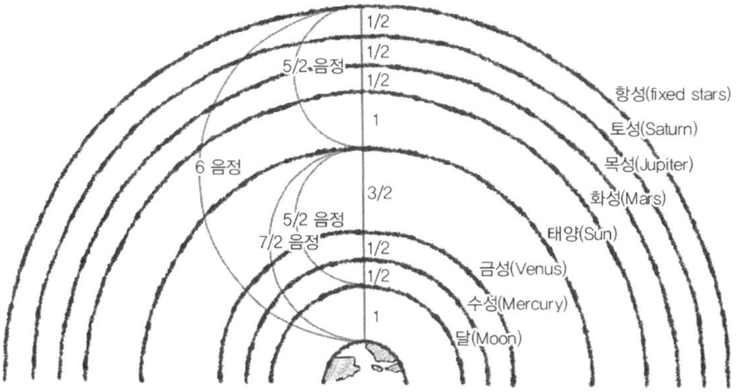

| 그림 3-1 | 천구음악 : 지구에서 달까지는 한 음정(Tone)이다. 달에서 수성까지는 반 음정, 수성에서 금성까지는 반 음정, 금성에서 태양까지는 한 음정 반, 태양에서 화성까지 한 음정, 화성에서 목성까지 반음정, 목성에서 토성까지 반음정, 토성에서 항성까지 반음정으로 상상했다. 이 모두를 합하면 지구에서 항성까지는 여섯 음정이다.

견해를 말한 것일까?

현악기를 살펴보자. 현악기는 줄로 소리를 낸다. 줄의 길이를 1:2 또는 2:3의 특별한 비율을 나누면 소리가 아름답게 들린다. 음악의 선율이 아름다운 것은 그 안에 비율이 숨겨져 있기 때문이다. 자연의 소리는 음계를 가지고 있고, 자연의 아름다움은 수로 표시된다. 피타고라스는 음계를 통해 자연의 아름다움과 소통했다.

피타고라스에게 하늘에 있는 모든 천체의 움직임은 조화롭게 놓인 천구들(Harmony of the Spheres)의 운동이었다. 인간은 천구가 내는 소리를 직접 들을 수는 없다. 그러나 천구는 궤도를 따라 움직이며 천상의 소리를 내고, 하늘은 천구가 내는 음악으로 가득 차 있다(그림 3-1). 피타고라스와 그의 추종자들은 수의 신비함을 추구했다. 그들은 때로 종교적이고 배타적으로 변하기도 했지만, 그럼에도 피타고라스학파는 자연을 수로 표시하려는 전통을 만들어내는 데 성공했다. 후대에 살았던 플라톤은 피타고라스의 영향을 받아 이렇게 썼다. "시각으로는 천문학을, 청각으로는 음악을, 그런데 두 가지 모두 비례에 대한 수학이 필요하다(astronomy for the eyes, music for the ears, and both requiring knowledge of numerical proportions)." 자연의 아름다움을 표현하려면 수를 다룰 줄 알아야 한다. 이런 전통이 이어지면서 오랜 시간에 걸쳐 수를 다루는 방법이 개발되었고, 그 집대성으로 나타난 것이 유클리드(Euclid of Alexandria)의 원론(Elements)이다. 유클리드는 기원전 300년경 13권의 책을 펴냈다. 원론의 내용은 초·중·고 교과서에도 실려 있다. 수학에서 대부분의 사람이 유클리드 기하학 이상의 것을 알지 못할 정도이니, 유클리드는 인류의 지식에 매우 지대한 영향을 끼친 사람 중 하나일 것이다. 잘 알려져 있듯이 유클리드는 5개의 공준(Postulate)을 도입했다. 그리고 5개의 공준을 바탕으로 공간에 놓인 모든 점들을 직선들의 시스템으로 구성했다. 그리고 이 공준에서 기하학에 관한 여러 가지 결과를 이끌어냈다.

유클리드의 5개 공준

1. 어떤 두 점을 잡아도 직선으로 연결할 수 있다.
2. 어떤 선분도 무한히 연장할 수 있다.
3. 어떤 선분도 그 선분을 반경으로 하는 원을 그릴 수 있다.
4. 모든 직각은 서로 같다.
5. 평행선은 결코 만나지 않는다.

공간에 놓인 3개의 점 (O, P, Q)를 생각해보자. 유클리드의 생각대로 두 점을 선택하여 연결하면 직선을 그릴 수 있다. 세 점은 3개의 직선을 만들어내고, 3개의 직선은 평면을 만들어낸다. 세 점을 연결하는 선분을 쓰면 (OPQ라는) 삼각형도 만들 수 있다. 이처럼 유클리드의 5개 공준을 만족하는 공간을 유클리드 공간이라고 부른다. 유클리드 공간에 있는 모든 점은 휘어지지 않은 직선으로 연결된다. 유클리드 공간에서 직선은 무한히 연장될 수 있기 때문에 유클리드 공간은 무한히 펼쳐져 있다. 따라서 유클리드 공간은 연속적이다. 결론적으로 유클리드 공간은 연속적일 뿐 아니라 직선적이고 무한히 뻗어 있다.

유클리드 공간은 뉴턴의 과학적 사고방식을 형성하는 데 큰 영향을 끼쳤다. 뉴턴은 갈릴레오가 도입한 관성을 제대로 관찰할 수 있는 보편적인 실험실(관성계)을 구체적으로 도입해야만 했다. 천체의 움직임은 어디에서 관찰해야 하는가?

천체가 우주의 텅 빈 공간(Space) 안에서 움직인다고 하자. 텅 빈 공간은 마찰이 없는 매끄러운 공간이다. 빈 공간에는 공기도 유체도 없으며, 공간 자체가 물체의 운동을 방해하지도 않는다. 빈 공간 자체는 물체가 운동할 때 어떤 영향력도 행사하지 않는다. 텅 빈 공간, 마찰이 없는 공간, 멀리 있는 항성이 정지해 있는 공간, 이런 공간에서 물체를 관찰한다면 물체가 관성으로 움직이는지 아닌지를 구분할 수 있지 않을까? 뉴턴은 이런 공간을 절대공간이라고 불렀다. 뉴턴은 『프린키피아』의 주석(Scholium)에 다음과 같이 썼다. "절대공간이란 원래 외부적 요소이며, 항상 동일하고 움직이지 않는 상태로 남아 있다." 여기에서 외부적 요소라는 의미는 물체를 말한다. 절대공간은 물체와 상관없이 스스로 존재하는 공간 자체라고 뉴턴은 생각했다. 절대공간은 균일하고 연속적이며, 직선적이고, 무한히 뻗어 있는 공간이다. 뉴턴이 상상했던 절대공간은 이미 유클리드가 2000년 전에 세웠던 유클리드 공간이었다. 뉴턴은 유클리드 공간이라는 관성계를 우주에 도입했고, 이를 바탕으로 운동을 바라볼 수 있는 패러다임을 마련했다. 자연을 바라보는 과학적 기법이 확립된 것이다.

뉴턴은 빈 공간이 (물체의 유무와 상관없이) 우주에 스스로 존재한다고 생각했기 때문에 절대공간이라는 개념을 썼다. 그럼에도 절대공간에 대한 정의를 내리는 것이 쉽지는 않았다. 절대공간이란 추상적인 개념이므로, 이를 구체적으로 다룰 수 있는 방안이 필요했다. 그래서 뉴턴은 절대공간의 기준점을 '움직이지 않는 별(항성)'로 잡았다. 그 결과 뉴턴이 도입했던 절대공간의 개념은 아리스토텔레스가 항성을 설명하기 위해 도입했던 천상의 세계(에테르)와도 일맥상통한다. 이 때문에 20세기 초까지도 아리스토텔레스의 견해가 완전히 사라지지 않고 남게 된다. 그러나 과학이 발전함에 따라 여러 실험적 증거에 따라 절대공간의 개념은 결국 사라진다. 그리고 대신 비(非)유클리드 공간이 절대공간의 자리를 차지하게 된다. 이 과정은 10장과 11장에 나온다.

읽어보기

모든 공간이 유클리드의 공준으로 표시되는 것은 아니다. 두 점을 잇는 방법은 직선만으로 이을 수 있는 것이 아니다. 다음의 그림처럼 세 점을 이어 만든 삼각형 OPQ가 구면 위에 놓여 있다면 어떨까?

두 점 O, P 를 선분으로 이어보자. 두 점을 연결하는 방법은 최단거리를 이용하는 것이다. 구면 위에 있는 두 점을 잇는 최단거리는 구의 중심을 통과하도록 구를 반토막낼 때 만들어지는 원(대원이라고 부른다)의 호를 따라 가게 된다. 이제 구면 위에서 O와 P를 연결한 선분을 계속 연장해보자. OP를 계속 따라가면 구를 한 바퀴 돌아 제자리로 돌아온다. 이 결과는 유클리드의 공준 2(어떤 선분도 무한히 연장할 수 있다)를 따르지 않는다. 유클리드가 생각한 대로 선분을 무한히 연장할 수 있는 경우는 평면처럼 특별한 공간에서만 가능하다는 것을 알 수 있다.

이제 점 O를 북극점에 놓고, 점 P를 적도에 놓자. 그리고 제삼의 점 Q를 적도선상에 놓자. 두 선분 OP와 PQ는 직각으로 만난다. PQ와 OQ도 직각을 이루면서 만난다. 유클리드의 생각을 따라 선분 OP를 평행 이동해보자. PQ 방향으로 평행 이동

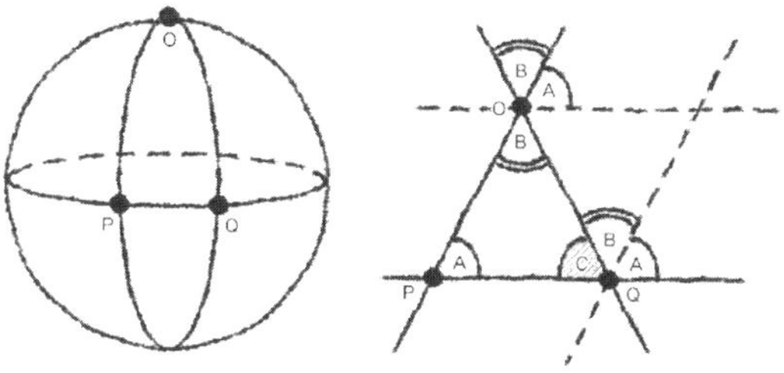

| 그림 3-2 | 구면 위의 삼각형과 평면 위의 삼각형

하면 OP는 OQ가 된다. 이것은 OP와 OQ가 평행하다는 것을 뜻한다. 그런데 OP와 OQ는 평행함에도 북극점 O에서 만난다.(물론 선분을 연장하면 남극점에서도 만난다.) 이 때문에 유클리드의 공준 5(평행선은 결코 만나지 않는다)를 만족하지 않는다. 이처럼 유클리드의 5개 공준을 만족하지 않는 공간을 비유클리드 공간이라고 부른다.

비유클리드 공간은 유클리드 공간과 여러 가지 면에서 다르다. 삼각형 OPQ의 내각을 보자. 유클리드 공간에서는 삼각형의 내각의 합이 180도다. 이와 달리 구면 위에 놓인 삼각형의 내각은 180도보다 크다. 그림에서 구면 위의 점 P와 점 Q에서의 내각은 이미 각각 90도이다. 따라서 OPQ로 된 삼각형은 내각의 합이 180도를 넘을 수밖에 없다. 평면에 놓인 삼각형과 구면에 놓인 삼각형은 그 성질이 많이 다름을 쉽게 알 수 있다.

생각해보기

유클리드 공간을 정삼각형으로 채워보자. 꼭짓점에서 만나는 삼각형의 개수는 몇인가? 이번에는 구면을 생각해보자. 구면을 정삼각형으로 채울 수 있는가? 채울 수 없다면 그 이유는 무엇인가?

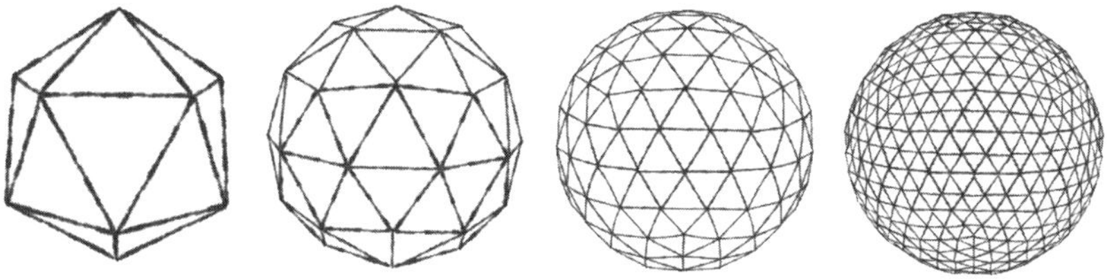

| 그림 3-3 | 정삼각형을 채운 다면체 : 구면에 가까워질수록 정삼각형만으로 채우는 것이 불가능함을 확인하자. 각 꼭짓점에서 만나는 정삼각형의 수가 6개가 되지 않는 점이 존재한다.

시간의 패러독스

우리는 시간을 어떻게 인식하는가? 우리는 매일 낮과 밤이 바뀌는 것과, 주기적으로 계절이 바뀌는 것을 경험한다. 또 계절의 변화는 매년 반복된다. 시간이 주기적으로 흐르는 것을 우리는 자연스럽게 느낀다. 또한 이미 흘러간 시간은 되돌릴 수가 없다. 사람은 한번 태어나면 반드시 죽는다. 이러한 인간의 삶과 죽음은 한 세대가 지나가고 새로운 세대가 다가옴을 의미한다. 시간은 매일 반복되는 것 같지만 실은 다른 시간들의 연속으로 이어진다.

한편, 시간은 순서를 표현한다. 예를 들어, 움직이는 물체를 기록한다고 하자. 시간이 지나면 물체의 위치가 바뀐다. 움직이는 모습을 기록하기 위해 시간을 일정 간격으로 나누고 순서를 만들자. 순서에 따라 기록된 위치를 보면 움직이는 모습이 드러난다. 다음처럼 시간 간격을 0.1초로 잡고 순서대로 자동차 A의 위치를 기록했다고 하자.

순서	A1	A2	A3	A4	A5	A6	A7	A8	A9	A10
위치(m)	1	2	3	4	5	6	7	8	9	10

자동차의 위치는 순서에 비례하여 증가한다. 따라서 이 자동차는 관성으로 움직인다고 볼 수 있다. 그런데 이 순서만으로 관성운동이라는 것을 확신할 수 있을까? 자동차 B의 움직임을 아래처럼 순서대로 기록했다고 하자.

순서	B1	B2	B3	B4	B5	B6	B7	B8	B9	B10
위치(m)	1	2	3	4	5	6	7	8	9	10
시간(초)	0.1	0.2	0.4	0.8	1.6	3.2	6.4	12.8	25.6	51.2

자동차 B의 위치도 순서에 따라 일정하게 바뀐다. 그러나 이 결과를 보고 B도 관성으로 움직인다고 결론지을 수 있을까? 그렇지 않다. 이유는 시간 간격에 있다. 시간 간격이 일정하지 않기 때문에 순서에 따라 시간이 비례해서 늘어나지 않는다. B1은 A1처럼 0.1초이지만, B4는 0.4초가 아니라 0.8초다. A4와는 시간과 다르다. 시간이 순서에 따라 일정하게 증가하지 않으므로 B가 관성으로 움직인다고 볼 수 없다.

자동차 A와 B의 경우가 다르다는 것은 물론 쉽게 알아차릴 수 있다. 그런데 정말로 시간은 균일하고 연속적으로 흐르는 것일까? 자연에 순서를 매긴다고 할 때, 순서를 결정하는 시간 간격이 정말로 일정한지를 어떻게 확신할 수 있을까? 같은 추시계로 시간을 잰다고 하자. 백만 년 전에 잰 1초와 현재에 잰 1초가 과연 똑같을까? 과거에 시간이 흐르는 방식과 현재에 시간이 흐르는 방식이 일정하다는 것을 누가 장담할 수 있을까? 갈릴레오와 뉴턴은 물체의 움직임을 다루면서 "시간은 일정 간격으로 흐를 것이다"라는 가정을 당연하게 받아들였다. 그런데 시간이 균일하게 흐른다는 생각은 추상적일 뿐만 아니라 현실적으로 증명하기도 간단하지 않다. 기원전에 살았던 그리스 철학자 제논(Zeno of Elea, 기원전 490년경~기원전 430년경)은 시간이 단순하지 않다는 사실을 독특한 역설로 남겼다. 우리가 잘 알고 있는 제논의 역설에서 시간을 어떻게 다루는지 살펴보자.

◈ (시간의 선형성과 균일성에 대한 역설) 아킬레우스의 역설

경주에서 가장 빠른 주자(아킬레우스)라 하더라도 앞에 가는 가장 느린 주자(거북)를 따라잡을 수 없다.

In a race, the quickest runner can never overtake the slowest, since the pursuer must first reach the point whence the pursued started, so that the slower must always hold a lead(Aristotles, *Physics* VI:9, 239b15)

제논은 그 이유를 다음과 같이 설명한다. 아킬레우스는 당연히 거북보다 빨리 달린다. 아킬레우스는 뒤에서 출발했으므로 거북이 앞서 가고 있다. 아킬레스가 앞선 거북을 보고 거북의 현재 위치까지 달려간다고 하자. 그러면 거북도 그동안 앞으로 기어간다. 따라서 아킬레우스가 거북의 위치에 도착해보면 거북은 아킬레스보다 앞서 있다. 다시 한 번 아킬레우스가 거북이 있는 현재 위치까지 달려간다. 그러나 거북은 아킬레우스보다 아직도 앞서 있다. 이것을 반복해보자. 어떻게 아킬레우스가 거북을 따라잡을 수 있겠는가?

제논은 자신의 논리를 세우기 위해 각 순서의 시간 간격을 특이하게 잡았다. 사건의 순서에 따르면 아킬레우스는 항상 거북 뒤에 있다. 제논은 어디에 문제를 숨겨놓았는가? 그는 시간 간격을 균일하게 잡지 않았다.

사건의 순서는 일정하게 증가하지만, 시간은 일정하게 증가하지 않는다. 사건의 순서와 시간의 간격을 눈에 보이도록 다음과 같이 생각해보자. 아킬레우스는 1초에 1m 가고, 거북은 1초에 0.1m를 간다고 하자. 거북이 아킬레우스보다 10m 앞서 출발했다면, 제논이 만든 순서와 시간은 다음과 같다.

사건의 순서	(1)	(2)	(3)	(4)	(5)
아킬레우스가 가는 거리 (m)	10	1	0.1	0.01	0.001
시간 간격(초)	10	1	0.1	0.01	0.001

아킬레우스는 처음에 10m를 가야 한다. 따라서 순서 (1)은 10초가 걸린다. 그동안에 거북은 1m 앞서 갔다. 따라서 다음 순서 (2)에서 아킬레스는 1m를 가야 한다. 순서 (2)에 걸리는 시간은 1초이다. 다시 거북은 1초 동안 0.1m를 앞서 갔고, 아킬레스는 0.1m를 더 가야 한다. 따라서 순서 (3)은 0.1초이다. 이처럼 제논은 사건의 순서를 잡으면서 각 순서마다 시간 간격을 다르게 잡았다. 순서에 따라 아킬레우스가 달리지만, 아킬레우스는 각 순서마다 뒤처진다. 물론 아킬레우스가 거북을 따라잡는 총 시간은 12초를 넘지 않는다. 그럼에도 12초 동안 제논이 정한 순서는 무한히 증가할 수 있다. 제논의 논리에 따르면 순서와 시간이 비례할 필요는 없다.

◈ (시간의 연속성에 대한 역설) 화살의 역설

어떤 물체가 일정 공간을 차지한 채 정지해 있다. 그런데 움직이는 물체가 매순간 같은 크기의 공간을 차지한다면, 날아가는 화살은 매순간 움직이지 않는다고 결론 내릴 수 있다.

If everything when it occupies an equal space is at rest, and if that which is in locomotion is always occupying such a space at any moment, the flying arrow is therefore motionless(Aristotles, *Physics* VI:9, 239b5).

화살이 날아가는 시간을 여러 점으로 나누고, 각 시점마다 화살을 초고속 사진으로 촬영한다고 하자. 각 사진에는 매 순간 화살의 모습이 정지한 것처럼 찍혀 있다. 제논의 역설은 어디에서 생기는가? 우리는 사진을 찍기 위해 시간을 나눈다. 순서대로 찍힌 사진에는 시차가 존재한다. 제논은 이 시간 간격 동안 무슨 일이 일어나는지를 감추어놓았다. 시간이 계속하여 흐른다는 사실을 빼놓고 매 순간의 모습만 이야기하고 있다. 한 장의 사진만을 놓고 본다면 화살이 날고 있는지 알 수 없다. 다른 사진들을 비교할 때 비로소 화살이 날아가고 있다는 사실을 알 수 있다. 제논이 살아있어 영화를 본다면 각 사진들의 장면들이 연결되어 움직이는 모습을 어떻게 설명할까?

시간이란 무엇이고, 어떻게 정의해야 할까? 뉴턴은 시간을 따로 정의하지는 않았다. 그에게 시간은 모든 사람에게 잘 알려진 양이며, 보편성을 띠는 양이었다. 뉴턴은『프린키피아』에 "시간은 절대적이고 연속적으로 흐른다"라고 썼다. "시간은 원래 다른 외부 요인과 상관없이 동일한 간격으로 흐른다." 뉴턴은 시간은 절대적으로 존재하고, 균일하게 흐르고 있다고 본 것이다. 그러나 뉴턴이 당연하게 여겼던 절대시간은 20세기에 들어서면서 큰 도전을 받는다. 가장 큰 변화는 시간이 모든 사람에게 똑같이 나타나지 않는다는 점이다. 시간은 개인에 따라 달리 보인다. 시간을 재는 사람이 움직이면 시간이 달라지기 때문이다. 광속에 가까운 속도로 빠르게 달리는 시계가 똑딱거리는 시간은, 달리지 않는 시계가 똑딱거리는 시간과 다르다. 시간은 모든 사람에게 똑같이 똑딱거리는 것이 아니라는 사실 때문에 개별적으로 적용될 수밖에 없다. 시간에 대한 상대적 관점은 10장에서 자세히 다루기로 한다.

제논의 역설이 아니더라도 시간에 대한 의문은 줄지어 나타난다. 뉴턴의 입장에서 보면 시간이란 시작도 없고 끝도 없는 것이었다. 그에게 시간의 원점이란 어떤 시점을 편의상 정하는 것에 불과하다. 그러나 우주가 빅뱅으로 시작되었다는 사실을 떠올린다면, 우리가 시간의 원점을 편의상 아무렇게나 잡을 수 있는지 확실치 않다. 한 걸음 더 나아가 시간은 왜 과거로 흘러가지 못하고 미래로만 흘러가는 것일까 하는 질문도 하게 된다. 시간에 대한 여러 이야기가 7장의 엔트로피, 10장의 시공간, 11장의 중력과 관련하여 나온다. 수많은 과학자들이 물체의 움직임을 통해 시간에 대한 정체를 찾으려 애썼지만 21세기인 현재까지도 시간이 만들어내는 많은 수수께끼는 그대로 남아 있다. 시간의 흐름은 아직도 풀리지 않는 어려운 문제다. 조금씩 점진적으로 이해하고는 있지만, 질문 또한 끝없이 생겨나고 있다.

생각해보기

시간이나 공간의 최소 단위가 존재할까? 디지털 기록과 아날로그 기록의 차이를 보자. 디지털 녹음을 하려면 진동수의 간격을 나누고 그 진동수를 기록한다. 따라서 나눈 진동수의 간격보다 더 세밀한 소리는 디지털로 기록할 수 없다. 이 점이 아날로그 기록과 다른 점이다. 이와 비슷하게 시간과 공간의 최소 단위가 존재한다면 최소 단위보다 더 작은 시간과 위치를 표현하는 것은 가능하지 않다. 만일 시간이나 공간이 연속적이 아니고 최소 단위가 존재한다면 어떤 일이 일어날지 생각해보자. 특히 우주 초기의 크기가 최소 단위보다 작다고 한다면, 우주 초기에 대해 무슨 얘기를 할 수 있을까?

더 볼 만한 자료

The Person of the Millennium: The Unique Impact of Galileo on World History, Manfred Weidhorn(iUniverse, Inc., 2005)

『과학혁명의 구조』, 토마스 쿤 지음, 김명자 옮김 (까치글방, 2002)

The road to reality, Roger Penrose (Vintage, 2004)

『현대물리학, 시간과 우주의 비밀에 답하다*From eternity to here*』 숀 캐롤 지음, 김영태 옮김 (다른 세상, 2012)

http://www-history.mcs.st-andrews.ac.uk/Biographies/Galileo.html (2014)

http://www.math.ubc.ca/~cass/Euclid/papyrus/papyrus.html (2014)

http://plato.stanford.edu/entries/paradox-zeno/ (2014)

4장
천상천하의 만유인력

If I have seen further it is by standing on the shoulders of giants.

_Newton

Nature and nature's laws lay hid in night; God said "Let Newton be" and all was light.

_Alexander Pope

16세기가 되면서 과학자들은 피타고라스의 (수학적이지만) 신비적인 경향과 아리스토텔레스의 (논리적이지만) 탁상공론적인 경향에서 벗어나기 시작했다. 브라헤의 정밀한 천문관측은 천문학을 한 단계 상승시켰고, 케플러의 수학적 능력은 행성의 운행을 아름다운 하늘의 법칙으로 승화시켰다. 그리고 갈릴레오의 실험정신은 지상에서 움직이는 물체의 운동법칙을 찾아냈다. 그러나 하늘과 지상의 법칙을 하나로 종합하는 일은 반세기가 지나 뉴턴이 해내게 된다. 천상천하를 통일하는 만유인력을 세상에 선보인 것이다. 이 내용은 『프린키피아(*Philosophiae Naturalis Principia Mathematica* :자연철학의 수학적 원리』(1687)에 자세히 나와 있다. 『프린키피아』의 내용과 그 파급효과를 알아보자.

『프린키피아』

뉴턴은 1687년 『프린키피아』를 출간했다. 그는 유클리드 원론의 형식을 따라 『프린키피아』를 써 내려갔다. 유클리드가 공준에서부터 기하학을 시작했듯이, 뉴턴은 운동법칙에서 물리학을 시작했다. 그는 기본이 되는 3개의 운동법칙을 공리(axiom)라고 이름 붙였다. 그리고 이 3개의 운동법칙들에서 추론(corollary)들을 이끌어냈다. 그리고 하늘에서 움직이는 달과 행성은 모두 하나의 법칙에 따라 움직인다는 것을 보여주었다. 지상에서 움직이는 물체도 천체가 따르는 똑같은 운동법칙에 따라 움직인다고 설명했다. 뉴턴에게는 운동법칙이 자연의 법칙을 보여주는 수학적 표현이었다. 그래서 자신의 이러한 전개방식에 걸맞게 책의 제목도 '자연을 다루는 수학적 원리들'이라고 붙였다(그림 4-1). 『프린키피아』에는 피타고라스가 주장한 대로 자연의 아름다움은 수로 표현된다는 믿음이 그대로 나타나 있다.

뉴턴의 운동법칙은 물체의 움직임과 물체에 작용하는 힘 사이에 존재하는 근본적인 관계를 나타낸다. 뉴턴이 가장 먼저 받아들인 부분은 관성이

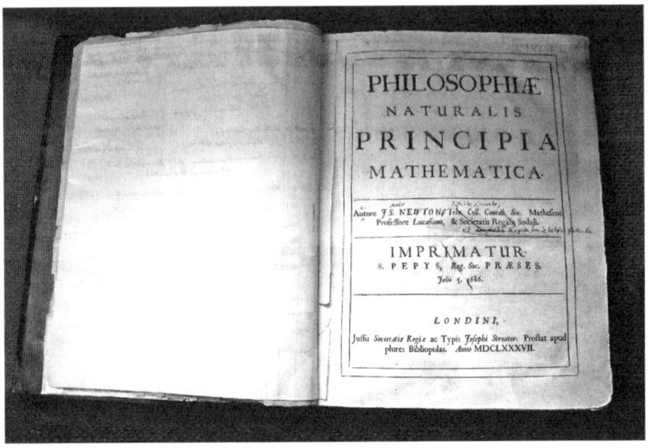

| 그림 4-1 | 『프린키피아』

었다. 갈릴레오가 주장한 대로 물체가 외부로부터 아무런 힘을 받지 않는다면 그 물체는 관성으로 움직여야 한다. 그래서 그는 제1법칙을 다음과 같이 썼다.

뉴턴의 운동 제1법칙(공리) : 모든 물체는 힘이 작용하여 상태를 변화시키지 않는 한, 계속 정지해 있거나 아니면 직선을 따라 등속운동을 한다.

제1법칙은 거의 2000년 동안 받아들였던 아리스토텔레스의 생각을 부정하는 것에서 시작하는 거대 선언이었다. 물체가 계속 움직일 수 있는 것은 외부에서 작용하는 힘 때문이 아니라 물체의 속성이기 때문이다. 따라서 물체는 아무런 힘을 받지 않아도 영원히 계속적으로 움직일 수 있다. 관성으로 움직이는 형태는 아주 단순하다. 즉, 일정한 속력으로 움직여야 하며, 방향도 변하지 말아야 한다. 뉴턴에게 관성으로 움직이는 운동은, 설명이 더 이상 필요 없는 가장 단순한 운동이었다.

뉴턴의 관심사는 이제 관성과 다른 움직임을 어떻게 다루어야 하는가로 옮겨간다. 가장 쉬운 방법은 관성계에서 움직임을 관찰하는 것이다. 관성계에서 보면 관성으로 움직이는 물체는 운동의 변화가 없을 것이기 때문이다. 천체를 포함한 모든 움직임을 제대로 관찰하려면 제대로 된 관성계가 필요했다. 그래서 그는 텅 빈 우주 공간에 정지한 항성을 관성계로 다루었다. 천체의 움직임은 항성을 기준으로 관찰해야 한다. 태양은 항성이므로 태양을 기준으로 행성을 보자. 행성은 케플러가 찾은 것처럼 타원궤도로 돌고 있다. 따라서 행성은 관성으로 움직이는 운동이 아니다. 방향이 변하기 때문이다. 뉴턴은 이 속도 변화에 주목했다. 우리는 이 속도 변화를 가속도라고 부른다. 물체에 가속도가 있다면, 이 가속도는 외부 힘이 작용하기 때문에 생기는 것이다. 이것이 유명한 뉴턴의 운동법칙 F=ma이다. 뉴턴이 사용했던 용어로 표현하면 다음과 같다.

뉴턴의 운동 제2법칙(공리) : 운동의 변화는 가해진 힘에 비례하고, 그 힘이 가해지는 방향으로 일어난다.

뉴턴은 관성으로 움직이는 운동이 아닌 경우는 그 어떤 운동도 강제된 운동으로 보았다. 즉, 부자연스러운 운동이다.(부자연스러운 운동이라는 이 용어는 아리스토텔레스가 자연스러운 운동과 구별하기 위해 도입했다.) 따라서 뉴턴의 관점은 갈릴레오와도 다르다. 갈릴레오는 자유낙하운동을 아리스토텔레스처럼 '자연스러운 운동'으로 취급했다. 낙하운동이란 흙의 본성에 따라 고유 위치로 향하는 운동이라고 보았기 때문이다. 그러나 뉴턴은 자유낙하운동이 관성운동이 아니라는 사실을 알았기 때문에 '부자연스러운 운동'으로 취급했다. 부자연스러운 운동은 외부 힘이 작용하는 강제된 운동의 형태다. 뉴턴이 다루고자 했던 부자연스러운 운동의 가장 대표적 예가

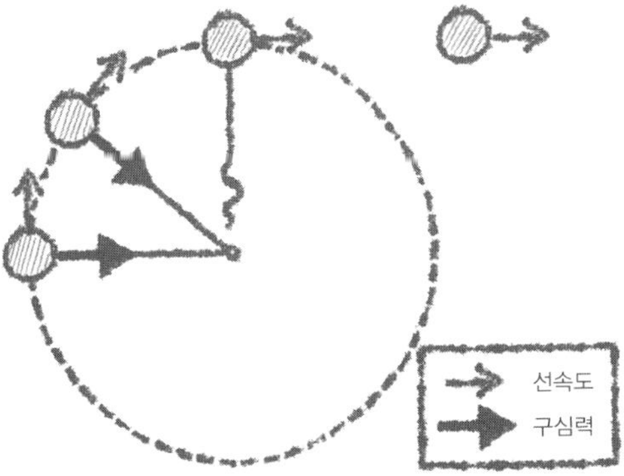

| 그림 4-2 | 원운동의 선속도와 구심력

원운동과 타원운동이었다. 타원운동은 행성의 궤도에 해당한다. 원운동이나 타원운동을 하는 물체는 직선으로 움직이는 대신 휘어진 궤도를 따라간다. 궤도가 휘어지려면 옆에서 누군가가 밀어주어야 한다.

돌에 줄을 매달아 돌려보자. 돌은 직선으로 가지 못하고 휘어진다. 돌이 똑바로 가지 못하도록 줄이 중심 쪽으로 힘을 작용하고 있다. 이처럼 줄이 당겨주는 힘을 구심력이라고 부른다(그림 4-2). 행성은 타원운동을 한다. 행성은 태양이 잡아당기고 있다. 행성에 작용하는 구심력의 형태는 어떤 것일까? 뉴턴이 이 문제를 생각하고 있을 때, 다른 과학자들도 행성이 타원 궤도를 그리는 원인을 찾고 있었다.[4]

1684년 1월 핼리(Edmond Halley, 1656~1742)와 렌(Sir Christopher Wren, 1632~1723)이 후크(Robert Hooke, 1635~1703)와 만나 대화를 하던 중 후크가 다음과 같은 주장을 폈다. 그는 행성에 작용하는 힘이 행성궤도의 제곱에 반비례하는 한다는

4 http://en.wikipedia.org/wiki/Philosophi%C3%A6_Naturalis_Principia_Mathematica#Halley_and_Newton.27s_initial_stimulus Halley and Newton's initial stimulus (2014)

것을 찾았고, 이로부터 행성의 모든 운동법칙을 유도했다는 주장이었다. 그러나 그 주장을 뒷받침할 만한 자료를 제시하지는 못했다.

천문과 지구과학에 조예가 깊었던 핼리는 후크의 주장에 확신이 서지 않아 당시 케임브리지 대학에 있는 뉴턴에게 알아보기로 결심했다. 8월경 뉴턴을 찾아간 핼리는 렌과 후크와 함께 나누었던 내용을 이야기했다. 이때 뉴턴 자신도 이미 중력법칙을 알아내고 케플러 법칙을 유도했다고 말했다. 이 말에 놀란 핼리는 뉴턴이 발견한 내용을 직접 보고자 했으나 뉴턴은 그 자료를 바로 보여줄 수가 없었다.

그 후 뉴턴은 그 내용을 좀 더 자세히 9쪽의 원고로 썼다. 3개월이 지난 11월, 뉴턴은 '궤도에 있는 물체들의 운동에 대하여(De motu corporum in gyrum)'라는 제목의 서신을 핼리에게 보냈다. 당시 핼리는 런던 왕립협회의 임원(Fellow and Council)이었는데, 뉴턴이 쓴 내용이 수학적으로나 물리학적으로 독창적인 것에 놀라 자세한 내용을 왕립협회의 이름으로 출간하도록 뉴턴에게 요청했다. 그리고 1년이 넘는 시간 동안 엄청난 노력을 들인 끝에 1686년 봄, 드디어 『프린키피아』 1권의 원고가 만들어졌다. 2권과 3권을 완성하는 데에는 시간이 더 걸렸다. 4월 말, 왕립협회에 1권의 내용이 소개되었는데, 이때 후크와 심한 마찰이 생겼다. 후크 역시 거리의 제곱에 반비례하는 힘을 발견했다고 주장했기 때문에 후크가 기여했다고 하는 부분을 어떻게 표시해야 하는가가 쟁점이었다. 하지만 핼리의 중재로 이 갈등이 해결되었고, 6월 30일에 왕립협회의 인증이 이루어졌다. 그 후 1년의 작업 시간과 핼리의 재정 지원으로 1687년 7월 5일, 마침내 『프린키피아』가 출간되었다. 뉴턴은 후크가 기여한 부분에 대해 한 줄의 주석(as Sir Christopher Wren, Dr. Hooke, and Dr. Halley have severally observed)을 넣는 것으로 마무리했다.

『프린키피아』는 총 3권으로 구성된 책이다. 서문에는 책을 출간하는 과정에 핼리가 재정적인 도움을 주었으며, 그의 끈질긴 권유로 책이 발간될 수 있었다는 내용이 쓰여 있다. 그리고 1권에는 구심력으로 생길 수 있는 운동을 다루고 있다. 구심력만 있으면 힘의 형태에 상관없이 케플러의 제

2법칙(면적 속도가 일정하다)이 항상 성립한다는 사실이 증명으로 나온다. 이어서 구심력의 형태에 따라 주기와 거리의 관계가 어떻게 달라지는지 소개하고 있다. 이는 케플러의 제3법칙이 성립하려면 구심력이 거리의 제곱에 반비례하는 형태가 되어야 한다는 것을 나타낸다. 이 경우가 바로 천체 운동에 해당된다. 그리고 타원을 포함한 원추곡선(원, 타원, 포물선, 쌍곡선)에 대한 기하학적 설명과 함께 적분이 자세히 나온다. 만유인력이 작용하면 달처럼 부피가 큰 구도 속이 균일하다면 마치 한 점에 모든 질량이 모여 있는 것으로 취급할 수 있다는 설명도 나온다.

2권에는 운동하는 물체에 저항이 있는 경우, 그리고 유체에 대한 운동을 간단히 다루고 있다. 천체운동에 대해서는 3권에서 자세히 다루고 있다. 3권은 '(수학적 접근으로 본) 삼라만상의 체계(System of the World(in mathematical treatment))'라는 제목이 달려 있는데, 핼리에게 처음 보냈던 '궤도에 있는 물체들의 운동에 대하여'라는 서신의 내용을 보완한 것이다. 3권에는 천문학자 플램스티드가 보내준 천문 자료도 들어 있다. 3권을 따로 만든 이유에 대해 뉴턴은 다음과 같이 말했다.

> 1권과 2권에서는 자연철학의 원리들을 다루었다. 자연철학의 원리란 철학적 원리가 아닌 수학적 원리들이다. 이것은 철학적 질문들에 대해 논리를 세우는 방법이다. 이 원리들에서 삼라만상의 체계에 대한 틀을 보여줄 수 있다. 3권은 많은 사람이 읽을 수 있도록 대중적인 방법을 따랐지만 이 모든 것이 한 가지 원리를 따른다는 것을 보여주기 위해 제안(Proposition) 형식으로 내용을 만들었다. 3권을 읽기 위해 1권과 2권에 있는 모든 내용을 읽을 필요는 없다. 1권에 나와 있는 정의들, 운동법칙들, 그리고 적분, 구심력, 원추곡선을 주의 깊게 읽는다면 곧바로 3권으로 넘어갈 수 있다.

뉴턴은 수학적 원리가 실제로 천체의 모든 운동에 적용된다는 것을 보여주기 위해 최신 천문 자료를 이용했다. 만유인력법칙이 적용되는 천체는 행성만이 아니다. 뉴턴은 혜성이나 달, 목성 주위를 도는 4개의 달 모두가 만유인력법칙의 지배를 받는다는 것을 자료로 증명했다. 그리고 지상의 물체에 작용하는 중력도 만유인력 때문이라는 것을 설명해 보였다. 지상에서 일어나는 현상과 천체의 운행법칙이 모두 동일한 법칙의 지배를 받는다는 사실을 밝힌 것이다. 뉴턴은 천체의 모든 운동을 종합적으로 설명하는 보편적인 이론을 탄생시켰다. 지동설은 뉴턴이 도입한 정교한 수학적 전개방식과 천문관측의 자료가 기반이 되어 결코 반론할 수 없는 사실로 굳어졌다.

읽어보기 : 아르키메데스와 적분

아르키메데스(Archimedes of Syracuse, 기원전 287년경~기원전 212년경)는 시칠리아 섬에 있는 그리스의 식민도시 시라쿠사에서 태어났다. 그는 이집트 알렉산드리아에서 유학한 후 귀국했으며, 히에론 2세(Hieron II of Syracuse, 기원전 308년경~기원전 215년경의 후원을 받아 수학과 물리학을 연구했다. 그가 부력을 이용해 왕관이 순금인지 아닌지를 조사한 것은 잘 알려진 사실이다.

주목할 만한 점은 면적과 부피를 구하기 위해 이미 극한의 개념을 도입했다는 사실이다. 아르키메데스가 이용한 극한의 방법은 『프린키피아』 1장에 나오는 면적을 구하는 방법과 아주 비슷하다. 그는 기원전 사람이지만 뉴턴보다 거의 2000년 앞서 적분에 대한 개념을 이해했다고 여겨진다.

원주율을 계산할 때 그는 원의 안과 밖에 접하는 정96각형을 이용했다. 원둘레 값은 원에 내접하는 다각형의 길이보다 크고, 외접하는 다각형의 둘레보다 작다는 데 착안한 것이다. 그 결과 π값은 22/7(약 3.1429)과 223/71(약 3.1408) 사이라고 밝혔다. 이 값은 당시 알려진 3보다 훨씬 정확한 양이었다. 그는 다른 형태의 면적과 부피도 비슷한 방법으로 구했다.

플루타르크의 말에 따르면 아르키메데스는 평소에 친구들에게 다음과 같이 이야기했다고 한다. "실린더에 내접하는 구를 만들면, 구의 부피와 실린더의 부피가 2:3이 된다는 사실을 무덤에 새겨달라." 기원전 75년 키케로는 버려진 아르키메데스의 무덤을 찾던 중 덤불 위에 실린더와 함께 구가 놓인 작은 석판을 보았다고 한다. 그 돌에는 아르키메데스가 친구들에게 요청했던 비슷한 내용이 일부 해독 가능한 형태로 새겨져 있었다고 한다.

생각해보기

달과 인공 행성은 하늘에 떠서 지구를 돌고 있다. 이것들은 왜 지구로 떨어지지 않고 하늘에 떠 있을 수 있을까? 갈릴레오와 케플러, 뉴턴은 이 질문에 대해 각각 어떻게 대답했는지를 이야기해보자.

하늘과 땅에서의 움직임을 같은 원리로 설명하다

무거운 물체가 가벼운 물체보다 먼저 떨어질까? 갈릴레오는 이 질문에 답하기 위해 물체들을 직접 낙하하는 실험을 했다. 갈릴레오는 피사의 사탑에서도 낙하실험을 시연했다고 한다.[5] 그러나 속도가 아주 빠르기 때문에 이를 정밀 측정하는 일은 당시의 기술로는 불가능했다. 갈릴레오는 기발한 실험을 생각해냈다. 바로 경사면을 따라 굴러 내려오는 공을 이용하는 것이었다. 물체가 경사면을 따라 내려오면 낙하 시간이 늘어난다. 그는 낙하하는 물체를 슬로비디오로 보는 방식으로 바꾸었다. 그리고 질량이 다른 여러 공들을 떨어뜨렸다. 쇠로 만든 공들은 공기 저항이나 다른 마찰 효과를 무시했다. 그는 시간을 진자시계로 측정했고, 위치는 경사면에 이동식 벨을 놓아 벨 소리와 진자시계를 맞추는 방식으로 측정했다.

갈릴레오의 실험은 대성공이었다. 낙하 속도는 시간이 지남에 따라 일

5 갈릴레오의 제자였던 비비아니(1622~1703)가 갈릴레오 사후에 쓴 갈릴레오의 전기(1655~1656)

정 비율로 증가했다. 정지해 있던 물체가 낙하하기 시작하면 낙하 속도가 시간에 따라 증가하는 비율은 물체의 종류, 무게와 상관이 없었다. 속도의 변화를 나타내는 양이 가속도다. 자유낙하하는 물체의 가속도를 중력가속도라고 부른다. 중력가속도의 값은 9.8m/s^2이었다. 중력가속도는 물체와는 상관이 없는, 보편적인 양에 해당되었다.

갈릴레오는 낙하하는 물체에 가속도가 있다는 것은 알아냈지만 낙하가 일어나는 원인에 대해서는 심각하게 생각하지 않았다. 그도 아리스토텔레스처럼 자유낙하운동이 자연스러운 운동이라고 여겼기 때문이다. 다시 말해 물체가 낙하하는 것이 자연스럽기 때문에 가속되는 원인이 외부(중력)에 있으리라는 것을 생각해낼 수 없었다. 이에 비해 뉴턴은 물체의 낙하운동이 천체운동과 다르지 않다고 보았다. 『프린키피아』 3권에는 본문에 들어가기에 앞서 사고방식의 규칙(Rules of Reasoning)에 대해 다음과 같이 써 놓았다.

1. 현상을 설명하기에 진실하고 충분하다면 그 이상의 이유를 고려할 필요는 없다. 자연은 단순한 것을 좋아하지, 화려하게 덧붙인 불필요한 설명을 즐기지 않는다.
2. 따라서 자연현상은 가능한 같은 방식으로 설명되어야 한다.
3. 실험으로 알려진 모든 물체에는 보편적인 성질이 있다는 것을 받아들여야 한다.

(중략) 실험과 천문관측으로 확인된 대로 모든 물체에는 상호중력원리(A Principle of Mutual Gravity)가 주어졌다는 것을 인정해야 한다…….

뉴턴은 자유낙하운동이나 천체운동 모두 외부의 영향에 따라 생기는 부자연스러운 운동으로 보았다. 또한 지구에서 움직이는 물체의 운동이나

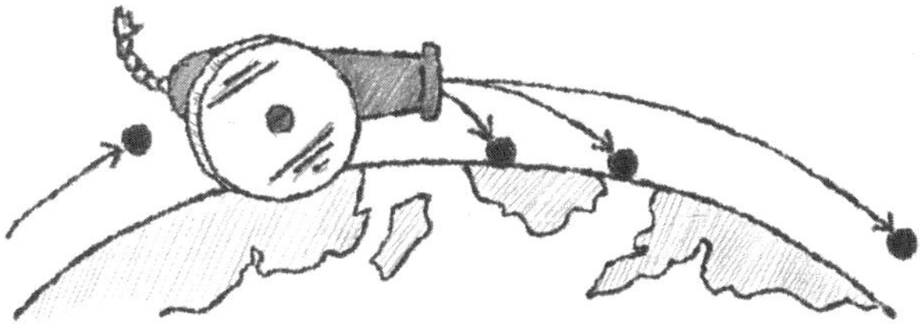

| 그림 4-3 | 대포알은 속력이 빠를수록 멀리 간다.

태양을 중심으로 움직이는 행성의 운동 모두 같은 방식으로 설명할 수 있어야 한다고 생각했다. 그것도 아주 단순하게 말이다. 그는 만유인력으로 모든 물체의 운동을 설명할 수 있다고 보았다. 여기에는 천체운동만이 아니라 지상에서의 포사체운동도 포함되었다.

물체를 지상에서 수평 방향으로 던져보자. 이때 공기 저항은 없다고 가정한다. 물체는 관성을 따라, 그리고 수평을 따라 직선 방향으로 똑바로 나가야 한다. 그러나 지상에서 움직이는 물체는 만유인력이라는 구심력을 받는다. 이때 구심력은 물체를 지구 중심 쪽으로 휘게 만든다. 그 결과 지상에서 움직이는 물체는 지상으로 떨어지게 된다. 그런데 물체는 던지는 속력에 따라 날아가는 거리가 달라진다. 속력이 빠를수록 물체는 더 멀리 날아간 후 땅으로 떨어진다(그림 4-3). 그렇다면 높은 산꼭대기에 서서 물체를 아주 빠르게 던지면 어떻게 될까? 속력이 충분히 빠르다면 물체는 지구에 떨어지지 않을 수도 있다. 지구에 떨어지지 않고 계속하여 지구를 돌 수 있다(그림 4-4).

달은 하늘 높은 데서 1초에 1km를 달린다. 빠른 속도로 움직이지만 직선운동을 하지는 못한다. 지구가 만유인력으로 잡아당기고 있기 때문이다. 달은 멀리 가지 못하고 대신 원운동을 한다. 달이 지구를 중심으로 공전하는 것이다. 물체의 속도가 더 빠르다면 물체는 하늘 멀리 더 높이 올

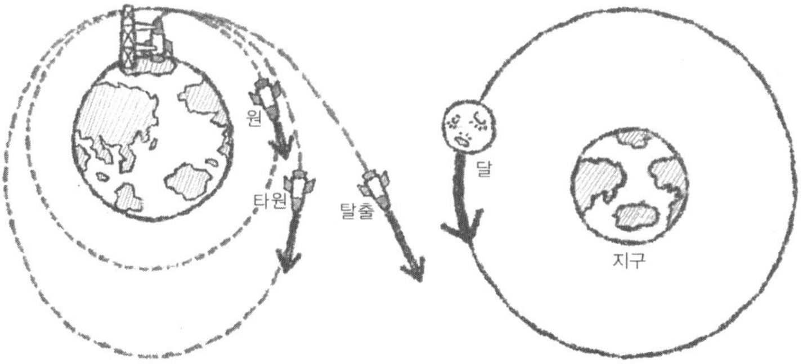

| 그림 4-4 | 속도가 빠를수록 더 먼 궤도를 돈다. 달도 원궤도를 그린다.

라가 타원궤도를 돌 수도 있다. 뉴턴은 이런 논리로 지상의 물체나 하늘에 있는 천체 모두가 같은 원리로 움직인다는 것을 확실하게 보여주었다. 그는 만유인력이라는 힘이 하늘과 땅의 모든 운동을 일관된 방식으로 지배하고 있다는 사실을 확인했다. 뉴턴은 천지의 운동법칙을 통합한 셈이다.

생각해보기

만유인력을 받아 움직이는 물체는 원추곡선(원과 타원, 포물선 등)의 궤적을 그린다. 축구선수가 공을 차면 이 공은 포물선을 그린다. 어린아이가 차는 공도 포물선을 그린다. 물론 어린아이가 차는 공은 축구선수가 차는 공보다 가까이 떨어진다. 그렇다면 어린아이가 차는 공은 만유인력(중력)을 적게 받는 것일까? 왜 공을 차는 정도에 따라 어떤 공은 멀리 가고 어떤 공은 가까이 가는 것일까?

지구와 태양, 지구와 달

태양이 없다면 지구는 구심력을 받지 못해 우주에서 미아가 될 것이다. 또 지구는 관성으로 움직이게 되고, 이 경우 직선을 따라 똑바로 움직이게 된다. 그러나 다행히 태양이 작용하는 힘이 있어 지구는 태양 쪽으로 휘어지는 궤적을 따라간다.

태양은 지구가 공전하는 중심에 서 있다. 지구 때문에 태양이 움직이는 일은 없다. 그렇다면 지구는 태양에 아무런 영향력도 행사하지 않는 것일까? 이 문제에 대답하기 위해 끈에 돌을 매달아 빙글빙글 돌리던 경험을 되새겨보자.

돌을 던지면 돌은 멀리 날아가 버린다. 그러나 끈에 매달린 돌은 멀리 가지 못하고 휜다. 돌이 장력을 받기 때문이다. 이 경우에 돌만 힘을 받는 것일까? 돌을 잡아당기고 있는 우리는 어떤가? 우리도 돌과 연결된 끈 때문에 힘을 받는다(그림 4-5). 회전하는 돌이 끈을 통해 우리를 잡아당기고 있다. 우리가 끈을 놓아버린다면 우리는 이 힘을 받을 이유가 없다. 대신

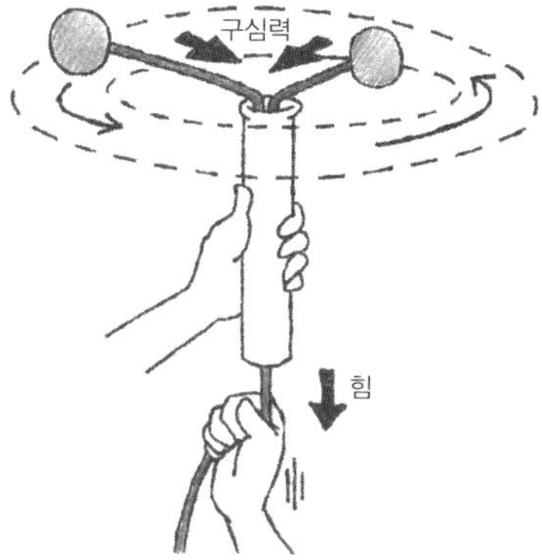

| 그림 4-5 | 작용과 반작용 : 우리가 끈을 당기면 끈도 우리를 당긴다.

돌도 회전을 못한다. 우리만 돌을 당기는 것이 아니다. 돌도 우리를 잡아 당기고 있다는 것을 확실히 알 수 있다.

태양도 마찬가지다. 태양이 지구에 만유인력을 작용하면 지구도 태양에 힘을 작용한다. 힘이 작용하면 그에 상응하는 똑같은 힘이 반작용으로 작용한다. 지구가 받는 만유인력은 태양이 받는 만유인력과 크기가 똑같아야 한다. 언뜻 생각하면 지구는 작은 힘을 주고, 태양은 큰 힘을 주는 것으로 착각할 수 있다. 그러나 그렇지 않다. 지구와 태양은 똑같은 힘을 주고받는다. 그래서 뉴턴은 이 원리를 제3법칙(작용과 반작용의 법칙)으로 삼았다.

뉴턴의 운동 제3법칙(공리) : 모든 작용에는 항상 똑같은 반작용이 있다. 즉, 두 물체에 작용하는 힘은 항상 똑같고, 방향은 반대이다.

그런데 똑같은 힘을 받는 지구는 태양 주위를 공전하는데, 왜 같은 힘을 받는 태양은 지구를 중심으로 공전하지 않을까? 그 이유는 바로 운동 제2법칙에 숨어 있다. 물체가 힘을 받아 반응하는 것은 질량에 따라 다르다. 같은 힘을 받더라도 질량이 작으면(가벼우면) 쉽게 궤도가 휘어진다. 태양과 지구는 같은 힘을 서로 주고받지만, 질량은 지구가 태양에 비해 30만 배나 가볍다. 가벼운 지구는 쉽게 움직이고, 무거운 태양은 거의 움직이지 않는다.

어른이 아이를 들어 올려 돌린다고 가정해보라. 어른이 가만히 선 채로 아이를 돌릴 수 없다는 것은 자명하다. 아이가 회전하면 어른도 그 주기에 맞춰 같이 맞서주어야만 한다. 지구와 달도 마찬가지다. 달은 지구에서 만유인력을 받기 때문에 공전한다. 그러나 힘을 받는 것은 달뿐만이 아니다. 지구도 똑같은 힘을 받는다. 그런데 지구는 달에 비해 질량이 약 80배 정도밖에 차가 나지 않는다. 질량 차가 크지 않기 때문에 달이 지구에 미치는 효과를 무시할 수 없다는 것을 짐작할 수 있다.

달은 지구를 중심으로 공전을 하지만, 자세히 보면 지구의 중심을 원점으로 공전하지는 않는다. 달은 '무게중심'이라고 부르는 점을 원점으로 공전한다(그림 4-6). 무게중심(질량중심이라고도 한다)이란 달과 지구를 하나로

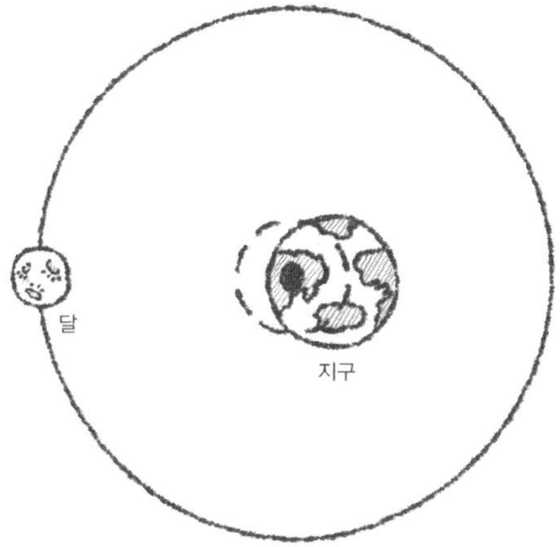

| 그림 4-6 | 달도 지구도 서로 공전한다.

볼 때 시소처럼 균형을 이루는 점을 말한다. 달과 지구의 무게중심은 지구가 더 무겁기 때문에 지구 가까이에 있다. 무게중심의 실제 위치는 지구의 중심부에서 지면 쪽으로 3분의 2 정도에 위치해 있다(지구의 중심에서 약 4600km 떨어진 지점이다).

지구와 달은 서로 공전한다. 달은 무게중심을 원점으로 지구를 공전하지만, 지구도 똑같이 무게중심을 원점으로 공전한다. 지구의 공전 반경은 4600km이고, 달의 공전 반경은 40만km다. 공전 반경이 약 100배가량 차가 나기 때문에 공전 속도도 약 100배 차가 난다. 달은 1km/s로 움직이지만 지구는 10m/s로 움직인다. 속도는 다르지만 공전주기는 서로 같다.

달 때문에 지구가 공전한다면 그 효과를 어디에서 확인할 수 있을까? 바로 조석(Tide)이다. 바닷가에 아침저녁으로 간만의 차가 생기는 이유는 바닷물이 달을 따라가며 흐르기 때문이다. 달이 만유인력을 작용하기 때문에 바닷물은 달 쪽으로 쏠리고, 당연히 달에 가까운 쪽 바다의 수위가 높아진다. 따라서 바닷가의 수면은 달이 하늘 위에 보일 때 만조가 된다. 달은 동쪽에서 떠서 서쪽으로 진다. 따라서 수면도 달을 따라서 이동한다. 물론 달이 매일 50분씩 늦게 뜨므로 만조 시각도 매일 50분씩 느려진다. 그런데 만조는 하루에 한 번이 아니라 두 번 일어난다.

조석은 왜 24시간마다가 아니라 12시간마다 일어나는 것일까? 그것은 바닷물의 수위가 달이 보이는 쪽으로만 오르는 것이 아니기 때문이다. 달이 보이지 않는 지구 반대편의 바다도 수위가 높아진다. 이 때문에 만조는 하루가 아니라 반나절 간격으로 일어난다. 왜 바다의 수위는 지구의 양쪽에서 높아질까? 그 비밀은 지구도 달의 영향을 받아 무게중심을 원점으로 공전한다는 데 있다. 이것을 지구의 입장에서 보면, 지구가 달에 끌려 떨어진다고 볼 수 있다. 따라서 지구 위의 바닷물은 달에 가까운 쪽과 먼 쪽 모두 부풀어 오른다. 이에 대해 좀 더 살펴보자(그림 4-7).

지구와 달이 하늘에 떠 있다. 그런데 지구가 달에 이끌려 달 쪽으로 떨어진다고 생각해보자. 지구 반대편에 있는 바다는 관성 때문에 달에서 멀어지는 쪽으로 쏠리게 된다. 바다의 입장에서 보면 바다는 달 반대편으로 쏠리는 힘을 느낀다. 차가 급정거하면 승객이 반대편으로 쏠리는 것과 같은 원리다. 그런데 실제로는 지구가 엘리베이터처럼 달을 향해 곧장 떨어지는 것이 아니다. 대신에 지구는 무게중심을 원점으로 공전한다. 바닷물 또한 달 반대편으로 쏠리지만 공전하는 지구에 이끌려 간다. 결국 바닷물의 수위는 달과 먼 지구 반대편에도 높아질 수밖에 없다. 이 상황에서 지구는 자전하기 때문에 바닷물은 달을 따라 이동한다. 달이 보이는 가까운 쪽의 바닷물 수위가 달을 따라 이동하는 것처럼, 달이 보이지 않는 지구 반대편의 바닷물의 수위도 달과 숨바꼭질하면서 이동한다. 결국 하루에 두 번 만조가 생기는 것이다.

달 때문에 생기는 간만의 차로 지구의 자전이 조금씩 느려진다. 따라서 지구의 자전은 1년에 23μs(마이크로초)가 느려진다. 즉, 하루의 길이가 조금씩 길어진다. 조석운동은 지구의 자전뿐 아니라 달의 공전도 느리게 만든

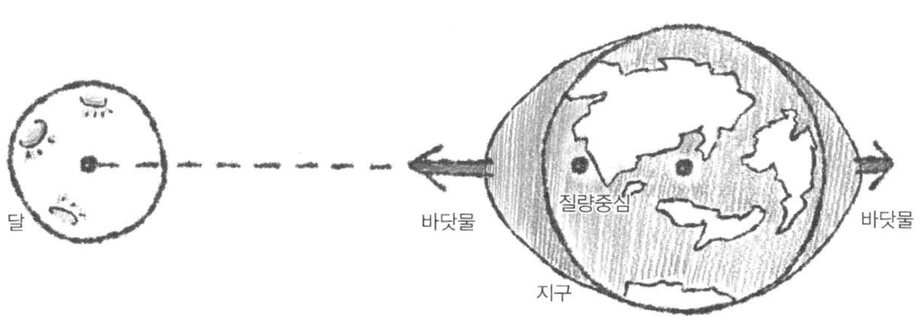

| 그림 4-7 | 지구와 달 : 지구와 달은 무게중심(질량중심)을 축으로 서로 공전한다. 이것을 지구의 입장에서 보면 지구가 달에 끌려 떨어진다고 볼 수 있다. 따라서 지구 위의 바닷물은 달에 가까운 쪽과 먼 쪽 모두 부풀어 오른다.

다. 이 때문에 달은 매년 38mm씩 지구에서 멀어져가고 있다. 공룡이 살던 당시에는 달이 현재보다 7600km 정도 더 가까이 있었을 테고, 공룡이 보던 달은 지금보다 좀 더 커 보이지 않았을까?

똑같은 힘이 작용하지만 질량 차이 때문에 달이 지구를 공전하는 모습은 잘 보이지만, 지구가 달을 공전하는 효과는 잘 보이지 않는다. 별들의 움직임에 나타나는 비대칭 효과는 질량이 클수록 심하다. 태양의 질량은 다른 행성에 비해 비교가 되지 않을 정도로 크다. 따라서 행성 때문에 태양에 나타나는 효과는 아주 미미하다. 태양이 받는 영향은 초정밀 측정을 하지 않는 이상 알아낼 수가 없다. 그러나 분명히 그 영향은 있다.

외계에도 우리의 태양계처럼 외계 태양계가 존재한다. 항성 주위에 존재하는 행성을 외계행성이라고 부른다. 그런데 외계행성은 빛을 내지 않기 때문에 그 존재를 직접 볼 수가 없다. 외계행성의 존재를 어떻게 확인할 수 있을까? 바로 행성이 항성을 흔들어주는 영향을 확인하면 가능하다. 항성의 미세한 움직임을 찾아낸다면 외계행성의 존재를 포착할 수 있다. 이 점에 착안하여 찾은 외계행성의 수는 2014년 현재 이미 1000개를 넘어섰다.

지구의 무게는 어떻게 잴까

저울을 사용하면 몸무게를 금방 알 수 있다. 그렇다면 지구의 무게도 잴 수 있을까? 아르키메데스는 지렛대를 이용하면 지구의 무게도 잴 수 있다고 생각했다. 마치 시소 위에 아이와 어른이 마주 앉으려면 중심으로부터 거리가 달라야 하듯, 지구와 우리 사이에 긴 시소가 있어 마주 보는 거리를 잴 수 있다면 무게를 알아낼 수 있지 않을까? 정말로 우리와 지구 사이에 무게를 잴 수 있는 시소가 존재할까? 뉴턴은 아르키메데스가 생각했던 대로 지구의 무게를 잴 수 있는 방법을 제시했다. 바로 우리와 지구 사이에 존재하는 만유인력을 이용하는 방법이다. 그러나 한 가지가 부족했다. 무엇일까?

우리는 중력의 영향 속에서 살고 있다. 뉴턴이 사과나무 아래에 앉아 생각에 잠겼을 때, 머리 위로 사과가 떨어진 것도 중력 때문이었다. 가벼운 사과나 무거운 사과나 떨어질 때 속도가 변하는 모습은 똑같다. 즉, 가속도가 같다. 그런데 사과가 받는 힘은 가속도에 비례한다. 가속도가 같다면 작용하는 힘도 같을까? 그렇지 않다. 힘은 무게이다. 무게가 더 나간다는 것은 질량이 더 크다는 뜻이기 때문에, 사과가 받는 힘(만유인력)은 사과의 질량이 클수록 더 크다.

질량이 300g인 사과의 무게는 얼마일까? 갈릴레오가 값을 찾아낸 중력가속도 값을 편의상 (9.8 대신) 10이라고 한다면, 300g 사과의 무게는 300g 곱하기 10m/s^{2}가 된다. 사과의 질량을 킬로그램으로 환산하여 고쳐 쓰면 사과의 무게는 3kgm/s^{2}이 된다. 이때 단위가 복잡하기 때문에 간편하게 힘의 단위를 N(뉴턴)이라고 정의했다. 즉, 사과의 무게는 약 3N이다. 60kg인 사람이 몸무게를 재면 600N이 나온다. 질량은 60kg이지만 무게는 600N이다. 질량이 클수록 무게가 더 나간다. 이 때문에 일상생활에서는 보통 무게를 질량으로 혼용해서 사용하지만, 실제로 무게와 질량은 다른 양이다. 60kg인 사람이 달에 가면 이 사람의 무게는 600N이 아니라 100N으로 줄어든다. 질량은 변하지 않지만 무게는 상황에 따라 달라진다. 중력가속도

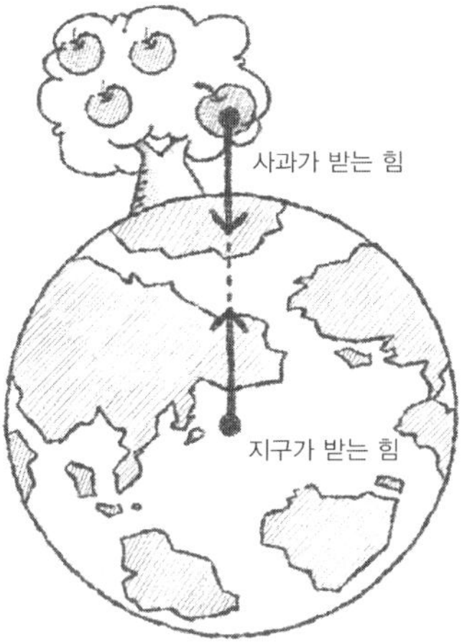

| 그림 4-8 | 작용과 반작용 : 사과와 지구는 서로 같은 힘을 주고받는다. 사과는 지구에서 만유인력을 받기 때문에 지상으로 떨어진다.

가 변하기 때문이다.

한편, 사과만 지구로부터 힘을 받는 것이 아니다. 작용과 반작용으로 생각하면, 똑같은 힘을 지구도 사과로부터 받는다(그림 4-8). 지구가 받는 힘 또한 지구의 질량에 비례한다. 만유인력은 두 물체 사이의 거리가 멀어질수록 거리의 제곱으로 작아진다. 이것을 정리하면, 두 물체 사이에 작용하는 만유인력은 각자의 질량을 곱한 양에 비례하고, 거리의 제곱에 반비례한다. 뉴턴은 만유인력과 질량 그리고 거리의 관계를 표현하기 위해 비례상수 G를 붙였다. 이 상수를 중력상수 또는 뉴턴 상수라고 부른다. 이것을 정리하면 다음과 같다.

$$\textbf{뉴턴의 만유인력} = G\frac{mM}{R^2}$$

이제 사과의 무게를 만유인력으로 바꾸어 써보자. $30N=GMm/R^2$ 여기에서 m은 사과의 질량이므로 300g이고, R의 지구의 반경이다. 지구의 반경은 이미 그리스의 에라토스테네스(Eratosthenes of Cyrene, 기원전 276년경~기원전 195년경) 시절부터 알려져 있었다. 따라서 GM의 값을 사과의 무게에서 찾을 수 있다. 이 값으로부터 지구의 질량 M을 알아낼 수 있지 않을까? 그렇다. 지구의 질량을 알아내는 것은 식은 죽 먹기다. 그런데 문제가 있다. 바로 중력상수 G의 값이다. 뉴턴은 이 값이 정확히 얼마인지 알지 못했다.

뉴턴 상수의 값을 제일 먼저 찾은 사람은 영국의 실험물리학자인 캐번디시(Henry Cavendish, 1731~1810)다. 그는 비틀림저울을 이용하여 두 질량 사이에 작용하는 힘을 정밀하게 재어 중력상수 값을 알아냈다. 이때가 1798년이다. 뉴턴의 만유인력이 알려지고 나서도 100년이 지난 다음에야 중력상수를 측정한 것이다. 그가 찾은 뉴턴 상수는 현재 우리가 알고 있는 값과 1% 정도의 오차밖에 나지 않는다. 현재 알려진 뉴턴 상수 값은 $G=6.673\times10^{-11}(Nm^2/kg^2)$로 아주 작은 값이다. 캐번디시는 중력상수 값을 가장 먼저 알아냈기 때문에 지구의 질량을 제일 먼저 잰 사람이 되었다.

이제 천체의 질량을 알아내는 일은 아주 쉬워졌다. 태양의 질량을 재보자. 먼저 지구와 태양을 중력이라는 지렛대 위에 올려놓자. 지구는 태양으로부터 만유인력을 받기 때문에 태양을 중심으로 하는 원궤도를 따라 1초에 30km를 움직인다. 태양까지의 거리는 1억 5000만km이므로, 이 값을 쓰면 지구의 공전가속도는 $0.006(m/s^2)$이 나온다.(이 값을 구하는 것은 약간의 기하학을 알면 쉽게 구할 수 있지만, 자세한 사항은 몰라도 된다.) 지구가 공전하지 않고 정지해 있다면 사과가 지상으로 떨어지듯 지구도 태양으로 떨어질 것이다. 이때 지구의 중력가속도가 바로 $0.006(m/s^2)$다. 사과는 지상에서 '10'의 중력가속도로 움직이고, 지구는 태양 때문에 '0.006'의 중력가속도로 움직인다. 지구의 질량을 지상에 있는 사과의 무게에서 찾았듯이, 태양의 질량도 공전하는 지구가 받는 힘에서 알아낼 수 있다. 이렇게 구해보면, 태양의 질량은 지구의 33만 배가 된다. 이제 태양의 질량을 찾았듯이 은하의 질량도 잴 수 있다. 저 멀리 하늘에 떠 있는 은하라 하더라도 만유인력 덕분에 질량을 알아낼 수 있는 방법이 생긴 것이다.

한편, 중력을 정밀하게 측정하는 것이 천체의 움직임을 알아내는 데만 도움이 되는 것은 아니다. 지상에 있는 물질의 분포도 알아낼 수 있다. 지하수가 많거나 금속이 많은 지역, 동굴이 있는 지역은 중력에 차이가 나기 때문에 광물이나 석유, 지하수 탐사 등에 이용할 수 있다. 현재 지표면의 미세한 중력 차이는 1000만 분의 1 정도까지도 알아낼 수 있다. 2002년 미국항공우주국(NASA)에서는 GRACE(Gravity Recovery and Climate Experiment)

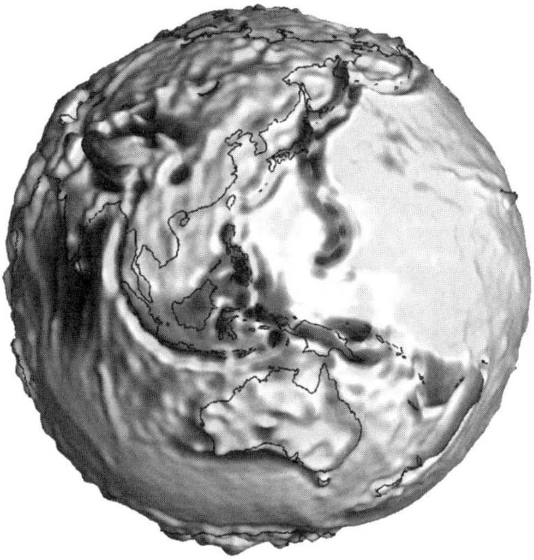

| 그림 4-9 | 지표면의 미세한 중력 변화를 나타낸 지도(ESA)

프로젝트로, 2개의 쌍둥이 위성을 지상 220km와 460km에 띄워 올렸다. 이 쌍둥이 위성은 앞뒤로 날면서 지표면의 중력 변화로 생기는 궤도의 미세한 변화를 탐지하여 지표면의 중력을 30일에 걸쳐 측정했다. 유럽우주국(ESA)에서도 2009년에 띄워 올린 GOCE(Gravity Field and Steady - State Ocean Circulation Explorer) 위성으로 현재 지구의 중력을 정밀하게 측정하고 있다.[6] 이런 정밀 측정을 실시한 결과, 지구 표면에 미세한 변화가 일어나고 있다는 것이 밝혀졌다. 예를 들어, 그린란드의 빙하가 녹아 없어지고 있다는 사실이 알려졌고, 아프리카와 호주에서는 지하수가 말라가고 있다는 사실도 확인되었다.

6 http://www.esa.int/esaLP/LPgoce.html (2014) 참조

만유인력의 위력과 기계적인 우주

케플러는 행성의 운동을 세 가지 법칙으로 정리했다. 케플러가 찾은 법칙에 따르면 행성의 위치는 타원궤도에 시시각각 표시된다. 따라서 케플러 법칙에 따르면 행성의 과거 위치뿐 아니라 미래 위치도 정확히 예측할 수 있다. 뉴턴의 만유인력 또한 행성의 위치를 정확히 예측할 수 있다.

케플러 법칙과 만유인력 모두 행성의 미래 위치를 똑같이 예측할 수 있다면, 만유인력이 케플러 법칙보다 나은 점은 무엇일까? 케플러 법칙은 태양과 행성 사이에 단순한 경우만을 다루지만, 만유인력은 그 이상을 다룰 수 있다. 케플러 법칙으로는 지구의 질량을 알아낼 수 없지만, 뉴턴의 만유인력은 지구의 질량뿐 아니라 태양과 은하의 질량까지도 알아낼 수 있다. 그뿐이 아니다. 질량이 있는 모든 물체는 만유인력의 영향을 받고 있다. 이 때문에 질량이 있지만 보이지 않는 물체도 파악할 수 있다.

태양계에는 행성이 하나만 있는 것이 아니다. 행성은 태양으로부터 만유인력을 받지만, 동시에 가까이에 있는 다른 행성이나 소행성들로부터도 영향을 받는다. 지구를 보자. 지구는 태양으로부터 가장 큰 만유인력을 받는다. 이 힘이 지구를 공전하게 만든다. 케플러 법칙은 바로 이 공전에 대한 정보를 준다. 그러나 지구 주위에 있는 달과 금성, 화성 등도 만유인력으로 지구를 당기고 있다. 더욱 정밀하게 측정해보면 바로 이 작은 만유인력의 효과를 알 수 있다.

해왕성의 발견은 아주 드라마틱했다. 토성 바깥쪽에 있는 천왕성의 주기는 84년이 약간 넘는다. 천왕성은 1781년에 발견되었고, 1783년에는 프랑스의 수학자이자 물리학자인 라플라스(Pierre-Simon, marquis de Laplace, 1749~1827)가 주변에 알려진 행성들의 영향을 고려하여 그 궤도를 계산해 놓았다. 그런데 60년 동안 관측한 천왕성의 궤도는 계산 결과와 조금 달랐다. 이런 결과가 나온 이유는 계산이 잘못되었거나 만유인력이 틀린 것일 수 있다. 그러나 두 가지 모두 해당이 되지 않았다. 실제로는 천왕성 외곽에 보이지 않았던 새로운 행성이 존재하고 있었기 때문이다. 1845년 프랑스의 천문학자 르 베리에(Le Verrier, 1811~1877)는 만유인력을 이용하여 알려지지 않은 행성의 위치를 계산해냈고, 이 위치를 근거로 베를린 관측소에 있던 독일의 천문학자 갈레(Galle, 1812~1910)는 1846년 9월 23일 마침내 해왕성을 발견했다. 넓은 우주 공간에 행성이 숨어 있어, 망원경으로도 쉽게 볼 수 없었던 행성을 만유인력이 찾아내는 데 결정적 역할을 한 것이다. 이후 만유인력은 우주를 다루는 믿음직스러운 이론으로 굳건히 자리잡았다. 그리고 만유인력의 강력한 예측 능력은 하늘 멀리 숨어 있던 자연의 모습들을 하나둘 밝혀내기 시작했다. 마치 현미경이 미시 세계에 존재하는 미생물의 존재를 알려준 것처럼 만유인력과 망원경은 우리의 시야에 없었던 거시 세계의 새로운 우주를 눈앞에 펼쳐놓기 시작했다.

행성의 움직임은 아주 기계적이다. 뉴턴의 운동법칙을 쓰면 행성의 움직임을 아주 정밀하게 예측할 수 있다. 이처럼 하늘의 움직임이나 땅에서의 운동은 만유인력의 운동법칙에서 벗어날 수 없다. 현재 모습이 미래를 결정한다. 미래의 운명을 바꿀 수 있는 것은 그 어떤 것도 없다. 우주는 운동방정식을 따르는 기계와 다를 것이 없다. 라플라스는 우주에 있는 큰 물체나 작은 원자나 모두 한 가지 운동방정식으로 설명할 수 있다고 믿었다.

> 우리는 우주의 현재 상태를 과거의 결과이며, 미래의 원인으로 봐야만 한다. 자연을 움직이는 모든 힘과 자연을 구성하는 모든 것들의 상황을 이해하는 지성이 있다면, 그리고 그 지성이 충분히 능력이 있어 자료들을 분석할 수 있다면, 그 지성은 아마도 단 하나의 공식으로 우주처럼 아주 큰 개체들의 운동과 원자처럼 아주 작은 개체의 운동을 파악할 수 있을 것이다. 그 지성에게는 그 어느 것도 불확실한 것이 없고, 미래는 마치 과거처럼 보일 것이다.[7]

라플라스가 생각했던 이 전지전능의 절대적 지성을 사람들은 '라플라스 악마'라고 부른다. 라플라스의 이러한 희망은 정말 실현 가능할까? 우리가 현재 알고 있는 우주의 크기는 138억 광년(10^{26}m)이고, 우주가 탄생할 당시의 크기는 플랑크 길이(10^{-35}m)였다. 이처럼 엄청나게 다른 크기의 모든 자연현상을 단 한 가지의 공식으로 나타내는 것이 가능할까? 그러나 자연은 라플라스 생각처럼 단순하지 않았다. 라플라스가 생각하지 못한 현상들이 물질에 숨어 있었기 때문이다. 19세기 이후 자연에 대한 비밀이 속속 밝혀지면서 라플라스의 주장은 설득력을 잃게 된다.

7 A Philosophical Essay on Probabilities, 4쪽

더 볼 만한 자료

『프린키피아』, *Newton's Principia: the mathematical principles of natural philosophy*, Sir Isaac Newton(English by Andrew Motte), 이무현 옮김 (교우사, 1998)

The road to reality, Roger Penrose (Vintage, 2004)

A Philosophical Essay on Probabilities, 라플라스 (J. Wiley, 1902)

Isaac Newton, James Gleick (Pantheon, 2003)

http://www.math.nyu.edu/~crorres/Archimedes/Tomb/Cicero.html (2014)

http://eclipse.gsfc.nasa.gov/SEcat5/secular.html (2014)

http://www-history.mcs.st-andrews.ac.uk/Biographies/Laplace.html (2014)

http://en.wikipedia.org/wiki/Gravity_Recovery_and_Climate_Experiment (2014)

http://www.esa.int/esaLP/LPgoce.html (2014)

http://www.youtube.com/watch?v=sdmhPfGo3fE (2014)

5장
미술로 우주를 그려내다

"There is no science without fancy and no art without fact"—Vladimir Nabokov Vladimir Vladimirovich in "I Have Landed."

_Stephen Jay Gould

언뜻 보기에 화가와 과학자는 관점이 전혀 다르거나 공통점이 별로 없어 보인다. 하지만 놀랍게도 화가의 눈으로 보는 자연과 과학자가 관찰하는 자연 사이에는 중요한 공통점이 있다. 예술도 자연과 우주에 대한 아이디어를 시각적으로 강렬하게 나타낸다는 점이다. 이러한 사실은 자연과 우주를 표현하는 방식이 과학자만의 전유물이 아님을 보여준다. 시간과 공간, 그리고 물질을 그림과 조각을 통해 표현한 모습은 과학자가 알아낸 자연과 아주 흡사하다. 예술가들은 때로 시대를 앞서기도 하였고, 때로는 과학자와 서로 영향을 주고받기도 했다. 예술에 반영된 자연의 관점이 시대에 따라 어떻게 나타났는지 알아보자.

14세기 이전

네바문(Nebamun)은 기원전 1500년경 18번째 신왕국시대를 살았던 이집트 서기관이다. 그는 곡물을 관리했는데, 다른 관리와 마찬가지로 그의 무덤에는 그가 살았던 모습과 사후 세계에 대한 희망이 그려져 있다. 그런데 이집트인들이 벽화에 표현한 방식은 현대회화의 방식과 많이 다르다. 화폭마다 표현하고자 하는 여러 가지 모습이 부분적으로 강조되어 나타난다. 〈그림 5-1〉에 나타난 사물은 사진에 찍히는 자연 상태의 사실적인 모습이 아니다. 주로 관찰이 잘되는 각도에서 특별히 주시한 부분들이 자세히 그려져 있다. 바로 이러한 화폭의 모습은 이집트 회화의 전형적 표현 양식이다.

이집트 회화에서는 사물의 특징을 구체적으로 표현하기 위해 사물이 가장 잘 보이는 특징적인 각도에서 본 모습을 그린다. 인물의 머리는 옆에서 본 모습으로, 눈은 앞에서 본 형태로 그린다. 사람을 그릴 때 머리와 가슴, 팔과 다리 등을 전체적으로 보이는 형태가 아니라 각 부분마다 다른 각도

| 그림 5-1 | 네바문의 연못이 있는 정원

에서 본 형태를 그려 넣는다. 사물의 자세한 형태는 기억 속에 있는 가장 특징적인 부분으로 나타내며, 그 사물에 대한 지식과 중요성을 그림에 표현한다. 주인공이 화면에 가장 크게 나타나고, 딸이 부인보다 작게 그려져 있는 것도 모두 이러한 표현 기법에 해당한다.

그리스에서 발견된 기원전 6세기의 항아리(로마 바티칸미술관 소장)에는 트로이 전쟁에 참가한 아킬레우스(Achileus)와 아약스(Ajax)가 창을 든 채 주사위 놀이를 하고 있는 모습이 그려져 있다. 항아리에 그려진 두 사람의 모습은 옆에서 본 모습이다. 그러나 두 사람의 눈은 정면에서 본 형태다. 이는 이집트 회화의 영향을 받은 것임을 알 수 있다.

그런데 특이한 것은 왼쪽에 있는 아킬레우스의 한쪽 팔이 어깨에 가려 보이지 않는다는 점이다. 이집트의 방식대로 그렸다면 아킬레우스의 두 팔을 가장 잘 보이는 위치로 바꾸어 표현했을 것이다. 그러나 이 그림에는 아킬레우스의 모습이 보이는 그대로 그려져 있다. 이 항아리에 나타난 그림에는 작가가 기존의 형식에서 벗어나 새로운 시도를 하고 있음이 나타나 있다.

한편, 기원전 1세기 아게산더(Agesander)가 조각한 아프로디테 상에는 황금비율(Golden Ratio)이 나타난다. 당시는 인체의 가장 조화롭고 균형 잡힌 황금비율은 대략 1.6 정도이며, 이 기준은 그리스 조각가 폴리클레이토스(Polykleitos)가 기원전 400년경에 만들었다고 한다. 이와 관련하여 고대 그리스 건축과 조각에서 황금비율을 발견하는 것은 어렵지 않다. 기원전 450년경에 살았던 피디아스(Phidias)가 황금비율을 건축과 조각에 사용했기 때문에 보통 황금비율을 φ(phi)라고 표시한다. 판테온 신전에는 외부 건물과 내부 건물의 배치에서 황금비율이 발견된다. 황금비율은 수에서 아름다움을 찾던 피타고라스학파가 찾았다고 전해진다. 그들은 인체에 황금비율이 포함되어 있다고 주장했다고 한다. 황금비율은 기원전 300년경에 쓰인 유클리드의 원론에도 자세히 나온다.

모자이크 양식은 기원전 2500년 전부터 중동지방에서 타일 등에 사용되었다. 종교적 의미를 가진 모자이크가 예술적인 표현 방식으로 들어온 것은 흥미롭다. 중세 기독교에서는 교회의 내부 장식을 극도로 제한했기 때문에 예술적 표현 역시 제한될 수밖에 없었다. 그러나 모자이크 기법은 예외였다. 모자이크는 화폭의 공간을 잘게 나누고, 각 부분마다 조각을 붙여 전체적으로 일체감을 표현하는 기법이다. 조각이 모여 하나의 일체감을 이루는 특징은 마치 성도들이 모여 하나의 큰 신앙 공동체를 만든다는 의미로 받아들여짐에 따라 모자이크 기법만큼은 교계에서 허용하기 시작했다. 제한된 형식이나마 예술적 표현이 허용된 것이다. 여러 조각이 모여 일체감을 만들어낸 예는 유네스코의 세계유산으로 등록된 산 아폴리나레

누오보 바실리카(Basilica of Sant'Apollinare Nuovo, 이탈리아 라벤나 소재)이다.

바실리카 내부에는 모자이크로 조각된 6세기 초의 작품들이 남아 있다. 이 모자이크 장식에는 배경이 되는 부분이나 다른 장식적인 묘사는 일체 생략되어 있다. 여기에서는 사실적인 묘사보다는 성경에서 나오는 장면에 대한 설명을 강조하고 있다. 단순 명료하게 의미를 전달하는 것이 목적이었기 때문에 불필요하게 생각되는 모든 요소들은 완전히 생략되었다. 대신 높은 창으로 들어오는 빛이 내부에서 반사되는 모습을 통해 신의 은총을 표현했다. 이는 당시의 종교적 상황에서 예술적 표현이 최소로 반영되고 있음을 보여준다.

생각해보기

황금비율이란 선분을 두 부분으로 나누는 방법이다. 긴 부분과 짧은 부분의 비가 전체와 긴 부분의 비와 같도록 만든 것이다. 그 비는 약 1.6이다. 손과 팔이 황금 분할로 나타나는지 확인해보자. 펜타그램(Pentagram)에도 황금비율이 나온다. 펜타그램에 나오는 황금비율을 찾아보자. 이 황금비율로 표현된 사람의 모습이 아름답다고 여겨지는가?

| 그림 5-2 | 손과 팔에 있는 황금비율

| 그림 5-3 | 펜타그램 : 황금비율로 표현한 사람

원근법의 시대

14세기 이전의 그림들을 보면 여러 기법으로 자연을 그려내고 있음을 알 수 있다. 이집트의 회화 형식이나 모자이크 형식처럼 지식과 설명을 강조하는 방식이 존재하기도 하고, 그리스 건축과 조각처럼 자연의 실제적인 모습을 충실하게 반영하려는 노력도 엿보인다. 이러한 표현 방식들은 시대의 흐름에 따라 한 가지 방향으로 흐르는 것이 아니라 당시의 사조와 사회의 요청에 따라 강조되기도 하고 감추어지기도 했다.

그런데 14세기 이후가 되면서 새로운 사조가 나타났다. 바로 자연을 사실적으로 표현하고자 하는 욕구였다. 이탈리아 파도바의 아레나 예배당(스크로베니 예배당으로도 불린다)에는 프레스코 벽화가 그려져 있다. 이 작품은 이탈리아의 화가 조토(Giotto di Bondone, 1276~1337)가 그린 것으로, 새로운 시대를 알리고 있다.

이 벽화가 유명한 것은 그림에서 그림자가 등장했기 때문이다. 옷에 그림자를 표시함으로써 마치 3차원의 조각품을 보는 듯한 느낌을 준다. 평면임에도 3차원 공간의 깊이를 느낄 수 있게 한 것이다. 또한 다리 위에서 재회하는 장면에서는 재회하는 두 사람을 다른 사람들과 구분해놓았다. 재회 장면을 다른 사람들의 시선에 배치함으로써 재회 장면을 입체적으로 보이도록 했다(그림 5-4). 이로써 조토의 등장과 함께 미술의 표현 방식이 새롭게 바뀐다. 기록과 설명으로 표현하는 것이 아니라, 보여주고자 하는 광경이 마치 눈앞에서 일어나는 사건처럼 나타나게 하는 방식이다. 15세기 중반이 되면 이러한 표현 방식에 더 큰 진전이 나타난다.

피렌체 대성당인 산타 마리아 델 피오레 대성당(Basilica di Santa Maria del Fiore)은 1296년 고딕 양식으로 건축이 시작되었다. 그러나 1400년 초 당시까지도 제대로 된 돔을 건축하지 못한 채 중단 상태에 있었다. 이탈리아의 건축가 브루넬레스키(Filippo Brunelleschi, 1377~1446)는 로마에 있는 판테온에서 아이디어를 얻어 큰 돔을 대성당 중앙에 올리는 작업을 수행했다. 그는 내부와 외부의 이중 구조를 만들었고, 이를 통해 바깥 지지대가 없는 거대한 8각 돔을 천장에 올릴 수 있었다. 브루넬레스키는 약 16년(1420~1436)에 걸쳐서 거대한 돔을 완성했고, 피렌체 두오모는 르네상스를 대표하는 건축물이 되었다.

그러나 브루넬레스키의 보다 큰 업적은 원근법의 도입이었다.[8] 미술사에 획기적인 사건이 된 원근법은 평면(화면) 위에 3차원의 깊이를 표현하는 방법이다. 그 원리는 물체가 멀어질수록 작아 보인다는 것을 표현하는 데 있다. 정면에서 쳐다보면 대상은 멀어질수록 그 이미지가 한 점(소실점)에 모인다. 그림에 소실점이 있으면 감상하는 사람은 그 소실점으로부터 빛이 나오는 것으로 느끼게 되고, 결과적으로 그 그림은 입체감을 띠게 된

8 하산(아랍, 965~1040년경)이 1021년에 저술한 『*Book of Optics*』에는 기하학적인 투영법이 나온다. 14세기경 이탈리아어로 번역된 후 미술계에 큰 영향을 미쳤다.

다. 그림에 원근법이 도입됨으로써 입체감이 또렷이 살아나게 되었다. 그리하여 원근법으로 그린 그림은 중세의 그림과는 전혀 다른 새로운 차원의 그림이 되었다.

마사초(Masaccio, 1401~1428)가 그린 「성 삼위일체」를 보자. 이 그림은 원근법을 사용한 최초의 그림이다. 이 그림은 벽 부분이 안쪽으로 쑥 들어가 있는 느낌을 준다. 마치 벽화가 아니라 조각품이 앞에 있는 것처럼 입체적으로 보인다(그림 5-5).

| 그림 5-4 | 조토의 프레스코 벽화

| 그림 5-5 | 마사초의 「성 삼위일체」

레오나르도 다 빈치(Leonardo di ser Piero da Vinci, 1452~1519)가 1498년에 완성한「최후의 만찬」은 원근법과 빛의 특성을 적절히 이용한 최고의 걸작으로 꼽힌다. 이 그림의 크기는 450cm×870cm로, 밀라노의 산타 마리아 델레 그라치(Santa Maria delle Grazie)의 수도원 식당의 한쪽 벽면을 가득 채우고 있다. 이 그림에는 입체적인 감각이 확연히 드러나 있다. 마치 만찬이 수도원 식당에서 현재 진행되고 있는 듯하다. 그리고 창문에서 빛이 들어와 식탁 위에 쏟아지는 듯한 착각을 일으킨다. 이 그림에는 자연스러운 질서가 있고, 다양한 변화가 숨어 있다. 전통적인 그림과는 전혀 다른 느낌을 준다. 바로 원근법의 위력이다.

미켈란젤로(Michelangelo, 1475~1564)는 1504년「다윗」을 조각했다. 이 작품에는 해부학에 기반을 둔 근육이 확실하게 표현되어 있다. 직접 전투에 참가하는 장면이 아니라 전투력을 가진 소년을 표현하고 있으며, 그 높이가 무려 5.17m나 된다. 그런데 미켈란젤로는 상반신을 하반신보다 크게 조각했다. 그는 아래에서 작품을 관찰할 때 관찰자의 입장에서 소년이 자연스럽게 보이도록 일부러 원근법을 고려하여 비율을 바꾼 것이다.

원근법의 도입과 해부학의 발달로 미술과 조각에는 사실성이 반영되기 시작했다. 그 결과 화가는 자연을 사실적으로 표현할 수 있게 되었고, 감상자는 정서적으로 안정적인 느낌을 받았다. 낭만파 화가인 콘스타블(John Constable, 1776~1837)은 회화를 자연과학의 표현이라고 주장했다.

미술계의 이러한 변화 과정은 실험과 관찰을 중시하고 수학을 도입한 과학계와 비슷하다. 과학계에서는 이러한 변화가 16세기에 시작하여 17세기에 걸쳐 일어났다. 그러나 미술계는 과학계보다 한 세기 빨리 이러한 변화를 경험했다. 이미 15세기에 시작하여 16세기에 걸쳐 변화가 나타났는데, 미술계에 나타난 이러한 변화는 결코 우연이 아니다. 14세기에 들어서면서 유럽에는 커다란 변화가 일어났다. 재정적으로 급성장한 상인과 은행가들이 예술가들을 적극 후원했고, 르네상스의 사회적 분위기로 예술가들이 좀 더 자유로워졌기 때문이다. 코페르니쿠스에서 시작하여 케플러와 갈릴레오를 거쳐 뉴턴으로 완성되는 과학계의 모습과 브루넬레스키를 시작으로 마사초를 거쳐 레오나르도 다 빈치와 미켈란젤로로 꽃피운 미술계의 모습이 좋은 대비를 이룬다.

생각해보기

원근법으로 표현한 회화는 사진과 어떻게 다르다고 생각하는가? 시선과 화면의 방향에 따라 3차원 형상이 평면에 어떻게 나타나는지 사진으로 확인해보자. 소실점(이미지가 모이는 점)이 1개가 나타나는 경우, 2개가 나타나는 경우, 그리고 3개가 나타나는 경우는 언제 나타난다고 보는가? 각 상황에 따라 입체감이 어떻게 달라지는가?

19세기 이후

이성적 주장과 종교적 교리가 다른 점은 과연 무엇일까? 데카르트(René Descartes, 1596~1650)는 둘을 구분하는 방법으로 논리성을 제시했다. 이성적인 의견에 대해서는 논리적인 의문을 제기할 수 있기 때문이다. 그는 이러한 논리적인 생각이 인간의 존재를 확인시켜준다고 생각했다. 의문을 제기한다면 당신은 생각하는 것이고, 생각한다면 당신은 존재하는 것이다. "Cogito ergo sum(I think, therefore I am)." 이성적이고 합리적인 생각이 많은 사람들의 지지를 받으면서 18세기 초 서구에서는 과학이 종교적 도그마를 대체하게 된다.

만유인력으로 시작된 기계적 우주관은 한 걸음 더 나아가 인간조차 기계라고 생각하는 단계까지 도달한다. 프랑스의 철학자 드 라 메트리에(Julien de La Mettrie, 1709~1751)는 『인간기계론*L'homme Machine*』에서 물질과 분리된 영혼의 존재를 부정하면서 "우주는 기계일 뿐 아니라 사람도 기계이다(Not only is the universe a machine, so too is Man)"라고 주장했다.[9] 그러나 이런 주장은 물질의 세계를 본격적으로 다루기 시작하는 20세기에 들어서면서 그 과학적 근거를 상실한다.

미술계에서는 이보다 한 세기 앞선 19세기에 기계적 우주관에 반대하는 새로운 표현들이 나타났다. 여기에는 기계적 세계관을 거부하는 문학자와 신학자들의 생각이 반영되어 있다. 19세기 초반 영국의 워즈워스(Wordsworth, 1770~1850)나 독일의 실러(Schiller, 1759~1805)와 같은 낭만파 시인들은 기계론적 우주론을 받아들이지 않았다. 대신 자연과 영혼 모두를 실체로 받아들여야 한다고 주장했다.

영국의 시인이자 화가인 블레이크(William Blake, 1757~1827)는 「뉴턴」(1795)을 그렸다. 뉴턴은 옷을 벗고 앉아서 컴퍼스에 눈을 떼지 않은 채 두루마리 종이에 자신의 머릿속을 투영하고 있다. 블레이크는 과학적 물질주의를 대변하는 '한 가지만의 관점'에 대한 반대 표시로 뉴턴을 이렇게 묘사한 것이다. 그리고 그는 시집 『예루살렘*Jerusalem*』(object 15, lines 8-9)에서 "나는 과거, 현재 그리고 미래가 한꺼번에 내 앞에 있는 것을 본다. 내 앞에서"라고 썼다. 그에게서 삶은 운동방정식으로 운명이 결정되는 기계가 아닌 과거와 미래 그리고 초월적인 세계가 공존하는 것이었다.

19세기에 들어서면서 회화에 새로운 실험이 시도되었다. 15세기 피렌체에서 시작한 새로운 미술의 전통은 17세기 로마를 거쳐 파리에 정착했다.

---

9 "The term 'soul' is therefore an empty one, to which nobody attaches any conception, and which an enlightened man should employ solely to refer to those parts of our bodies which do the thinking. Given only a source of motion, animated bodies will possess all they require in order to move, feel, think, repent in brief, in order to behave, alike in the physical realm and in the moral realm which depends on it. Let us then conclude boldly that man is a machine, and that the whole universe consists only of a single substance subjected to different modifications."

프랑스에서는 학생들이 아카데미아에서 지도를 받았고, 회화에 대한 정통적인 기법이 정착되었다. 그런데 아카데미아의 방식을 따라 명암의 상호작용을 표시하려면 창문에서 들어오는 빛을 인위적으로 조절해야만 했다. 입체적인 인상을 주기 위해서는 명암의 농도를 조절하는 방법을 썼다. 그러나 이런 표현은 강렬한 자연의 햇빛이 있는 곳에서는 적용할 수가 없었다. 그림자는 회색이나 검은색으로만 보이는 것도 아니었다. 이런 상황을 인식하고 있던 일부 화가들은 아카데미아식의 그림을 그리는 것에 대해 회의를 느끼기 시작했다. 아카데미아 화법은 화가가 보는 상태를 자유롭게 표현하는 데 한계가 있다고 생각한 것이다.

한편, 카메라의 등장은 화가들에게 큰 영향을 미치기 시작했다. 카메라는 바늘구멍 사진기에서 렌즈를 쓰는 사진기까지 오래전부터 존재해왔다. 17세기에는 자연을 사실적으로 그리기 위해 카메라에 비친 경치의 모습을 베끼는 것이 유행하기도 했다. 그런데 프랑스 대혁명과 산업혁명을 거치면서 미술계는 새로운 시대에 적응해야만 했다. 19세기 중반에는 사진기의 이미지를 기록할 수 있는 획기적인 방법이 등장했고, 그 결과 많은 화가들이 생계의 위협을 느끼게 되었다. 초상화나 저택의 그림처럼 기록을 원하는 고객들을 놓고 카메라의 이미지가 화가의 그림과 경쟁하는 꼴이 되었기 때문이다. 화가들은 새로운 영역을 개척해야 하는 도전에 직면했다.

카메라의 이미지는 화가에게 생계의 위협이 되기도 했지만 다른 한편으로는 새로운 기회를 마련해주었다. 스냅사진에서 우연한 광경을 목격하게 되었고, 예기치 않은 각도의 화면을 보게 됨으로써 새로운 탐색과 실험을 시도할 수 있었다. 19세기 중반 미술계에서 일어난 빛과 명암에 대한 새로운 실험은 이처럼 사회적 환경의 영향을 받았다.

프랑스의 마네(Édouard Manet, 1832~1883)는 기존의 화법 대신 스케치하듯 생략법을 썼다. 그는 경마장에서 마치 카메라로 한 컷을 찍은 것처럼 짧은 시간에 보이는 모습을 나타내고자 했다. 이를 표현하기 위해 말의 두 다리를 생략하고, 관중도 스케치를 하듯이 그렸다. 마네가 그린 「잔디밭에서의 점심Le déjeuner sur l'herbe」(1863)에는 기존의 방식과 달리 하늘이 보이지 않는다. 원근법에 필요한 수평선이나 수직선도 제거했다. 시선이 집중되는 점도 없애버렸다. 원근법을 무시하고 인물을 배치했다.

프랑스의 모네(Claude Monet, 1840~1926)는 같은 장소에서 본 그림을 여러 개 그렸는데, 다른 시각에서 본 장면과 다른 계절의 장면을 그려냈다. 그의 작품에는 루앙 대성당(Rouen Cathedral), 생라자르 역(Gare St.Lazare), 지베르니(Giverny) 등의 시리즈가 있다. 이런 실험을 모네는 순간을 포착하는 작업이라고 불렀다.

프랑스의 세잔(Paul Cézanne, 1839~1906)은 부엌의 탁자에서 시선이 모이는 점(소실점)을 여러 개 만들었다. 그는 이집트의 회화에서 표시하던 방식처럼 물체를 여러 점에서 관찰한 것처럼 그렸다. 그가 말년에 그린 그림 「라우베 정원The Garden at Les Lauves」에서는 윤곽을 분명하게 하지 않고 물질과 공간이 서로 섞어 녹아들게 했으며, 빛이 어디에서 비추는지도 불분명하게 그렸다.

19세기 중반에 인상파 화가들이 시도한 빛과 명암에 대한 실험은 처음에 많은 반발을 샀다. 그러나 현대인의 눈으로 보면 너무 당연한 듯 보인다. 우리가 주목하는 것은 인상파 화가들의 표현이 20세기에 들어서면서 과학계가 찾은 자연과 비슷하다는 점이다. 이들이 표현한 자연은 실험과 관찰을 통해 과학자들이 찾은 새로운 우주관과 많이 닮아 있다.

상대론에 따르면 우주는 시간과 공간과 물질이 얽혀 있으며, 관찰자에 따라 보이는 모습도 다르게 나타날 수밖에 없다. 과학자가 찾아낸 우주는 인상파 화가들이 시도한 자연의 모습과 일맥상통한다. 독일의 수학자 민코프스키(Hermann Minkowski, 1864~1909)는 1908년 다음과 같이 과학적 관점을 표현했다. "그러므로 공간 자체나 시간 자체는 그림자 속으로 사라질 운명이고, 2개의 결합만이 독립적인 실체로 남게 될 것이다."

20세기에 들어 과학적으로 확인된 빛과 시공간의 관점은 미술계에 상당한 영향을 미쳤다. 길이와 높이, 폭을 가진 육면체가 시간 없이 존재할 수 있을까? 회화적 관점은 육면체를 한순간에 모두 볼 수 없다는 데서 출발한다. 육면체 주위를 돌아보아야만 사방에서 보이는 모습을 알 수 있다. 이것은 육면체의 다른 모습을 각기 다른 시간에 재배치함을 뜻한다.

상대론의 영향을 받은 예술가들은 공간의 여러 면을 과거와 현재 미래가 같이 보이도록 화폭을 재편했다. 네덜란드의 에스허르(Maurits Escher, 1898~1972)는 상대론을 주제로 그림을 그렸고, 벨기에의 마그리트(René Magritte, 1898~1967)는 상대론 효과로 사람의 얼굴이 뒤통수에 나오도록 그렸다. 피카소로 대표되는 입체파 화가들은 보고 싶은 여러 모습을 화폭의 한 면에 모두 표시했다. 그리고 원근(Perspective, 깊이)과 순서(Causality, 시간)에 상관없이 화가가 보고 싶고, 표현하고 싶은 생각을 한꺼번에 그렸다. 마치 이집트의 회화의 표현 방식과 유사하다. 사물의 형상을 시간과 공간을 초월하여 가장 잘 표현되는 각도로 섞어놓았다. 이처럼 예술가가 화폭에서 표현하는 방법과 과학자가 자연에서 찾아낸 방법에서 공통점이 많다는 것을 쉽게 알 수 있다. 예술과 과학은 서로 영향을 주고받으며 우주관을 형성해왔다는 사실이 드러나는 대목이다.

더 볼 만한 자료

Art & Physics: Parallel Visions in Space, Time, and Light(P.S), Leonard Shlain (William Morrow Paperbacks, 2007)

http://milan.milanovic.org/math/english/golden/golden4.html (2014)

http://jwilson.coe.uga.edu/EMT668/EMAT6680.2000/Obara/Emat6690/Golden%20Ratio/golden.html (2014)

6장
노다지가 된 전하

But still try, for who knows what is possible….

_Michael Faraday

뉴턴이 찾아낸 자연법칙은 엄청난 성공을 가져왔지만, 뉴턴 당시의 물질에 대한 연구는 아주 초보적 수준이었다. 그러나 지금은 어떤가? 도심에는 쉬지 않고 고층 건물이 들어서고 있다. 무게를 지탱해주는 강력한 소재가 나오면서 가능해졌다. 손에서 떼놓을 수 없는 휴대전화는 어떤가? 무선통신과 소형 칩이라는 전혀 다른 개념을 이용하고 있다. 이 모두가 물질에 들어 있는 전하를 이용한다는 점이다. 전하는 현대문명의 기반을 만드는 중요한 원천이다. 전하가 어떻게 현대문명에 풍요를 가져오게 되었는지 살펴보자.

전하의 등장

세면대에 떨어지는 수돗물은 곧장 아래로 떨어진다. 그러나 플라스틱 자를 옷에 문지른 후 흐르는 수돗물 가까이에 대보자. 물줄기가 휘어진다. 플라스틱에 있는 보이지 않는 전하 때문이다. 책받침을 옷에 문지른 후 작은 종잇조각 가까이에 가져가보자. 종이들이 책받침에 달라붙는다. 전하를 직접 눈으로 볼 수는 없지만, 전하들이 서로 힘으로 작용하고 있다는 것을 짐작할 수는 있다.

물질은 전하로 가득 차 있다. 전하의 특징은 양과 음으로 나뉘어 있다는 점이다. 이 때문에 대부분의 물질은 전하가 없는 것처럼 보이지만 실제로는 그렇지 않다. 양전하와 음전하가 똑같은 양으로 존재하는데, 겉으로 보기에만 중성으로 보일 뿐이다.

영국의 과학자 길버트(William Gilbert, 1544~1603)는 1600년에 전하를 일렉트리쿠스(Electricus, 라틴어로 호박)라고 이름 지었다. 호박(송진이 굳어져 만들어진 돌)이 작용하는 힘을 천연자석이 작용하는 힘과 구분하기 위해서였다. 자석(Magnet)이라는 말은 천연자석이 발견된 지역 마그네시아(Magnesia)에서 따왔다.

1740년대에 네덜란드 레이던 지역에는 전하를 많이 모아놓을 수 있는 일종의 배터리가 있었다. 이 병을 레이던 병이라고 불렀는데, 레이던 병의 안과 밖은 각각 금박지로 싸여 있고, 이 금박지에 전하가 모이게 된다. 미국의 정치가이자 과학자인 벤저민 프랭클린(Benjamin Franklin, 1706~1790)은 금박지의 전하가 다른 곳으로 흐른다고 생각하여 음전하와 양전하를 정의했다. 양전하가 빠져나가면 음이 되고, 쌓이면 양이 된다고 구분했다. 당시에는 당연한 듯 생각되었지만 지금은 정반대의 상황이 되었다. 실제 흐르는 것은 금속에 있는 자유전자이기 때문이다.

과학자들은 전하 사이에 작용하는 전기력이 만유인력처럼 거리의 제곱에 반비례할 것으로 짐작했다. 이 짐작을 직접 실험으로 확인한 사람은 프랑스 물리학자 쿨롱(Charles-Augustin de Coulomb, 1736~1806)이다. 쿨롱은 비틀림저울을 직접 제작하고, 이것으로 전하의 힘을 정밀하게 측정했다. 영국의 캐번디시가 중력상수를 잴 수 있었던 것도 바로 쿨롱이 제작한 비틀림저울이 있었기에 가능했다. 1795년 쿨롱의 실험 결과에 따르면 전기력은 예상대로 거리의 제곱에 반비례했다. 쿨롱이 확인했기 때문에 전기력을 쿨롱 힘이라고 부르기도 한다.

생각해보기

벤저민 프랭클린은 번개가 전기 현상이라는 것을 밝히고자 했다. 1750년 번개가 치던 어느 날, 그는 줄 한 끝에 레이던 병을 연결하고 연을 띄웠다. 이 실험에는 어떤 위험이 따랐을까?

전자석의 마술

개구리 뒷다리에 전기 접촉을 하면 꿈틀거린다. 사람들은 생물체가 전기적으로 반응하는 것을 보고 전기가 생명과 관련되어 있는 것으로 짐작했다. 그러나 이탈리아 물리학자인 볼타(Count Alessandro Volta, 1745~1827)의 생각은 달랐다. 그는 전기가 생명체와 상관없이 존재하는 것으로 믿었다. 그는 무생물에서 전하를 모으고 자유자재로 옮길 수 있는 방법을 고안해냈다. 바로 1800년에 만든 볼타 전지다. 볼타 전지는 소금물에 적신 골판지 사이로 아연판과 구리판을 번갈아 쌓은 것이다. 이 전지의 원리는 우리가 사용하는 건전지와 같다.

볼타 전지가 발명되자 전류에 대한 연구가 본격적으로 이루어졌다. 전지에 전선을 연결하면 전하가 이동한다. 이 현상이 전류다. 동화작가 안데르센의 친구인 덴마크의 외르스테드(Hans Oersted, 1777~1851)는 전류에 대한 대중 강연을 했다. 보이지 않는 전하가 흐르는 현상을 대중들이 신기하게 생각했기 때문이다. 그는 강연을 위해 실험을 준비하는 중에 전혀 예상치 못한 장면을 목격하게 된다. 1820년, 전류가 흐르자 전선 주위에 있던 나침반의 바늘이 움직인 것이다. 전류가 나침반의 바늘을 움직이게 했다는 것은 자석이 전류에 반응한다는 것을 뜻한다. 즉, 전류가 흐르면 자석이 된다. 길버트는 전하와 자석을 구별하려고 했는데, 이 둘이 서로 관계가 있다는 사실이 처음 알려지게 된 것이다.

외르스테드의 발견은 몇 달 뒤 프랑스에 있는 앙페르(Andre-Marie Ampere, 1775~1836)에게 알려졌다. 수학의 대가였던 앙페르는 일주일이 채 안 되어 전류가 흐르면 전자석이 된다는 사실을 수학적으로 자세히 정리했다. 이를 암페어 법칙이라고 부른다.

앙페르는 한 걸음 더 나아가 전선들 사이에도 힘이 작용한다는 것을 직접 시연해 보였다. 같은 방향으로 흐르는 전류들은 서로 잡아당기고, 반대 방향으로 흐르는 전류들 사이에는 척력이 작용한다. 특이한 것은 전선 사이에 작용하는 힘의 방향이 전류가 흐르는 방향과 수직으로 작용한다는 점이었다.

전류와 자석이 힘을 주고받는다는 것은 완전히 새로운 사실이었다. 전하가 움직이면 전류가 생기고, 이 전류는 자석과 반응한다. 그 이유가 무엇인지를 알아내는 일은 쉽지 않았지만, 이 반응을 응용하는 일은 아주 빠르게 진행되었다.

영국의 패러데이(Michael Faraday, 1791~1867)는 전류와 자석을 이용하며 1821년 모터를 처음 제작했다(그림 6-1). 그는 수은이 담긴 그릇에 막대자석을 넣었다. 그리고 긴 전선을 수은에 담근 후, 전선과 수은으로 만들어진 회로에 전류가 흐를 수 있도록 배터리를 연결했다.

스위치를 켜면 전선에 전류가 흐르고, 전선은 고정된 자석 때문에 힘을 받는다. 전선이 받는 힘은 전류가 흐르는 방향과 수직이기 때문에, 전선이

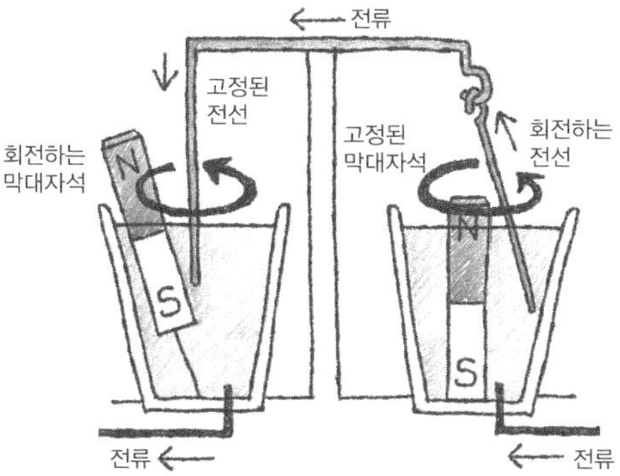

| 그림 6-1 | 패러데이가 시연한 모터 : 고정된 전선에 흐르는 전류 때문에 자석이 힘을 받아 회전한다(왼쪽). 고정된 자석 때문에 전류가 흐르는 전선이 힘을 받아 회전한다(오른쪽).

수은 속에서 회전하게 된다.(마찬가지로 전선을 고정시키고, 막대자석을 대신 비스듬히 놓으면 수은 속에서 자석이 회전한다.) 전기 모터가 탄생한 것이다.

패러데이는 자신이 제작한 모터에 대한 결과를 발표하면서 논의 과정에 있었던 다른 선배와 동료들의 협력 관계를 밝히지 않았다. 이 사건 때문에 연구진 사이에 갈등이 생겼고, 그 결과 패러데이는 실험실에서 쫓겨났다. 그는 전류에 대한 연구를 중단할 수밖에 없었고, 10년의 세월이 흘러 연구실의 주인이 바뀌고 나서야 연구를 다시 시작할 수 있었다.

연구를 다시 시작하게 된 패러데이는 1831~32년에 걸쳐 전류가 만드는 중요한 현상들을 잇달아 발견하게 된다. 그가 가장 먼저 발견한 현상은 코일로 배터리를 만들 수 있다는 사실이었다(그림 6-2). 이 배터리는 종전의 볼타 전지와는 전혀 다른 형태였다. 그는 2개의 코일 (A)와 (B)를 준비했다. 하나의 코일 (A)로는 전류를 흘려보내 전자석을 만들었다. 다른 코일 (B)는 전자석 코일 (A)와 직접 연결하지 않고 대신 전류가 흐르는지를 확인하기 위해 검류계를 연결했다.

연결되지 않은 2개의 다른 회로를 만든 패러데이는 전자석 코일 (A)를

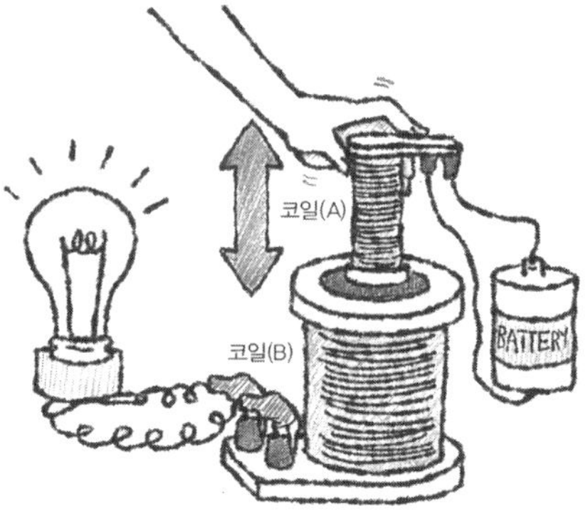

| 그림 6-2 | 패러데이의 전기 유도 : 자석에 해당하는 코일 (A)를 다른 코일 (B) 안에 넣었다 뺐다 하면 코일 (B)에 전류가 흐른다.

코일 (B) 안으로 넣었다 뺐다를 반복했다. 그러자 다른 코일 (B)의 회로에 전류가 흘렀다. 자석과 코일을 이용하여 배터리를 만든 것이다. 이 발견을 '패러데이 유도'라고 부른다. 실제로는 코일 (A)가 전자석일 필요는 없다. (A)가 전자석이든 영구자석이든 상관없이 자석이기만 하면 된다. 자석을 코일 (B) 주위에서 움직이기만 하면 코일 (B)에 전류가 흐른다.

그렇다면 코일로 만든 배터리로 전등에 불을 밝힐 수 있을까? 물론이다. 패러데이가 만든 배터리는 볼타 전지와 이런 면에서 똑같다. 단지 전류를 흐르게 하는 방법이 다를 뿐이다. 다만 패러데이 유도로 전류가 흐른다고 해서 전등의 불을 공짜로 밝힐 수는 없다. 코일로 만든 배터리에 전등을 연결하는 순간 외부 자석은 쉽게 움직이려 하지 않는다. 이 현상을 부하(load)가 걸렸다고 말한다. 전등에 불을 밝히려면 이 힘에 대항하여 자석을 움직여주어야 한다. 즉, 전등에 불을 밝히려면 외부에서 에너지를 공급해야 한다.

패러데이는 외부에서 해주는 일을 전기에너지로 바꾸는 방법을 찾아낸 것이다. 볼타가 화학에너지를 전기에너지로 바꾸는 방법을 찾았다면, 패러데이는 역학적 에너지를 전기에너지로 바꾸는 방법을 찾았다. 패러데이가 발견한 전기 유도를 시작으로 전기가 인류의 실생활에 들어오게 되었다.

생각해보기

모터는 전류를 흘려보내 코일을 회전시키는 것이고, 발전기는 코일을 회전시켜 전류를 만들어내는 것이다. 모터의 역할과 발전기의 역할은 서로 반대이다. 모터와 발전기의 원리를 비교해보자.

도체판에 생기는 맴돌이 전류

우리나라에 처음 전기가 도입된 것은 1887년 고종(1852~1919) 때다. 미국의 에디슨 전기회사는 경복궁 안 향원지의 물로 발전시설을 세우고, 명성왕후가 거처하던 건청궁의 밤을 환하게 밝혔다. 다음 해는 왕실이 자금을 내어 한성전기회사를 설립했고, 1889년에는 서울 거리에 전차가 달렸다. 전기가 본격적으로 일반인의 생활 현장에 나타나게 된 것이다. 이제 전기는 현대문명의 일부가 되었다. 국가는 전기의 생산과 공급을 원활하도록 계획하고 관장할 의무가 있다. 그런데 전기 연구를 시작한 지 100여 년 만에 일상생활을 이렇게 크게 바꾸어놓을 줄 아무도 상상하지 못했다.

1850년 영국의 재무상 글래드스턴이 패러데이 연구실을 둘러보게 되었다. 당시 어려운 경제상황에서 기초 학문을 지원하는 것에 못마땅해하던 그가 패러데이에게 물었다. "전기의 실용적인 가치가 무엇입니까?" 패러데이의 답이 걸작이었다. "언젠가는 전기로 세금을 거두겠지요(One day sir, you may tax it)." 전기가 실생활을 바꾸게 된 것은 코일로 감은 전선이 자석에 반응한다는 기본 지식을 찾아냈기 때문이다.

패러데이가 찾아낸 전기 유도에는 자연의 어떤 근본 법칙이 숨어 있는 것일까? 이 질문에 답을 한 사람은 패러데이와 같은 시대 사람인 러시아의 렌츠(Heinrich Friedrich Emil Lenz, 1804~1865)다. 자석은 주변에 보이지 않는 자장을 만든다. 자석이 움직이면 자장도 변하는데, 코일은 이 자장의 변화를 감지할 수 있다. 자석이 움직이는 순간 자석의 움직임을 방해하도록 코일이 반응한다. 코일이 할 수 있는 반응이란, 코일에 전류가 흐름으로써 코일 자체가 전자석이 되는 것이다. 결국 코일에 흐르는 전류는 자석의 움직임을 방해하는 방향으로 흐른다. 이를 렌츠의 법칙이라고 한다(그림 6-3).

렌츠가 찾아낸 전기적 속성은 아주 보편적인 속성이다. 코일만이 외부 자석에 반응하는 것은 아니다. 모든 도체가 같은 반응을 한다. 그네 주위에 자석을 놓고 그네를 흔들어보자(그림 6-4). 나무의자로 만든 그네는 자석에 반응하지 않는다. 나무는 부도체이기 때문이다. 그러나 의자가 알루미늄으로 되어 있다면 반응이 다르다. 알루미늄 그네는 자석 가까이 다가가

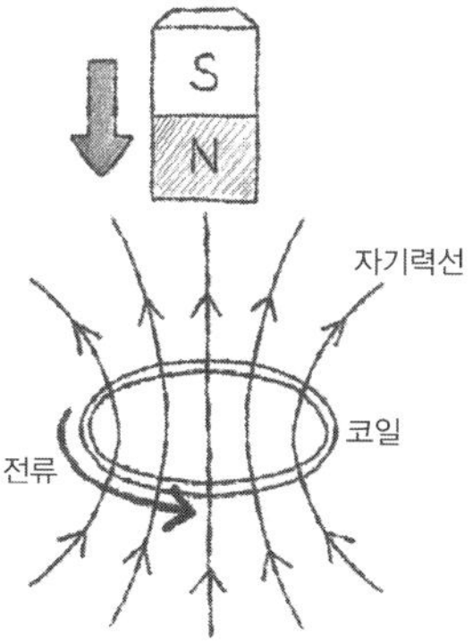

| 그림 6-3 | 렌츠의 법칙 : 코일은 자석의 움직임을 방해하려고 코일 자체가 자석이 된다.

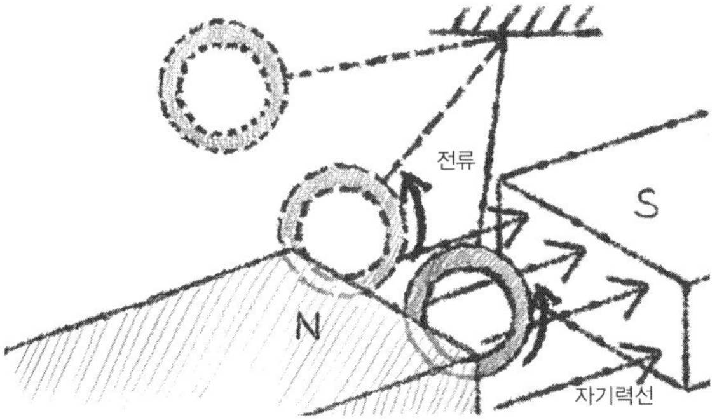

| 그림 6-4 | 알루미늄 고리로 만든 그네 : 자석 쪽으로 내려오면서 정지해버린다.

면서 슬며시 정지해버린다. 따라서 그네는 왕복하지 못한다. 렌츠의 법칙이 여기에 숨어 있다.

알루미늄 고리는 자석 가까이 가지 않으려고 한다. 그런데 알루미늄은 전기 저항이 있기 때문에 고리에 유도된 전류가 열로 사라진다. 전류가 사라지면 고리의 반응도 사라지고, 밀어내는 힘도 사라진다. 결국 알루미늄 고리는 서서히 자석 쪽으로 내려오면서 정지한다.

알루미늄 원판을 자석 가까이에서 회전시켜보자. 원판 역시 자석에 반응한다. 원판은 자석 때문에 스르르 멈춘다. 여기에도 렌츠의 법칙이 작용한다. 물론 회전하는 원판에도 전류가 유도된다. 그런데 원판에 유도되는 전류는 고리에 흐르는 전류와는 약간 다른 모습이다. 고리나 코일은 전류가 흐르는 길이 따로 정해져 있다. 즉, 코일에서는 전선을 따라가면 되고, 고리에서는 고리를 따라가면 된다. 그러나 원판 위에는 전류가 흐르는 길이 정해져 있지 않다. 원판 어디에도 흐를 수 있다. 하얀 눈이 덮인 산에서 길을 찾는 사람과 같다. 어느 곳을 가도 길이 된다. 전류도 마찬가지다. 그런데 원판 위에 유도된 전류는 자석에서 멀리 가지 않으려고 한다. 전류는 자석 근처에서만 맴돈다. 즉, 맴돌이 전류(또는 와류)가 생겨난다(그림 6-5).

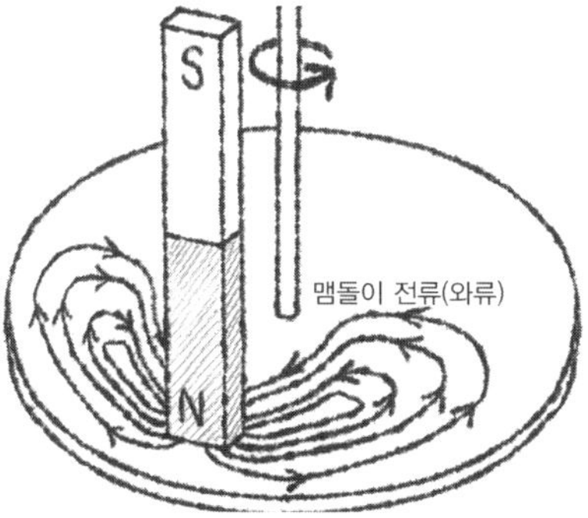

| 그림 6-5 | 알루미늄으로 된 원판 : 자석에 반응하여 맴돌이 전류가 유도된다.

맴돌이 전류는 원판의 움직임을 방해하고, 결국 멈추게 하는 브레이크 역할을 한다. 자석을 마루에 떨어뜨리면 당연히 자유낙하한다. 그러나 마루가 구리판이라면 반응이 다르다. 자석은 자유낙하하는 대신 쿠션을 느끼면서 천천히 떨어진다.[10]

읽어보기 : 직류와 교류

우리나라에 처음 전기가 도입되었을 때는 직류를 사용했다. 19세기 말 서울에 처음 등장한 전차도 직류로 움직였다. 현재 서울 지하철 1호선의 청량리-서울역 구간은 직류로 작동되고, 그 밖의 모든 구간은 교류로 작동된다. 국내의 모든 발전소에서는 교류를 공급하고 있다. 수력과 화력, 원자력 발전은 모두 교류다. 왜 모든 발전소에서는 교류를 공급하고 있을까?

발전소에서 소비지까지 전류를 보내려면 전선을 이용해야 한다. 그러나 전선에는 전기 저항이 있기 때문에 송전 과정에서 상당량의 전기에너지가 열로 사라진다. 발전소와 소비지까지의 거리가 멀수록 그와 비례하여 에너지가 사라진다. 그뿐 아니라 전기에너지를 다량으로 보내게 되면 전류도 많이 보내야 하는데, 이때 전선에서 열로 사라지는 에너지는 전류의 제곱에 비례한다. 이 때문에 발전소가 도시에서 멀리 떨어

10 http://www.youtube.com/watch?v=Yu1uRvErM80 참조

지면 송전하는 전기량의 효율이 급격히 떨어진다. 따라서 초창기의 발전소는 도시 근방에 있었다. 서울 마포구에는 우리나라 최초로 세워졌던 화력 발전소가 아직도 가동하고 있다.

그런데 열로 사라지는 에너지를 줄일 수 있는 방법이 있다. 송전할 때 전류를 적게 보내고 대신 전압을 높이는 방법이다. 발전소에서 보내는 에너지는 전압과 전류의 곱으로 표시된다. 전류를 적게 보내는 대신 전압을 높이면 같은 에너지를 보낼 수 있다. 전류가 줄어들면 전선에서 열로 사라지는 에너지도 급격히 줄어든다. 교류의 장점은 변압기를 쓰면 전압을 쉽게 올리고 내릴 수 있다는 점이다. 따라서 발전소를 도시에서 멀리 세워야 하는 경우에는 교류가 아주 경제적이다.

1896년 웨스팅하우스 전기회사는 나이아가라 폭포의 물을 이용하여 75MW의 전력을 교류방식으로 생산하여 30km 떨어진 버펄로 시에 송전했다. 이후 발전소는 대부분 교류로 바뀌었다. 에디슨은 직류를 고집했지만, 결국 경제성에서 밀렸다. 현재 우리나라에는 발전의 대부분을 차지하는 화력과 원자력 발전소가 대부분 해안가에 위치해 있다. 수도권과 수백 킬로미터 떨어져 있기 때문에 장거리 송전을 위해 2002년부터는 일부 구간에서 76만 5000V까지 올려 송전하고 있다.

생각해보기

맴돌이 전류는 다양한 방법으로 실생활에서 사용된다. 유도 전기 오븐이나 유도 전기 밥솥은 맴돌이 전류가 만드는 열을 이용한다. 또 놀이공원의 롤러코스트나 자이로드롭 그리고 고속열차도 맴돌이 전류로 브레이크를 만든다. 맴돌이 전류가 외부 자석과 반발하는 현상을 이용하면 자기부상열차를 궤도 위로 띄울 수 있다. 맴돌이 전류를 실생활에 사용할 수 있는 여러 가지 방법을 알아보고, 각기 달리 사용되는 맴돌이 전류의 장점과 단점은 무엇인지 생각해보자.

전자파의 발견

교류는 패러데이가 찾아낸 것처럼 아주 역동적이다. 교류는 직류와 여러 가지 면에서 다르다. 교류는 연결되지 않은 코일 사이를 뛰어넘어 흐를 수도 있고, 전압을 자유자재로 바꿀 수도 있다. 자석을 움직여 교류를 생산할 수도 있으며, 자석과 알루미늄판으로 브레이크를 만들 수도 있다. 교류가 가진 이러한 다양한 특성 덕분에 전류가 일상생활에서 아주 편리한 도구로 바뀌었다. 눈에 전혀 보이지 않던 전하가 우리의 실생활을 크게 바꾸어놓은 셈이다.

그런데 교류에는 상상도 못할 특성이 하나 더 감추어져 있다. 교류를 전달하는 데 전선이 꼭 필요한 것은 아니라는 점이다. 전류는 원래 전선을 따라 흐르는 것으로 알고 있었지만, 놀랍게도 전선이 필수적인 것은 아니었다. 현대인의 필수품인 스마트폰은 다른 사람과 통신할 때 바로 이 성질을 이용한다. 어떻게 교류가 전선 없이 공간을 따라 흐를 수 있을까? 바로 전자파다. 전자파를 발견하게 된 과정을 간단히 살펴보자.

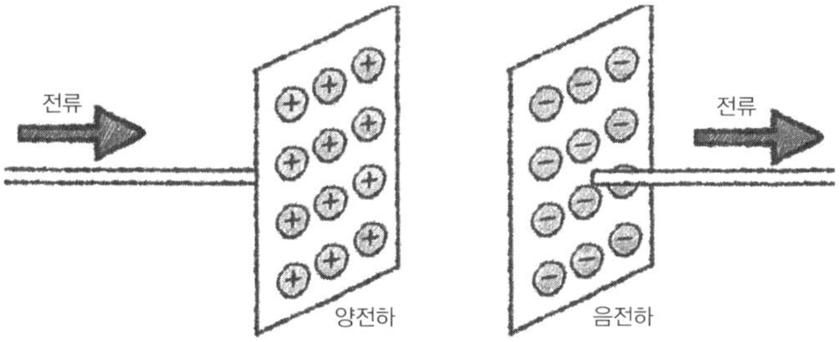

| 그림 6-6 | 전선에 달린 도체 : 전하를 넣어두는 수원지 역할을 한다.

먼저 2개의 도체판을 적당히 떼어놓고, 두 도체판의 반대편을 전선으로 연결해보자(그림 6-6). 전선에 전류를 보내면 도체판에 전하가 쌓인다. 그러나 직류는 잠깐 흐르다가 곧 멈추어 버린다. 더 이상 전류가 흐르지 못한 직류가 흐르는 모습은 마치 옥상에 설치된 물탱크에 물이 흐르는 것과 비슷하다. 물탱크를 도체라고 생각하고, 물탱크에 연결된 관을 전선으로 보면 된다. 물탱크를 채우기 위해 관으로 물을 흘려보내면, 물은 물탱크가 가득 찰 때까지만 흐른다. 일단 물탱크가 가득 차면 물은 더 이상 흐를 수 없다.

그러나 교류는 다르다. 교류는 흐르는 방향이 주기적으로 바뀐다. 전류의 방향이 바뀌면 도체에 쌓였던 전하가 반대로 흘러나갈 수 있다. 마치 가정에서 수도꼭지를 틀면 물탱크로 연결된 수도관을 통해 물이 흘러나가는 현상과 비슷하다.

한편, 전선에 전류가 흐르면 전자석이 된다. 외르스테드는 이 현상을 직류에서 발견했다. 그러나 전자석이 되는 현상은 직류에만 국한된 것이 아니다. 직류든 교류든 전류가 흐르기만 하면 전자석이 된다. 문제는 도체판 사이에 벌어져 있는 공간이다. 이 부분을 자세히 보면 논리적으로 문제가 생긴다. 이 문제를 가장 먼저 파악한 사람은 스코틀랜드의 이론물리학자인 맥스웰(James Clerk Maxwell, 1831~1879)이다. 1861년에 주장한 그의 논리는 다음과 같다.

전류가 흐르면 전선은 전자석이 되고, 전선 주위에는 자장(자석의 세기를 말한다)이 생긴다. 이 자장은 전류에 비례해서 커진다. 이제 도체판 사이에 있는 빈 공간을 주목하자. 전선이 끊어진 이 빈 공간에도 자장이 존재한다. 그렇다면 이 자장은 어떻게 만들어진 것일까? 도체판 사이의 공간에는 전선이 없고, 따라서 흐르는 전류도 없다. 전류가 없는데 자장이 생긴다면 모순이 아닌가? 직류에는 이런 문제가 없다. 전선이 끊어진 부분이 없기 때문이다.

맥스웰은 이 모순을 해결하기 위해 전선이 끊긴 공간에도 전류가 흘러야 한다고 보았다. 이 전류는 전선을 따라 흐르는 것이 아니라 빈 공간 속으로 흐른다. 맥스웰은 공간을 따라 흐르는 전류를 '변위전류'라고 이름 붙였다(그림 6-7).

맥스웰이 변위전류를 도입한 것은 아리스토텔레스가 주장했던 에테르의 존재를 인정했기 때문이다. 에테르가 우주 공간을 가득 채우고 있는 모습을 마치 호수에 물이 채워져 있는 것으로 생각해보자. 호숫가에서 물장구를 치면 물을 따라 파동이 퍼져 나간다. 이와 마찬가지로 도체판에 쌓인

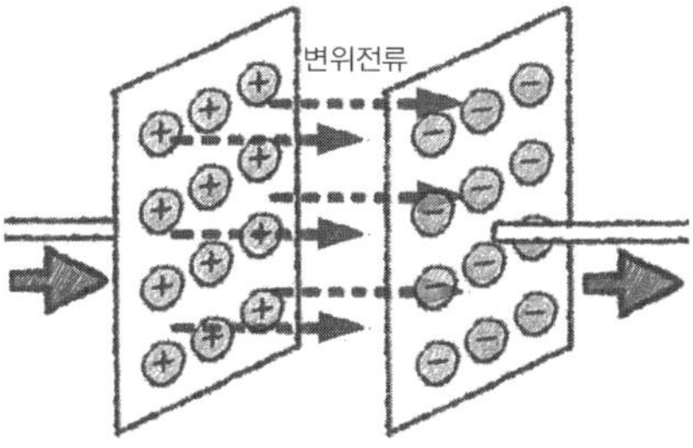

| 그림 6-7 | 변위전류 : 전선이 끊어진 공간으로 새로운 형태의 전류가 흐른다.

전하가 에테르를 흔들어주면 공간에도 파동이 생기지 않겠는가?

맥스웰은 이 아이디어가 맞다는 것을 보여주기 위해 변위전류를 넣어 만든 방정식에서 파동방정식을 유도했다. 변위전류를 주장한 지 4년이 지난 1865년이다. 그런데 놀라운 점은 이 파동의 속력을 계산해보니 광속과 같다는 사실이었다. 그래서 맥스웰은 공간을 따라 흐르는 '전류'가 바로 전자파(Electromagnetic Wave)이고, 빛도 전자파라고 결론지었다.

사실 공간을 따라 전류가 흐른다는 개념은 수학공식의 일관성을 유지하기 위해 도입한 것뿐이었으며, 공간을 따라 흐르는 전류가 자연에 실제로 존재한다는 것은 그저 이론적인 주장일 뿐이었다. 맥스웰이 찾은 근거로는 전자파의 속도가 광속과 같다는 것이 전부였다. 정말로 전류는 공간을 따라 흐를 수 있을까? 맥스웰이 아이디어를 낸 지 약 25년이 지난 1886년경, 독일의 물리학자 헤르츠(Heinrich Rudolf Hertz, 1857~1894)는 맥스웰의 생각을 실험으로 증명해 보이려 했다.

헤르츠는 코일 양끝에 큰 도체를 각각 연결하여 많은 전하가 쌓일 수 있도록 했다. 그리고 각 도체에 작은 놋쇠 공을 각각 연결한 후, 각 놋쇠 공 사이의 간극을 좁혀놓았다. 그는 간극을 조절하여 놋쇠 공 사이에서 방전이 일어나면 전자파가 공간을 통해 전파될 것으로 예상했다. 그래서 20m 떨어진 다른 실험실에 안테나를 세웠다. 이 안테나는 고리 형태였는데, UHF나 HDTV 채널을 수신하는 TV 안테나와 비슷한 형태다. 헤르츠가 고주파를 코일에 흘려보내 스파크를 일으키자 이 전자파는 빈 공간을 가로질러 고리 모양의 안테나에 또 다른 스파크를 만들었다. 전자파가 실제로 자연에 존재한다는 것을 헤르츠가 실험으로 확인한 순간이었다.

전자파를 이용하다

헤르츠가 실험실에서 만든 전자파는 '에테르파' 또는 '헤르츠파'라고 불렸다. 헤르츠는 맥스웰의 생각이 옳다고 보았고, 전자파가 자연에 존재하고 있다는 것을 실험으로 확인했다고만 생각했다. 전자파가 가져다줄 수 있는 미래 가치를 생각해보지 않았다. 그는 전자파를 확인한 지 얼마 되지 않은 1894년 1월, 36세의 젊은 나이로 갑자기 세상을 떠났다. 헤르츠의 죽음을 계기로 하여 대중잡지에 그의 업적이 실렸다.

한편, 이탈리아의 마르코니(Guglielmo Marconi, 1874~1937)는 당시 20세로, 여름에 알프스로 놀러왔다가 우연히 헤르츠파에 대한 글을 읽게 되었다. 그런데 그는 헤르츠가 생각해보지 않았던 전혀 다른 생각을 했다. 바로 무선통신을 이용해 돈을 벌 생각을 한 것이다. 볼로냐에 있는 집으로 급히 돌아온 그는 다락방에서 비밀리에 무선장치를 만들었고, 겨울이 되자 옆방의 벨을 무선으로 울리는 데 성공했다. 그는 이 사실을 부모에게 알렸고, 그의 아버지는 전선 없이 벨이 울리는 것을 확인하자 흔쾌히 돈을 대주었다. 아버지의 투자로 마르코니는 집에서 2km 이상 떨어진 언덕까지 통신거리를 늘릴 수 있었다. 그는 이 사실을 이탈리아 정부에 알리고 더 많은 재정지원을 요청했지만 거절당했다. 하지만 그는 어머니와 함께 21세에 영국으로 건너가, 영국 우체국의 지원을 받아 무선통신거리를 획기적으로 늘리게 된다. 1901년에는 대서양을 사이에 두고 3500km나 떨어진 영국 콘웰과 캐나다의 뉴펀드랜드 사이를 무선통신으로 연결하는 데 성공한다. 이를 계기로 현재 각 나라에서는 전자파를 관리하는 기구가 있을 정도로 전자파는 중요한 천연자원이 되었다.

전자파는 진동수에 따라 물질과 다르게 반응하기 때문에 진동수로 구분한다. 진동수의 단위는 헤르츠를 기념하여 Hz로 쓴다. 진동수는 때로 주파수라고도 한다. 눈에 보이는 가시광선은 진동수가 400THz에서 790THz에 걸쳐 있다. 400THz는 붉은색 쪽이고, 790THz는 보라색 쪽이다. THz는 테라 헤르츠라고 읽는데, 1조Hz를 말한다. 가시광선의 진동수가 너무 커서 기억하기 쉽지 않으므로, 많은 경우 진동수 대신 파장으로 이야기한다. 파장은 진동수에 반비례한다. 가시광선의 파장은 500nm를 중심으로 380nm에서 750nm에 이른다. 500nm는 0.5마이크로미터(㎛)다. 긴 파장이 붉은색, 짧은 파장이 보라색이다.

무선통신에 많이 쓰이는 마이크로파는 가시광선보다 파장이 훨씬 길다. 우리가 위성방송을 수신할 때 접시 안테나를 사용하는데, 안테나의 지름이 대략 한 파장 정도라고 생각하면 된다. 마이크로파의 파장은 1m에서 1mm에 이른다. 이를 진동수로 환산하면 300MHz에서 300GHz이다. 1MHz(메가 헤르츠)는 100만Hz이고, 1GHz(기가 헤르츠)는 1000MHz이다. 휴대전화는 800MHz에서 2.6GHz에 해당하는 진동수를 사용하며, 대략 센티미터의 파장을 가지고 있다. 마이크로파보다 파장이 긴 라디오파는 라디오와 TV 방송에 사용된다. 긴 파장은 100km에 이르기도 한다.

마이크로파와 가시광선 사이에는 적외선이 존재한다. 적외선은 붉은색보다 파장이 길며, 눈에 보이지 않지만 따뜻하게 느껴진다. 우리 몸에서 열이 난다거나 난로에서 열이 전달되는 것은 적외선이 나오기 때문이다. 가시광선보다 파장이 짧은 전자파로는 자외선과 X-선 등이 있다. 자외선은 보라색보다 파장이 짧으며, 눈에 보이지 않는다. 자외선은 세포를 파괴할 수 있는 능력을 가지고 있기 때문에 살균작용에 사용하기도 하지만, 피부에 닿으면 암을 유발하기도 한다. 이 때문에 여름에 강렬한 햇빛을 피해야 한다. X-선은 자외선보다 더 파장이 짧다. 투과력이 있어 병원에서 뼈사진을 찍는 등 병의 진단이나 치료하는 데 사용한다.

이처럼 전자파가 물질을 만나면 파장에 따라 다르게 반응한다. 이 반응을 이용하면 물질에 대한 자세한 정보를 얻을 수 있다. 천체관측에는 가시

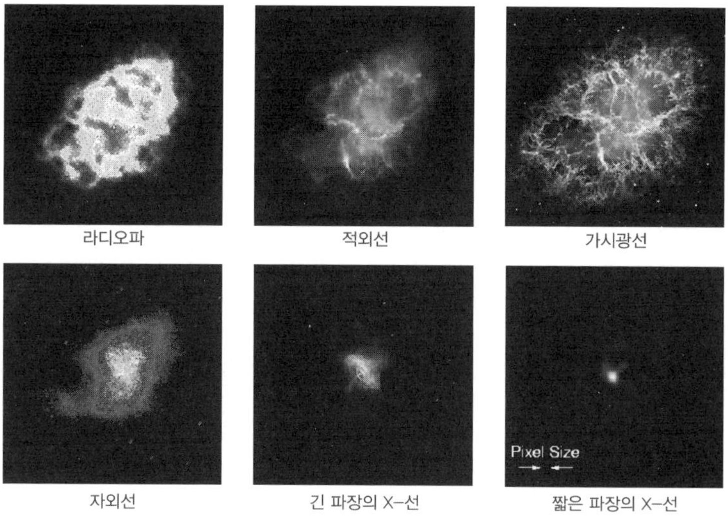

| 그림 6-8 | 파장이 다른 전자파로 본 게성운(초신성이 폭발하여 남긴 흔적)

광선과 적외선, 자외선, X-선 등의 전자파 등이 아주 중요하게 사용된다. 이 전자파를 분석하면 천체의 물질 분포와 움직임까지도 포착할 수 있다.

스펙트럼으로 원소를 찾는다

태양에서 나오는 햇빛을 보자. 햇빛은 백색광이다. 그런데 무지개에서 보듯이 빛에는 여러 파장의 빛이 섞여 있다. 이 빛을 파장별로 분해해서 자세히 나타낸 것을 스펙트럼이라고 한다. 햇빛은 그냥 보기에는 모든 파장이 있는 듯하지만, 자세히 조사해보면 파장이 군데군데 빠져 있는 것을 볼 수 있다. 이를 흡수 스펙트럼이라고 한다.

태양의 흡수 스펙트럼은 1817년 독일의 물리학자 프라운호퍼(Joseph von Fraunhofer, 1787~1826)가 자세히 조사했으므로 프라운호퍼선이라고 부르기도 한다. 당시에는 이 흡수 스펙트럼이 무엇을 뜻하는지 알지 못했다. 프라운호퍼가 조사한 지 약 45년이 지난 후, 키르히호프(Gustav Kirchhoff, 1824~1887)와 분젠(Robert Bunsen, 1811~1899)은 가스 원자에서 나오는 빛이 프라운호퍼선의 일부와 일치하는 것을 발견했다. 흡수 스펙트럼은 태양의 대기에 존재하는 원소들이 특별한 파장의 빛을 흡수하고 있기 때문에 검게 나타난다. 따라서 흡수 스펙트럼을 분석하면 어떤 원소가 태양의 대기

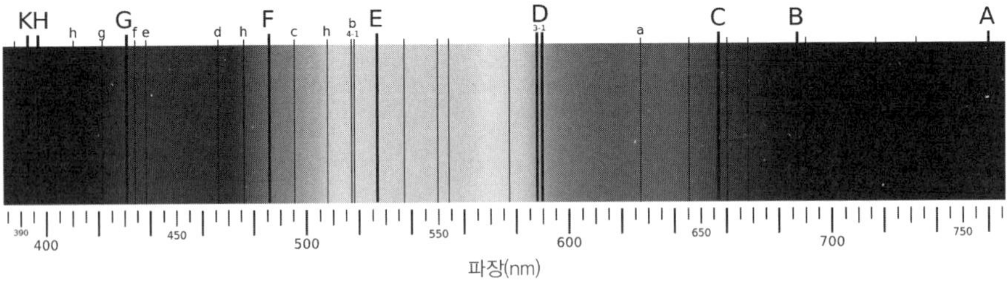

| 그림 6-9 | 태양의 흡수 스펙트럼

에 존재하고 있는지를 알 수 있다. 〈그림 6-9〉에서 A와 B 파장은 산소분자가 있다는 것을 표시한다. C와 F는 수소원자, E와 G는 철, H와 K는 칼슘이온이 있다는 뜻이다.

2개의 선이 존재하는 D는 나트륨을 나타낸다. 그런데 D를 정밀하게 조사해보면 제3의 선이 존재한다. D3라고 불리는 이 선은 1868년 8월 일식 때 프랑스의 천문학자 장센(Pierre Janssen, 1824~1907)이 처음 발견했다. 그해 10월 영국의 로키어(Joseph Norman Lockyer, 183~1920)는 D3가 지상에서는 발견되지 않은 새로운 원소의 스펙트럼이라는 것을 알아냈다. 그는 이 원소의 이름을 태양에서 처음 발견했다고 하여 헬륨이라고 붙였다. 결과적으로 헬륨은 지상이 아니라 태양에서 처음 발견되었다.

움직임에 따라 진동수가 달라진다

같은 별빛이라 하더라도 별이 정지해 있을 때 내는 빛과 움직일 때 내는 빛의 색이 다르다. 이것을 도플러 효과라고 한다. 별이 멀어져가면 빛이 원래보다 붉은색 쪽으로 바뀐다. 따라서 적색편이(Red Shift)라고 부른다. 별이 가까이 오면 푸른색 쪽으로 바뀌므로 청색편이라고 부른다.

도플러 효과는 천체관측에 아주 중요한 역할을 한다. 미국의 천문학자 허블은 1929년에 은하들의 도플러 효과를 조사했는데, 은하들의 빛에서 전반적으로 적색편이를 발견했다. 놀랍게도 은하들이 지구에서 멀어져간다는 사실을 알아낸 것이다. 도플러 효과는 외계행성(외부 태양계의 행성)을 찾는 데에도 기여한다. 외계행성은 망원경으로 직접 볼 수는 없다. 대신 항성도 주위에 존재하는 외계행성 때문에 미세하게 움직인다는 사실을 이용할 수 있다. 항성의 운동은 그 움직임 자체가 아주 미세하기 때문에 정밀하게 측정할 때에만 알아낼 수 있다. 도플러 효과는 미세한 주기운동을 찾아낼 수 있는 좋은 수단이다.

빛으로 온도를 잰다

전기난로가 달궈지면 필라멘트가 붉게 변한다. 이처럼 물질이 열에 달궈졌을 때 빛이 달라지는 것은 잘 알려진 사실이다. 도자기를 굽는 도공들은 가마에 불을 지필 때 가마에서 나오는 빛을 보고 가마가 제대로 뜨거워졌는지 확인했다. 별빛도 마찬가지다. 별이 내는 빛은 별의 표면 온도에 따라 달라진다. 그러나 온도에 따라 빛이 달라지는 원리는 20세기 이후에 알려졌다. 이 원리는 9장을 참조하기 바란다.

물체가 내는 빛의 스펙트럼 분포(흑체복사)를 확인하면 온도를 정밀하게 알아낼 수 있다. 햇빛의 스펙트럼에는 노란빛이 가장 많다. 이 스펙트럼을 조사하여 태양의 표면 온도가 5800K라는 것을 알아냈다. 우주에서는 마이크로파가 사방에서 나온다. 이 마이크로파를 배경복사라고 하는데, 배경복사의 스펙트럼을 분석하여 우주의 온도가 2.7K라는 것을 알아냈다. 이처럼 전자파는 우리가 직접 갈 수 없는 우주 먼 곳의 상황을 파악할 수 있는 중요한 수단이 되고 있다.

더 볼 만한 자료

The Electric Life of Michael Faraday, Alan W. Hirshfeld (Walker & Company, 2006)

The Man Who Changed Everything: The Life of James Clerk Maxwell, Basil Mahon (Wiley, 2004)

http://www-history.mcs.st-andrews.ac.uk/Biographies/Maxwell.html (2014)

7장
엔트로피

You should call it entropy, for two reasons. In the first place your uncertainty function has been used in statistical mechanics under that name, so it already has a name. In the second place, and more important, nobody knows what entropy really is, so in a debate you will always have the advantage.

_John von Neuman

물질을 어떻게 이해할 것인가? 만유인력이 하늘의 움직임을 일관성 있게 설명한 것처럼, 물질을 설명할 수 있는 방법이 있는가? 물질 안에 숨어 있던 전하를 이용하게 되었지만, 아직도 물질에 대해서는 모든 것이 모호했다. 물질은 무엇으로 구성되어 있으며, 물질이 변하는 원인은 무엇일까? 물질에는 수많은 분자가 들어 있다. 이를 다루는 방식은 뉴턴이 천체를 다루던 방식과는 크게 다르다. 분자들의 움직임은 열이라는 방식을 통해 만나게 된다. 열은 새로운 자연의 원리를 찾아내는 실마리였다. 그리고 엔트로피는 뉴턴의 방식과는 아주 다른 세계를 보여주는 핵심 요소였다. 열과 엔트로피의 관계를 알게 된 과정에 대해 알아보자.

기체와 증기기관

물질을 설명하고자 하는 노력은 고대에서부터 있었다(그림 7-1). 동아시아권에서는 음양오행설로 물질의 변화를 설명했다. 음양오행설은 물, 금속, 흙, 불, 나무의 다섯 가지 상태가 음과 양의 조화에 따라 서로 바뀐다고 말한다. 물이 나무가 되고, 나무는 다시 불로 바뀌는 것은 상생의 과정이다. 이에 비해 상극의 과정도 있다. 물은 불을 이기고, 불은 금속을 이긴다.

고대 그리스 철학자들의 생각도 비슷했다. 지상의 물질은 물, 흙, 공기, 불, 이렇게 4개의 원소로 되어 있다고 생각했다. 그리고 각 원소는 열(Hot), 냉(Cold), 건(Dry), 습(Wet)의 두 가지 성질을 공유하고 있다. 원소는 이 성질을 매개로 변한다. 예를 들어 불과 물을 합한 후, 불의 건과 물의 냉을 제거하면 공기가 만들어진다는 식이다. 그리고 이슬람의 연금술사들은 이런 생각을 바탕으로, 철이나 구리 같은 비천한 금속을 금이나 은과 같은 고귀한 금속으로 바꿀 수 있다고 주장했다.

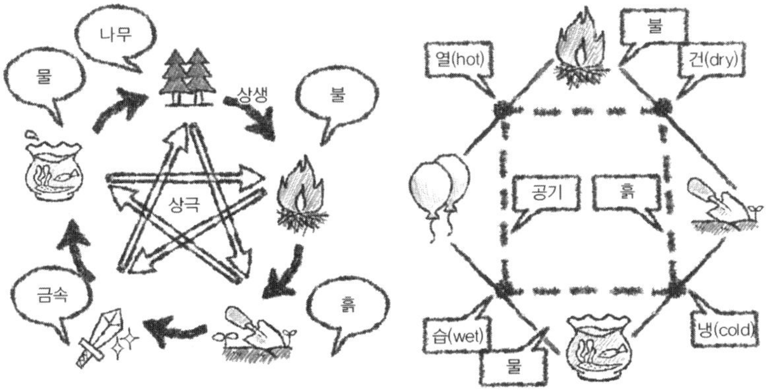

| 그림 7-1 | 음양오행설(왼쪽)과 4원소론(오른쪽)

근대적인 시각으로 연금술의 방향을 바꾼 사람은 17세기에 살았던 영국의 보일(Robert Boyle, 1627~1691)이었다. 그는 신비적인 방법이 아니라 과학 실험을 통해 연금술의 목표를 이루고자 했다. 그는 직접 실험을 하여 기체의 부피와 압력의 관계를 찾아냈다. "온도가 일정하면 기체의 부피는 압력에 반비례한다." 이것을 보일의 법칙이라고 한다. 보일의 법칙이 발견된 해는 1662년인데, 이는 뉴턴의 『프린키피아』보다 25년이나 앞섰다. 보일은 이외에도 물질을 구성하는 보이지 않는 원소가 있다는 것을 확인했다. 원소들의 개수도 4종류보다 더 많다고 주장했다. 보일 이후 200여 년에 걸쳐 물질의 기본적인 원소가 화학반응을 통해 알려졌다. 1789년에는 프랑스의 라부아지에(Antoine-Laurent de Lavoisier, 1743~1794)가 산소, 질소, 황 등 33가지의 원소를 기록해놓았다. 1869년 러시아의 멘델레프는 66개의 원소를 주기율표로 분류했다.

한편, 1803년경 영국의 돌턴(John Dalton, 1766~1844)은 기체가 원자로 구성되어 있다는 원자설을 주장했다. 기체를 구성하는 기본적인 물질에 대해 상상하기 시작한 것이다. 이후 과학자들은 기체를 분자라는 개념으로 분석하게 된다. 1811년 이탈리아의 아보가드로(Amedeo Avogadro, 1776~1856)는 분자에 대한 가설을 제안했다. "같은 온도, 같은 압력이면 같은 부피 안에는 어떤 기체도 분자의 개수는 같다." 이를 아보가드로 법칙이라고 한다. 1mol(몰)이란 분자량의 숫자에 그램을 붙인 양을 말한다. 수소분자의 1mol은 2g이고, 산소분자의 1mol은 32g이다. 아보가드로의 말에 따르면 2g의 수소기체에 들어 있는 분자의 수는 32g의 산소분자에 들어 있는 분자의 수와 같아야 한다. 1865년 오스트리아의 로슈미트(Loschmidt, 1821~1895)는 공기에 들어 있는 분자의 평균 지름을 계산해냈다. 그 결과 기체에 있는 분자들의 구체적인 수를 가늠할 수 있는 숫자가 처음으로 나왔다. 로슈미트가 계산한 결과에 따르면 1mol의 기체 안에는 6×10^{23}개의 분자가 있다. 이 숫자를 아보가드로 상수라고 부른다.

기체에서 발견한 보일의 법칙과 아보가드로 상수가 자연의 어떤 원리를 간직하고 있는지는 당시에는 전혀 알지 못했다. 그러나 전혀 예기치 않은 분야에서 그 의미가 분명해졌다. 바로 증기기관이다. 증기기관의 기본 원리는 1세기경 그리스 수학자 헤론(Heron of Alexandria, 10~70년경)이 처음 고안했다고 한다. 그 후 산업혁명을 이끈 동력이 증기기관에서 나올 정도로 증기기관은 사회적으로 중요한 대상이 되었다.

상수도 시설이 없던 시절에 가정에서는 펌프를 사용하여 지하수를 끌어올려 사용했다. 펌프는 지하에 박힌 관을 따라 지하수와 연결된다. 펌프에 마중물을 붓고, 밸브를 이용하여 지하수와 펌프 사이를 진공으로 만들면 지하수가 올라온다. 이 원리를 써서 18세기 영국의 광산에서는 증기기관으로 대량의 지하수를 끌어올렸다. 증기를 통에 채운 후 통을 식히면 압력이 낮아지면서 진공 상태가 만들어지고, 그 결과 지하수가 끌려 올라온다. 증기를 이용하여 진공을 만드는 방식이었다.

그런데 1712년 영국의 뉴커먼(Thomas Newcomen, 1664~1729)은 이 증기기관을 획기적으로 개량했다. 작동 방식을 바꾼 것이다. 증기가 식으면서 생기는 진공만을 이용하는 것이 아니라, 증기가 팽창하고 압축할 때 나오는 힘을 이용하는 방식이었다. 이 방식은 우리가 잘 아는 증기기관 원리와 같다. 사업가였던 와트(James Watt, 1736~1819)는 글래스고 대학과의 공동 연구에서 1776년 증기기관의 효율을 높이고, 크기도 작게 만들었다. 그 결과 증기기관이 교통수단의 동력으로 사용되었다. 증기기관의 효율은 나날이 개선되면서 산업혁명의 동력을 제공했다.

프랑스의 물리학자 카르노(Nicolas Léonard Sadi Carnot, 1796~1832)는 증기기관이 산업에 이용되는 것을 보면서 증기기관의 효율에 관심을 가졌다. 증기기관의 최대의 효율은 얼마나 될까? 효율이 가장 좋은 엔진을 만들 수는 없을까? 그는 가장 좋은 엔진을 만들 수 있는 과학적 원리를 찾고자 했다. 카르노는 엔지니어들이 엔진을 보는 방식과는 전혀 다른 새로운 방식으로 증기기관을 보기 시작했다. 그리고 증기가 없는 새로운 열기관을 고안했다.

카르노가 만든 열기관

증기기관이 일을 하는 근본적인 원리는 무엇인가? 증기기관은 물을 끓여 만든 증기를 사용한다. 그렇다고 해서 물이 필수적인 것은 아니다. 증기기관이 일을 할 수 있는 것은 증기가 팽창하기 때문이다. 카르노는 증기 대신 다른 기체를 사용해도 엔진을 만들 수 있다고 생각했다. 수증기 대신 이상적인 기체를 사용하여 엔진을 돌릴 수 있을까?

이상기체는 보일이 찾아낸 법칙에 따라 압축하고 팽창한다. 이상기체는 기체를 만드는 물질의 종류에 상관없이 똑같다. 카르노는 이상기체를 사용하여 가장 이상적인 엔진을 고안했다. 카르노의 가장 큰 업적이라면 아마도 열기관에서 수증기를 이상기체로 바꾼 점일 것이다. 이상기체는 수증기와 달리 열손실을 없앨 수 있는 장점이 있기 때문이다.

카르노는 열을 최대한 효율적으로 사용하고, 열손실을 완전히 줄일 수 있는 이상적인 열기관을 만들고자 했다. 열기관이란 열을 공급받아 일을 하는 엔진을 말한다. 그가 고안한 엔진의 구조도 증기기관과 크게 다르지 않았다. 뜨거운 열원에서 열을 공급받고, 차가운 열원으로 남은 열이 빠져나간다. 뜨거운 열을 공급받으면 엔진 안에 있던 기체가 팽창하면서 피스톤을 밀어낸다. 이 힘으로 엔진은 외부에 일을 한다. 쓰고 남은 열은 엔진 밖으로 빠져나간다. 열이 빠져나가면 기체가 식으면서 수축하므로 피스톤이 당겨져 엔진이 처음 상태로 돌아간다. 카르노 엔진은 팽창과 수축을 반복하면서 외부에 일을 해주는 방식이었다.

그렇다면 최대의 효율을 가진 엔진은 어떻게 만들어야 할까? 어떻게 하면 열을 낭비하지 않고 효율적으로 사용할 수 있을까? 최대의 효율을 가진 열기관은 산업계의 최대 관심사다. 비용을 최소로 줄일 수 있기 때문이다. 심지어 어떤 이는 돈을 들이지 않고 일을 할 수 있는 영구기관을 만들고자 시도하기도 했다.

최대의 효율을 가지려면 엔진 안으로 들어온 열이 다른 곳으로 새지 않도록 단열을 제대로 해야 한다. 그리고 공급받은 열을 고스란히 일로 바꾸어야 한다. 카르노는 엔진이 일을 최대로 할 수 있는 방법을 생각해냈다(그림 7-2). 먼저 뜨거운 열원에서 엔진 안으로 열이 이동하는 동안에는 엔진 안의 온도를 뜨거운 열원과 같도록 조치했다. 이를 등온과정이라고 한다. 열이 들어오는 동안 기체가 팽창하면 외부에 일을 한다. 그런데 기체의 온도가 높아지면 기체도 일을 하기 때문에 열손실이 생긴다. 등온과정을 유지하면 이러한 열손실을 막을 수 있다. 엔진이 원래 상태로 돌아가려면 기체가 수축해야 한다. 기체가 수축하는 방법에는 남은 열을 외부로 내보내는 방법이 있다. 열이 차가운 열원으로 빠져나가는 동안에도 카르노는 차가운 열원과 엔진의 온도를 일치하도록 했다. 카르노 엔진은 열이 들어올 때와 열이 나갈 때 모두 등온과정을 유지한다.

문제는 엔진이 팽창한 후 원래 상태로 돌아가기 위해 수축을 준비하는

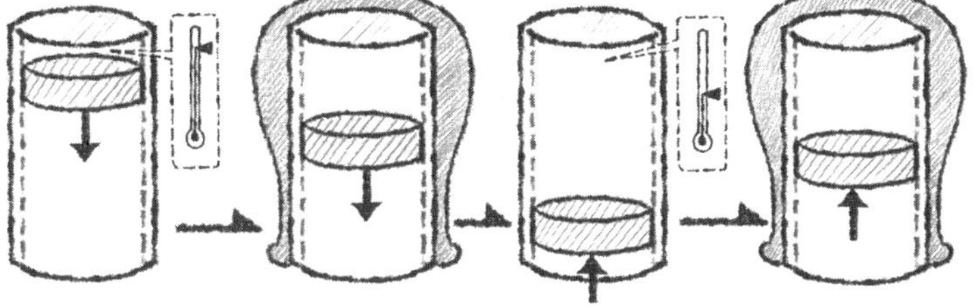

| 그림 7-2 | 카르노 엔진의 4단계 순환 과정 : ①뜨거운 열이 들어오는 동안 등온과정을 유지한다. ②기체의 온도를 낮추는 과정에서 열을 차단하고 단열과정을 거친다. ③열이 빠져나가는 동안에도 등온과정을 유지한다. ④기체의 온도를 높이기 위해서 열을 차단하고 단열과정을 거친다.

중간단계이다. 팽창할 때는 뜨거운 열원과 온도를 맞추어야 하고, 수축할 때는 차가운 열원과 온도를 맞추어야 한다. 따라서 중간단계에서는 기체의 온도를 바꾸어야 한다. 기체의 온도가 바뀌는 과정에서 열이 들어오고 나가면 열손실이 생긴다. 그래서 카르노는 온도가 변하는 과정에서는 아예 열을 차단시켰다. 이 과정을 단열과정이라고 한다. 단열과정에서는 열의 이동이 없기 때문에 열손실도 없다.

이처럼 카르노 엔진은 4단계의 순환과정(등온팽창-단열팽창-등온압축-단열압축)을 거친다. 엔진 안에 있는 기체는 고온에서 저온으로, 다시 저온에서 고온으로 바뀐다. 기체는 팽창과 수축을 거쳐 처음 상태로 돌아온다. 이런 이유로 카르노 엔진을 순환기관이라고 부른다.

카르노 열기관의 효율은 어느 정도인가? 카르노는 자신이 고안한 엔진의 효율을 1824년에 발표했다. 그의 결과에 따르면 엔진의 최대 효율은 열을 공급하고 가져가는 열원의 온도로만 결정된다. 최대 효율은 엔진의 모양을 바꾼다고 높일 수 있는 것이 아니었다. 그가 찾은 효율보다 더 좋은 효율을 내는 엔진은 없는 것처럼 보였다. 문제는 카르노 엔진의 효율이

100%가 되지 않는다는 점이었다. 당시의 과학자들은 카르노의 결과에 대해 몹시 회의적이었다. 그 이유는 다음과 같다.

먼저 열의 실체와 관련한 문제가 있었다. 열이란 무엇인가? 카르노 당시에 알려진 열 이론은 1783년 라부아지에가 주장한 열소이론(Caloric Theory)이었다. 라부아지에는 열을 유체로 보았다. 열소란 무게가 없고, 보이지도 않으며, 온도차가 생기면 흘러나가는 유체다. 이때 흘러가는 열량은 열량계로 잴 수 있다. 열소는 질량처럼 새로 생성되지도 않고 없어지지도 않는다. 이렇게 생각하면 들어온 열량과 나간 열량은 보존되어야 한다. 카르노는 열에 대한 다른 정보가 없었으므로, 라부아지에의 주장대로 열이 열소에 의해 전달된다고 가정했다.

영국의 줄(James Prescott Joule, 1818~1889)은 일을 하면 열이 만들어질 수 있다는 것을 실험으로 확인했다(그림 7-3). 카르노가 엔진의 효율을 발표한 지 20년이 지난 뒤였다. 그는 추를 낙하시켜 회전날개를 돌렸고, 이 회전날개가 물을 휘저으며 일을 했다. 그 결과 물의 온도가 올라갔다. 열이 발

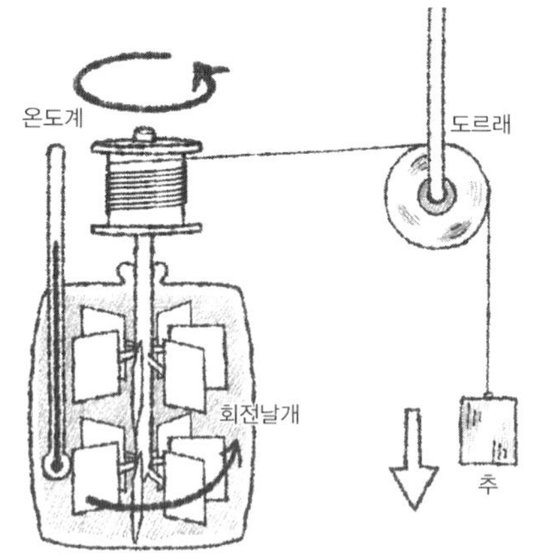

| 그림 7-3 | 줄의 실험 : 추가 내려가면서 일을 하면 회전날개가 물을 휘저으면서 물의 온도를 올린다.

생한 것이다. 4.2J의 일을 하면 열 1kcal를 공급하는 것과 같다. 이를 종합하면 열은 에너지에 해당한다. 일이 열로 바뀌고, 또 열기관에서 보듯이 열은 일을 하여 에너지를 공급한다. 따라서 열을 포함한 에너지는 보존되어야 한다. 이를 열역학 제1법칙이라고 부른다.

열역학 제1법칙 : 일은 열로, 열은 일로 변할 수 있다. 일과 열은 서로 비례한다.

그런데 열이 일과 같다는 아이디어는 독일의 마이어(Julius Mayer, 1814~1878)가 줄보다 2년 먼저 생각해냈다. 마이어는 외과의사였는데, 더운 지방에 사는 환자의 피가 추운 지방에 사는 환자의 피보다 더 검붉다는 데에서 착안했다. 더운 지방에서 체온을 유지하려면 추운 지방에서 체온을 유지하는 것보다 에너지를 적게 사용해야 한다. 따라서 산소를 적게 사용할 것이고, 이 때문에 피가 검붉다고 생각했다. 에너지를 적게 사용해야 열이 적다. 마이어는 이 모습을 보고 바로 열이 에너지와 같다는 증거로 삼았다.

줄은 라부아지에의 열소이론이 틀렸다는 것을 확인했다. 열은 라부아지에의 주장과 달리, 일을 하면 없던 열이 새로 만들어질 수 있다. 따라서 열소라는 개념은 틀렸다. 그리고 열소이론에서 출발한 카르노의 주장에도 문제가 있다고 보았다. 그는 열소이론을 받아들인 카르노의 생각이 처음부터 잘못된 것이라고 판단했다. 그렇다면 열소 대신 열에너지가 이동한다고 생각하면, 카르노의 주장을 받아들일 수가 있을까? 열을 에너지로 본다고 해도 줄은 카르노의 결과를 받아들일 수 없었다. 줄이 생각했던 이상한 점은 다음과 같다.

열을 포함하는 모든 에너지는 보존되어야 한다. 엔진에 공급된 열이 일을 한다고 하자. 공급된 열이 모두 일을 한다면, 열기관의 최대 효율은

100%가 되어야 한다. 그런데 카르노는 열기관의 효율이 100%가 되지 못한다고 말한다. 엔진을 아무리 개량해도 최대 효율은 100%가 되지 못한다. 어떻게 열기관의 효율에 이런 한계가 존재한다는 말인가? 에너지 보존의 입장에서 보면, 카르노의 주장이 잘못된 것처럼 들리는 것은 당연해 보인다. 그렇다면 카르노의 결과는 정말 신빙성이 없는 것일까? 카르노 엔진을 다시 조사해보자.

카르노 엔진에는 열을 공급하는 뜨거운 열원과 열이 빠져나가는 차가운 열원이 존재한다. 열이 공급되면 기체가 팽창하고 열을 빼내면 기체가 수축한다. 에너지가 보존된다면 외부에서 받은 열은 모두 일로 바꿀 수 있다. 줄의 생각대로 열기관의 효율이 100%가 된다는 것은 차가운 열원으로 빠져나가는 열이 없다는 뜻이다. 그런데 문제는 차가운 열원으로 열이 빠져나가지 않는다면, 기체가 수축을 해서 원래 상태로 돌아갈 수 없다는 데 있었다. 다시 말해, 기체가 무작정 팽창만 하면 일을 할 수가 없다. 기체가 수축하여 원래 상태로 돌아가야만 엔진이 다시 일을 할 수 있기 때문이다.

기체는 팽창하는 과정에서 외부에 일을 해준다. 그러나 원래 상태로 돌아가려면 수축해야 하고, 수축하기 위해서는 외부에서 다시 일을 해주어야 한다. 따라서 팽창하면서 외부에 해준 일은 수축하면서 일부를 거둬들이게 된다. 만약 카르노 엔진이 팽창할 때와 수축할 때 같은 온도를 유지한다면 열기관의 효율은 0이 될 수밖에 없다. 왜냐하면 같은 온도를 유지하면서 수축한다면 팽창할 때 받은 열을 그대로 다시 내놓아야 하기 때문이다. 이를 가역과정(Reversible process)이라고 한다. 처음에 엔진이 팽창하던 과정을 그대로 거꾸로 재현한다는 뜻이다. 뜨거운 열을 받아 외부에 일을 했지만, 똑같은 열을 다시 내놓아야 하기 때문에 외부에 해준 일을 그대로 다시 거둬들여야만 한다. 결국 기체가 팽창한 후 다시 수축하여 원래 상태로 돌아온다면 외부에 해준 일은 전혀 남지 않게 된다. 따라서 이 엔진의 효율은 0이 된다.

카르노는 열이 들어올 때와 나갈 때의 온도가 같다면 순환기관이 외부에 해줄 수 있는 일이 없다는 것을 알고 있었다. 다시 말해, 단일 열원(뜨거운 열원과 차가운 열원의 온도가 같아서 구분이 없는 경우)을 이용하는 엔진의 효율은 0이라는 뜻이다. 줄이 생각한 것과는 아주 다른 결과다. 이 결론을 내리는 과정 어디에도 에너지 보존법칙을 전혀 위배하지 않았다. 팽창할 때의 온도와 수축할 때의 온도가 다를 때에만 비로소 엔진이 외부에 일을 할 수 있다. 이러한 이유로 순환기관이 일을 하기 위해서는 온도가 다른 두 개의 열원이 반드시 존재해야만 한다. 카르노가 찾은 결과는 당시에는 제대로 이해되지 않았지만 근거는 충분했다.

카르노의 주장이 틀리지 않았다는 사실을 처음 알아낸 사람은 독일의 클라우지우스(Rudolf Clausius, 1822~1888)다. 이때가 1850년으로, 카르노 엔진이 발표된 지 26년이 지난 때였다. 그는 에너지가 보존된다는 사실만으로 열기관의 효율을 결정할 수 있는 것이 아니라는 것을 알아차렸다. 에너지가 보존되어야 한다는 사실과 별도로 엔진에는 뜨거운 열원과 차가운 열원이 따로 존재해야 한다는 사실이 필요했다. 줄이 생각했던 에너지 외에 더 고려해야 할 사항이 있었던 것이다.

클라우지우스는 이 사실을 법칙으로 정리했다.

열역학 제2법칙(클라우지우스) : 열이 이동할 때 낮은 온도에서 높은 온도로 열이 이동하는 효과만을 남기는 과정은 존재하지 않는다.

그가 정리한 열역학 제2법칙의 형태는 영구기관이 불가능함을 보여준

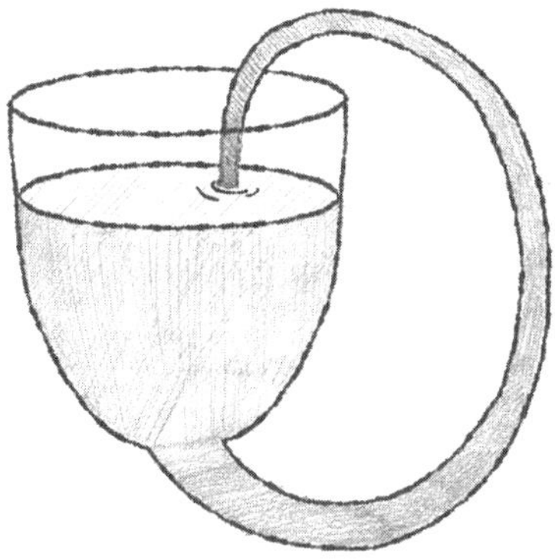

| 그림 7-4 | 차가운 곳에서 뜨거운 곳으로 흐르는 열을 이용하여 영구기관을 만드는 것은 불가능하다.

다. 영구기관이란 알고 보면 주변의 찬 곳에서 저절로 나오는 열을 사용하여 공짜로 일을 시키는 방법이다. 그러나 이 세상 어디에서도 열이 찬 곳에서 뜨거운 곳으로 저절로 흐르는 경우는 없다(그림 7-4).

클라우지우스가 표현한 열역학 제2법칙은 이해하기가 그리 쉽지 않다. 영국의 물리학자 톰슨(켈빈 경)(William Thomson, 1st Baron Kelvin, 1824~1907)은 1851년 열역학 제2법칙의 내용을 좀 더 쉬운 다른 형태로 표현했다. 다시 말해, 100% 효율을 가진 열기관은 이 세상에 존재하지 않는다는 내용이다. 이 표현은 줄의 질문에 대한 답변에 해당한다. 엔진의 효율이란 공급된 열로 엔진이 얼마나 일을 할 수 있는지를 표시하는 양이다. 톰슨은 카르노 엔진의 효율을 뜨거운 열원의 절대온도와 차가운 열원의 절대온도 비로 표시했다. 예를 들어 상온에서 엔진을 돌린다고 하자. 대기가 차가운 열원이 되므로 차가운 열원의 온도는 300K이다. 엔진 안의 온도가 1000K까지 올라간다면 카르노 엔진의 효율은 1−(300/1000)=0.7이 된다. 즉, 70%이다. 어떤 열기관의 효율도 카르노 엔진의 효율보다 좋을 수가 없다. 그리고 효율이 100%인 열기관은 존재하지 않는다. 이것은 차가운 열원의 온도를 0K로 내려보낼 수가 없다는 뜻이다.

카르노 엔진은 열손실이 없는 과정으로 이루어진다. 열손실이 없는 과정은 가역과정을 이용하여 만든다. 엔진을 거꾸로 돌리면 일을 하여 열을 빼내게 된다. 즉, 냉장고가 된다. 가역과정에서는 엔진을 돌리는 대신 냉장고를 돌려도 열손실이 없다. 만일 열손실이 생긴다면, 사라진 열을 주워담을 수가 없기 때문에 엔진을 거꾸로 돌려도 원래 상태를 재현할 수가 없다. 카르노 엔진이 최대 효율을 낼 수 있었던 가장 중요한 요소는 순환과정마다 가역과정을 유지했다는 점이다. 카르노 열기관은 열을 받아 팽창-수축하는 과정을 거꾸로 재현할 수 있다. 거꾸로 가는 수축-팽창 과정을 거치면 똑같은 열이 도로 나오게 된다.

열손실이 있다면 비가역과정이 되고, 열손실이 없다면 가역과정이 된다. 그렇다면 열이 들어오고 나갈 때 가역과정인지 비가역과정인지를 손쉽게 구별할 수 있는 판정 방법이 있을까? 클라우지우스는 카르노 엔진이 일을 하는 각 과정마다 변하지 않는 양이 있다는 것을 알아차렸다. 이것은 출입하는 열량과 절대온도와의 비율이다. 클라우지우스는 이 양을 '엔트로피 변화량'이라고 이름 붙였다.

열이 엔진으로 흘러갈 때의 상황을 보자. 열원은 열을 뺏기고, 엔진은 열을 얻는다. 열을 뺏기면 −라고 하고, 열을 공급받으면 +라고 하자. 이 규칙에 따르면, 뜨거운 열원의 엔트로피 변화는 −가 된다. 같은 시각에 엔진은 열을 공급받으므로 엔진의 엔트로피는 +가 된다. 그런데 열이 이동하는 동안 열원과 엔진은 같은 온도를 유지한다. 즉 등온과정이다. 따라서 열원에서 줄어든 엔트로피와 엔진에서 늘어난 엔트로피의 양은 같다. 이제 엔진과 열원을 하나의 시스템으로 보고 전체 엔트로피 변화를 생각해보자. 열원의 엔트로피는 줄어들고 엔진의 엔트로피는 늘어나지만, 전제적으로 볼 때는 −와 +가 서로 상쇄되기 때문에 전체적인 시스템의 변화는 없다. 이 결과는 엔진에서 열이 빠져나가는 경우도 마찬가지다. 그리고 단열과정의 경우에는 열의 출입 자체가 없으므로 엔트로피 변화는 물론 없다. 결국 순환과정의 각 단계마다 시스템 전체의 엔트로피에는 변화가 없다. 카르노 엔진이 주는 메시지는 가역과정으로만 이루어지는 열기관은 총 엔트로피 변화가 생기지 않는다는 것이다.

클라우지우스는 엔트로피 변화량을 가역과정과 비가역과정을 구분하는 지표로 삼았다. 가역과정의 경우에는 열손실이 없고, 시스템 전체의 엔트로피 변화도 없다. 비가역과정의 경우에는 열손실이 생기므로 결과적으로 전체 시스템의 엔트로피가 증가한다. 일상에서 사용하는 대부분의 엔진은 열손실이 발생한다. 열손실이 있는 엔진의 효율은 카르노 엔진을 따라갈 수 없다. 이 생각을 우주 전체에 적용해보자. 우주 안에서 일어나는 모든 열기관의 활동을 고려하면 우주 전체의 엔트로피는 절대 감소할 수 없다. 클라우지우스는 엔트로피를 이용하여 1865년에 열역학 제2법칙을 다시 썼다.

열역학 제2법칙(엔트로피) : 고립계(우주)에서는 총 엔트로피가 감소하는 방향으로 열이 이동하지 않는다.

고립계란 엔진과 열원을 포함하는 전체 계를 말한다. 예를 들어 지구를 태양과 우주 공간 사이에서 작동하는 엔진으로 가정해보자. 태양은 뜨겁고 우주 공간은 차갑다. 지구는 고온의 태양에서 열을 받아 일을 한다. 일을 하고 남은 열은 저온의 우주 공간으로 내보낸다. 태양으로부터 지구로 열이 이동하지 않는다면 지구라는 엔진은 작동하지 못한다. 엔진이 작동하지 못하면 생명체의 역동성도 사라질 것이다. 그런데 태양과 지구 그리고 우주 공간을 하나의 소우주로 생각하면 고립계가 된다. 한 걸음 더 나아가 우주 전체를 열원과 열기관으로 구성된 고립계로 생각한다면 총 엔트로피는 감소할 수가 없다. 결국 우주의 역사가 흘러도 우주 전체의 엔트로피가 감소하는 일은 결코 생기지 않을 것이다. 따라서 시간은 엔트로피가 감소하는 방향으로 흐를 수 없다는 결론에 도달한다. 시간은 엔트로피가 증가하는 방향으로 흘러갈 수밖에 없다. 미래의 우주는 현재보다 엔트로피가 커질 수밖에 없다. 이 때문에 과학자들은 시간이 미래로 흐르는 이유에서 엔트로피의 증가를 중요한 요소로 보고 있다.

생각해보기

열기관은 전기 모터와 다르다. 열기관은 열을 이용하여 일을 하는 장치이고, 전기 모터는 전기에너지를 이용하여 일을 하는 장치이다. 하이브리드 자동차는 전기 모터와 화학연료 엔진을 병행하여 움직인다. 각 엔진들이 어느 면에서 유리한지 생각해보자.

읽어보기 : 아이스크림이 녹는 과정은 가역과정일까?

따뜻한 방에서 아이스크림을 먹는 동안에 아이스크림은 저절로 녹는다. 그러나 녹은 아이스크림이 거꾸로 어는 일은 없다. 따라서 따뜻한 방에서 아이스크림이 녹는 현상은 비가역과정이다. 그렇다면 아이스크림이 녹을 때 엔트로피는 얼마나 생겨날까? 아이스크림을 얼음이라고 생각하고 얼음이 녹을 때 생기는 엔트로피의 변화를 찾아보자.

상온을 편의상 27도(300K)라고 하자. 0도(273K)의 얼음은 전부 녹을 때까지 0도를 유지한다. 얼음이 물로 바뀌는 동안 필요한 열을 융해열이라고 부른다. 얼음 100g이 녹으려면 3만 3400J의 열이 필요하다.

얼음의 엔트로피 변화를 보자. 얼음은 열을 받았으므로 엔트로피가 증가한다. 그 변화량은 클라우지우스의 공식을 쓰면 122J/K이다. 대기는 얼음이 녹는 과정에서 열을 뺏긴다. 따라서 대기의 엔트로피는 줄어든다. 대기 엔트로피의 변화량은 −111J/K이다.

이제 얼음과 대기로 만들어진 전체 시스템의 총 엔트로피 변화를 살펴보자. 얼음과 대기의 총 엔트로피 변화는 122 J/K +(−111) J/K = 11 J/K이다. 이 값은 +가 된다. 결과적으로 총 엔트로피는 늘어났다. 얼음의 엔트로피는 늘었고 대기의 엔트로피는 줄었지만, 얼음과 대기로 만들어진 고립계의 총 엔트로피는 증가했다. 총 엔트로피가 증가한다는 뜻은 얼음이 녹는 과정이 비가역과정이라는 뜻이다.

온도가 영상으로 오를 때 얼음이 저절로 녹는 것은 자연스러운 모습이다. 영상의 온도에서 얼음이 녹는 과정은 비가역과정이고, 얼음이 녹으면 자연의 총 엔트로피는 증가할 수밖에 없다.

생각해보기

냉장고로 아이스크림을 얼리면 전체 엔트로피는 감소할까? 그렇지 않은 이유는 무엇인지 생각해보자.

기체의 압력은 분자가 만든다

뉴턴은『프린키피아』를 집필하면서 운동법칙을 일종의 공리로 받아들였다. 뉴턴의 입장은 "나는 가정을 도입하지 않는다(Hypotheses non fingo)"라는 글귀에 나와 있다. 그는 운동법칙이라는 공리를 바탕으로 모든 천체의 운동을 일관적으로 설명하고자 했다. 그렇다면 기체의 부피가 달라지고 압력이 달라지는 것은 어떤 원리로 설명할 수 있을까? 열이 뜨거운 곳에서 차가운 곳으로 흐르는 현상은 어떤 기본 원리를 따르는 것일까? 보일의 법칙이나 열역학법칙은 분명히 의미가 있지만, 자연의 근본적인 특성을 설명해주지는 않는다. 뉴턴의 입장에서 보면 열역학 제2법칙은 행성의 관측을 정리한 케플러 법칙의 수준에 머물러 있는 셈이다. 그렇다면 기체의 모습을 좀 더 근본적인 원리로 설명할 수는 없을까?

먼저 보일의 법칙을 다시 살펴보자. 보일의 법칙에는 기체의 부피와 압력, 온도와의 관계가 나타나 있다. 그러나 당시에는 아보가드로수의 분자가 기체에 들어 있다는 사실이 알려지지 않았다. 아보가드로수가 알려진 것은 보일의 법칙이 발견된 지 200년이 지난 뒤였다. 기체의 성질과 수많은 분자의 존재는 어떤 관계가 있을까?

기체는 분자들의 집합체다. 풍선 안에 들어 있는 분자들은 풍선 안에서 쉬지 않고 이동한다. 이동하던 분자가 풍선 벽을 만나면 충돌하게 된다. 분자는 아주 가벼우므로 분자는 풍선 벽이 마치 거대한 벽으로 보일 것이다. 라켓으로 공을 쳐서 벽을 때리면 공이 도로 튀어나오듯이 분자도 풍선 벽에서 도로 튀어나온다.

분자가 벽을 때리면 벽도 힘을 느낀다. 분자와 벽은 작용과 반작용으로 똑같은 힘을 주고받는다. 그러나 분자 하나가 때리는 힘이 너무 작아서 우리는 그 힘을 전혀 느낄 수 없다. 하지만 기체 안에 들어 있는 수많은 분자들이 한꺼번에 벽을 때린다면 이야기가 다르다. 천문학적 수의 분자들이 벽을 때리면 그 효과를 우리도 느낄 수 있다. 바로 압력이다. 팽팽한 풍선을 살짝 눌러보자. 풍선의 압력을 느낄 수 있다. 기체가 압축되지 않으려고 대항하기 때문이다. 세게 찬 공과 살짝 찬 공에 맞을 경우 어느 쪽의 충격이 더 클까? 벽을 때리는 분자도 똑같다. 분자의 속도가 빠를수록 벽에 작용하는 힘도 크다. 풍선 안에 있는 기체의 압력이 크다는 것은 분자들의 속도가 빠르다는 것을 의미한다. 기체 분자가 빨라질수록 분자가 가지는 운동에너지도 커진다. 기체가 어떤 압력을 가지고 있다는 사실은 기체 분자가 그에 상응하는 운동에너지를 가지고 있다는 것을 뜻한다.

한편, 풍선이 시들할 때 따뜻하게 열을 가해주면 팽팽해진다. 온도가 오르면 기체의 압력이 커지기 때문이다. 이때 부피가 일정하면 압력이 온도에 비례하여 커진다.[11]

---

11 이 법칙을 게이뤼삭의 법칙이라고 한다. 프랑스의 게이뤼삭(Louis Joseph Gay-Lussac, 1778~1850)이 1802년에 정리한 법칙이다. 그런데 이미 20여 년 전에 프랑스의 샤를(Jacques Alexandre César Charles,

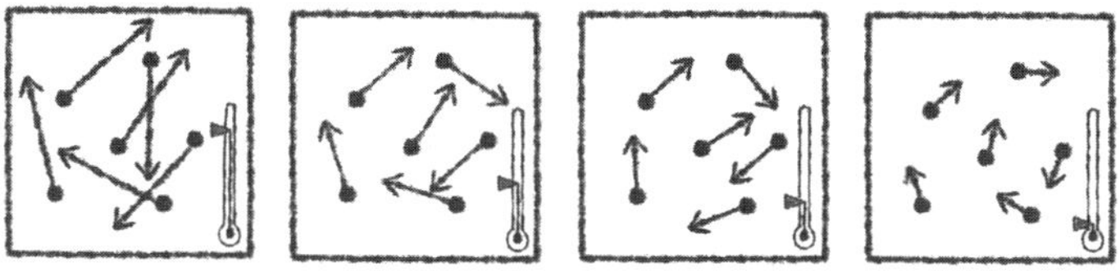

| 그림 7-5 | 이상기체 분자의 운동에너지 : 기체 분자는 종류에 상관없이 온도에 따라 운동에너지가 결정된다.

따라서 압력이 늘어나면 분자의 운동에너지가 늘어나고, 온도가 높아지면 압력이 늘어난다. 이 관계식을 자세히 들여다보면, 놀랍게도 분자의 종류에 상관없이 분자 하나가 가지는 운동에너지는 온도가 같으면 똑같다(그림 7-5). 공기 속에 있는 산소분자는 질소분자보다 무겁다. 그러나 운동에너지는 똑같다.

상온에서 움직이는 기체 분자 하나의 에너지는 대략 10^{-21}J(줄) 정도이다. 이 에너지는 너무 작아서 우리가 알아차릴 수가 없다. 이 때문에 분자의 개념이 도입된 19세기 중반만 해도 분자는 그저 상상력의 결과였을 뿐이다. 당시에 분자는 과학적인 짐작과 간접적인 증거로만 주장되었을 뿐, 그 존재 자체가 실험으로 증명된 것은 아니었다. 그러나 아보가드로수만큼의 분자들이 모여 만들어낸 기체가 보여주는 에너지와 압력은 우리가 쉽게 알아차릴 수 있다. 이미 17세기에 보일이 찾아낸 기체의 법칙에는 분자 하나가 가지고 있는 운동에너지를 구체적으로 알려주고 있던 셈이다.

참고로 이상기체 분자가 가지는 운동에너지는 절대온도에 비례하고, 그 비례상수를 볼츠만 상수라고 부른다. 볼츠만 상수는 보일의 기체법칙에 나오는 기체상수를 아보가드로 상수로 나눈 값이다. 구체적인 값은 $k_B=1.38\times10^{-23}$J/K로 아주 작은 값이다.

1746~1823)이 부피와 온도와의 관계를 찾았기 때문에 기체의 온도와 압력 그리고 부피의 관계를 나타낸 식을 보일-샤를의 법칙이라고 한다.

읽어보기 : 열역학 제2법칙을 피할 수 있을까?

열을 분자의 집단적인 분자운동으로 생각해보자. 분자운동을 좀 더 자세히 살펴보면 열역학 제2법칙이 맞지 않는 경우를 찾을 수는 없을까? 다음처럼 생각해보고 어디에 문제가 있는지 파악해보자.

(A) 열이 저절로 차가운 데서 뜨거운 곳으로 흐르도록 만들어보자.

기체가 들어 있는 방에 칸막이를 한 뒤 한쪽 칸에서 다른 쪽 칸으로 빠르게 움직이는 분자들을 선별적으로 들여보낸다. 맥스웰은 칸막이 앞에서 빠른 분자를 구별하여 다른 방으로 보내는 역할을 하는 어떤 이(맥스웰 악마라고 부른다)를 생각해냈다. 맥스웰 악마가 선별적으로 분자를 한 칸에서 다른 칸으로 보낸다면 열이 차가운 데서 뜨거운 데로 저절로 흐르지 않을까? 만약 이런 일이 가능하다면 열역학 제2법칙이 무너질 수 있다. 뜨거운 방은 더 뜨거워지고, 차가운 방은 더 차가워질 수 있기 때문이다. 그 결과 열이 뜨거운 데서 차가운 데로 저절로 흐르는 일이 가능하지 않을까?

그러나 잘 생각해보면 맥스웰 악마는 공짜로 일을 하지는 않을 것이다. 악마가 일을 할 때마다 그 흔적을 남긴다. 악마도 기체와 함께 전체의 시스템을 형성한다. 따라서 악마가 분자를 조사할 때마다 분자에 어떤 영향을 주고 있는지를 고려해야 할 것이다. 악마가 분자를 자세히 조사하는 동안에 분자가 속도를 마구 바꾼다면 악마가 자신의 역할을 하기 힘들 것이다. 또한 악마가 분자를 조사한 뒤 분자를 선별하는 정보를 축적하는 일도 고려해보아야 한다. 악마가 정보를 축적하는 일과 얻은 정보를 지우는 일은 정보를 포함하는 총 엔트로피에 상당한 영향을 미친다고 볼 수 있다. 따라서 정보를 포함하는 엔트로피를 모두 고려한다면 열역학 제2법칙이 깨지는 일은 결국 불가능하다고 본다.

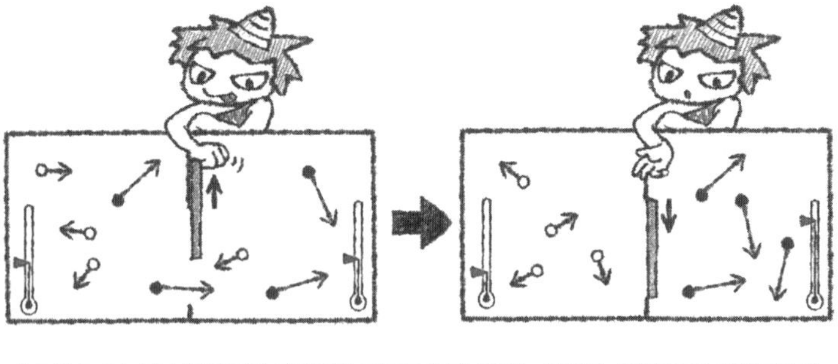

| 그림 7-6 | 맥스웰 악마가 칸막이를 지키고 있다. 악마는 분자를 선별적으로 보냄으로써 열이 차가운 데서 뜨거운 데로 저절로 흐르도록 조치하고 있다.

(B) 열원이 하나뿐인 엔진을 만들어보자.

기체가 들어 있는 두 방이 있다. 한 방에는 바람개비가 들어 있고, 다른 방에는 톱니바퀴가 들어 있다. 바람개비와 톱니바퀴를 축으로 연결하는 엔진을 생각해보자. 날개 달린 바람개비는 양쪽 방향으로 돌 수 있지만 톱니는 축을 한쪽 방향으로만 돌 수 있다. 톱니는 한 방향으로만 돌아가므로 이 엔진은 시간이 흐르면서 외부에 일을 할 수 있다. 그렇다면 두 방의 온도가 같아도 엔진은 일을 할 수 있지 않을까? 이렇게 만든 열기관 엔진은 열원의 온도가 모두 같다. 이처럼 열원이 하나인 엔진이 가능하다면 열역학 제2법칙이 깨지지 않을까?

이 톱니바퀴 엔진을 파인만-스몰루호프스키(Feynman-Smoluchowski) 톱니바퀴라고 부른다. 미국의 파인만이 폴란드의 스몰루호프스키(Marian Smoluchowski, 1872~1917)가 제안한 이야기를 인용했기 때문이다. 이를 좀 더 자세히 살펴보자. 기체 분자가 열운동을 하면 분자는 불규칙한 운동을 한다. 따라서 바람개비는 당연히 양쪽 방향으로 압력을 받는다. 그런데 톱니는 어떤가? 톱니바퀴에는 멈추개가 달려 있다. 바람개비가 도는 방향에 따라 톱니가 돌기도 하고, 제지당하기도 한다. 따라서 바람개비는 한 방향으로만 움직이려 할 것이다.

이 엔진에서 심각하게 고려해야 하는 문제는 멈추개 자체도 열운동을 한다는 점이다. 바람개비가 분자들의 운동에 따라 움직인다면, 멈추개 자체도 분자들의 영향을 받는다. 멈추개는 처음 고안된 대로 한 방향으로만 움직이는 것이 아니다. 멈추개 또한 분자운동으로 인해 오작동이 생기게 된다. 멈추개가 처음 생각한 대로 작동한다는 보장이 없다. 결국 두 방의 온도가 평형 상태를 유지한다면, 이 엔진은 예상한 대로 한쪽 방향으로만 돌지는 않을 것이다.

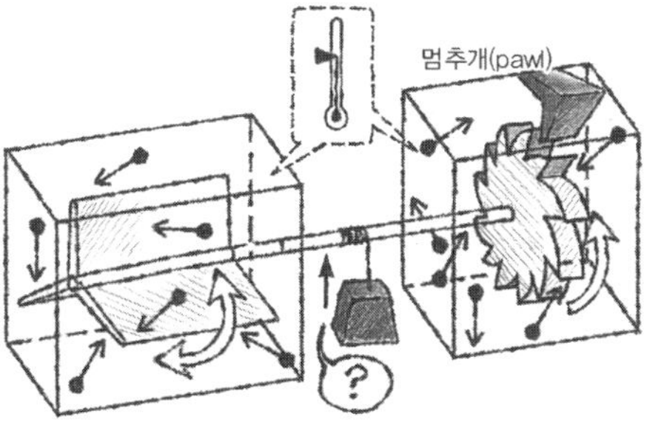

| 그림 7-7 | 열운동을 하는 분자가 톱니바퀴를 한 방향으로 돌려 일을 한다. 엔진과 열원의 온도가 다를 필요가 있을까?

통계로 보는 분자운동

영국의 맥스웰은 분자의 움직임에도 흥미를 가졌다. 그는 온도에 따라 분자들의 움직임이 달라진다는 것이 새로웠다. 분자가 가진 운동에너지는 온도에 비례하여 커진다. 기체 안에는 분자들이 수없이 많이 존재한다. 어떻게 아보가드로수의 분자들이 온도에 따라 똑같은 속력으로 움직일 수 있을까? 아무리 훈련이 잘된 군대라 하더라도 병사들 중에는 느림보도 있고, 행동이 민첩한 병사도 있다. 그런데 어떻게 천문학적인 수의 분자들이 일사불란하게 똑같이 움직일 수 있을까? 어떤 분자는 빨리 움직이고, 어떤 분자는 천천히 움직이지 않을까? 맥스웰은 수많은 분자들을 통계적으로 다루는 것이 가장 적절하다고 생각했다. 이 생각은 자연을 다루던 기존의 방식과는 전혀 다른 엉뚱한 생각이었다.

많은 분자를 통계로 다루려면 확률이 중요하다. 주사위를 던져보자. 1에서부터 6까지의 숫자가 골고루 나온다. 따라서 각 숫자가 나올 확률은 1/6이다. 주사위를 던질 때 나오는 값을 계산할 수도 있다. 1이 나올 확률은

1/6이고, 2가 나올 확률도 1/6이다. 이런 방식으로 생각하면 1의 기댓값은 1/6, 2의 기댓값은 2/6다. 기댓값을 모두 더하면 3.5가 된다. 즉, 주사위를 여러 번 던져서 나오는 값을 평균해보면 3.5가 될 것이다.

분자의 운동도 마찬가지다. 분자가 움직이는 속력을 확률로 표현할 수 있다. 그러나 분자는 주사위처럼 간단하지 않다. 속력이란 주사위의 숫자와 달리 연속적으로 분포한다. 분자들이 움직이는 방향도 다르다. 그럼에도 분자의 운동에너지는 온도에 비례하므로, 평균에너지는 온도에 비례해야 한다. 맥스웰은 이러한 짐작을 바탕으로 1859년 분자들의 속도 분포를 찾아냈다. 이를 그래프로 그리면 〈그림 7-7〉과 같다.

대부분의 분자들은 평균값 근처에 모여 있다. 평균값에서 멀어질수록 분자들의 수가 급격히 감소한다. 분자들의 속도 분포는 온도에 따라서도 달라진다. 온도가 높으면 빠른 속력을 가지는 분자의 분포가 늘어나고, 온도가 낮으면 느린 속력을 가진 분자의 분포가 늘어난다. 맥스웰이 연구했던 당시에는 분자란 그저 추상적인 대상에 불과했다. 분자를 구체적으로 본 사람은 아무도 없었다. 분자를 믿지 않는 과학자도 많았다. 그런데도

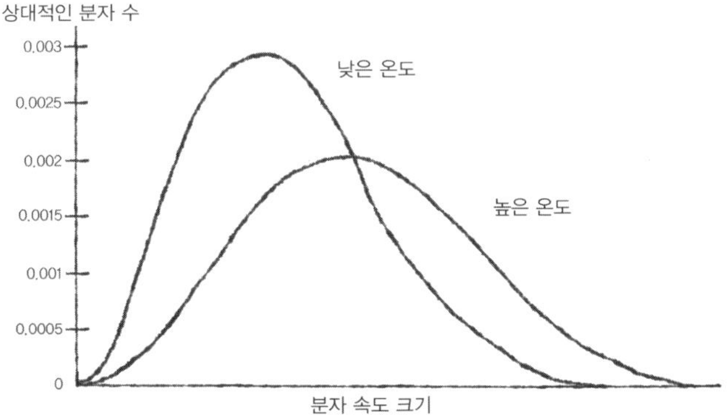

| 그림 7-7 | 맥스웰이 찾은 기체 분자들의 속도 분포 형태

맥스웰은 분자들의 속도가 어떻게 분포하고 있는지를 구체적인 도표로 그려냈다.

맥스웰이 도입한 통계적인 방식은 뉴턴이 행성운동의 궤적을 찾는 방식과는 아주 다르다. 뉴턴의 방식은 힘을 알면 행성의 궤적이 결정되는 방식이다. 이에 비해 맥스웰의 방식은 분자 하나의 궤적을 알아내는 데 목적이 있지 않다. 분자 집단의 모습을 통계적으로 알아내는 방식이다. 물론 분자 하나를 다루는 방식은 뉴턴이 천체를 다루던 방식과 크게 다르지 않았다. 그러나 맥스웰은 수많은 분자들이 보여주는 형태를 다루는 방식은 분자 하나를 다루는 방식과 달라야 한다는 점에 주목했다.

기체를 통계적으로 보아야 하는 이유는 무엇인가? 분자들의 움직임을 통계적으로 다루면 무엇을 설명할 수 있을까? 바로 열이다. 뉴턴의 방식으로는 열이라는 개념을 설명할 수 없다. 열은 에너지다. 그러나 열은 행성의 움직임을 알려주는 에너지와는 매우 다르다. 열을 이야기할 때는 항상 많은 수의 분자들이 움직이고 있는 모습을 머리에 떠올려야 한다. 따라서 통계적인 입장에서 볼 때, 비로소 열이라는 개념을 제대로 이해할 수 있다.

기체가 품고 있는 열이란 기체 분자들의 운동에너지를 말한다. 기체에 열을 공급해보자. 기체 분자들의 움직임이 전반적으로 활발해지고, 운동에너지가 증가한다. 열은 에너지일 뿐 아니라 물체 안에 들어 있는 수많은 분자들이 집단적으로 운동할 때 생기는 운동에너지다. 따라서 열을 이해하려면 분자들이 집단적으로 움직이는 모습을 이해해야 한다.

오스트리아의 볼츠만(Ludwig Eduard Boltzmann, 1844~1906)은 분자운동에서 열이 나타내는 모든 현상을 설명하고자 했다. 그는 1871년 분자가 분포하는 확률은 에너지와 온도에 따라 결정된다는 것을 보여주었다. 이 확률을 맥스웰-볼츠만 분포라고 부른다.[12] 볼츠만이 찾은 확률에서 맥스웰의 속도 분포를 유도할 수 있다.

볼츠만이 찾은 확률분포는 기체나 고체의 상태에 상관없이 일반적으로 적용되는 확률분포다. 그렇다면 기체나 고체의 확률이 특별한 형태로 결정되는 이유는 무엇일까? 왜 기체가 열운동을 하면 분자는 특별한 평균값을 갖는 것일까? 이러한 질문은 열이라는 현상의 이면에 어떤 자연원리가 존재하는지를 묻는 아주 기본적인 질문이라고 할 수 있다. 볼츠만이 주목한 점은 분자들의 다양한 상태였다. 분자가 존재하는 모습을 상상해보자. 어떤 분자는 빠르게 움직이고 어떤 분자는 천천히 움직인다. 어떤 분자는 동서로 움직이고 어떤 분자는 남북으로 움직인다. 그런데 확률이란 모든 다양한 상태 중에서 특별한 상태를 가질 수 있는 가짓수에 해당한다. 그렇다면 분자는 얼마나 많은 다양성을 가질 수 있을까?

분자들이 보여주는 다양한 가짓수를 주사위와 비교해서 생각해보자. 주사위를 1개 던질 때 나올 수 있는 경우의 수는 6이다. 분자는 어떤가? 분자 하나를 비디오로 찍는다고 하자. 비디오 화면에는 각 시간마다 분자의 위치, 속력, 움직이는 방향이 모두 다르게 나타난다. 각기 다른 비디오 화면을 모아 사진첩처럼 만들자. 비디오 화면에는 분자들이 보여줄 수 있는 모든 상태가 담겨 있다. 이 모든 가능성을 통틀어 '앙상블'이라고 부른다. 분자가 보여줄 수 있는 경우의 수란 앙상블의 개수와 같다. 주사위 하나의 앙상블은 6가지다. 이제 2개의 주사위를 던져보자. 이 경우에는 주사위에서 나올 수 있는 경우의 수가 6×6 하여 36가지가 있다. 분자는 어떤가? 움직이는 분자가 여러 개가 있다면 앙상블의 수도 기하급수적으로 늘어난

12 분자의 운동에너지를 E라고 하면, 분자가 이 에너지를 가질 확률은 $e^{-E/kT}$에 비례하게 된다.

다. 볼츠만은 1877년 분자들이 보여주는 앙상블의 수를 엔트로피와 연결지었다. 경우의 수에 로그를 취하면 엔트로피에 비례한다. 그리고 비례상수는 볼츠만 상수 k_B다.

머그컵에 식은 커피를 따라보자. 커피의 온도는 변하지 않는다. 커피가 일정 온도를 유지하고 있다는 것은, 커피가 접촉하고 있는 컵과 공기 사이에 열이 흐르지 않는다는 것을 뜻한다. 다시 말해, 열적으로 평형을 이루고 있음을 뜻한다. 열적으로 평형을 유지한다는 것은 커피가 더 이상 식거나 뜨거워지지 않는다는 것을 의미한다. 볼츠만은 열평형상태를 분자의 운동으로 다음과 같이 해석했다.

커피가 식지 않는 것은 열의 이동이 없다는 것이고, 엔트로피에 변화가 없다는 뜻이다. 이것은 분자들의 앙상블 수가 변하지 않는다는 뜻이다. 왜 분자들은 앙상블 수를 늘리지 않는 것일까? 볼츠만의 답은 간단하다. 분자들은 이미 최대의 앙상블 수를 가지고 있기 때문이다. 볼츠만은 열적으로 평형상태에 있는 분자들은 더 이상 앙상블 수를 늘릴 수 있는 방법이 없다고 생각했다.

온도란 평형상태를 표시하는 척도다. 온도가 같은 물체는 서로 접촉해도 열의 이동이 없다. 이에 비해 온도가 다르면 열의 이동이 생긴다. 열의 이동이 생기면 앙상블의 수가 변한다. 볼츠만의 해석에 따르면, 평형상태란 분자들의 앙상블 수가 최대가 되는 상태다. 따라서 열평형상태를 표시하는 온도는 엔트로피가 최대가 될 조건에서 정의할 수 있다. 이런 논리를 쓰면 열과 관련된 모든 양들을 분자들의 움직임으로 설명할 수가 있다.

열역학 제2법칙을 분자의 움직임으로 해석해보자. 열은 뜨거운 곳에서 차가운 곳으로 흐른다. 클라우지우스의 방식으로 보면 아이스크림이 녹는 것은 자연스러운 현상이다. 자연 전체의 엔트로피가 증가하기 때문이다.

이것을 볼츠만의 방식으로 보자. 열이 이동하는 이유는 분자의 앙상블 수가 증가하기 때문이다. 자연은 최대의 앙상블 수를 선호하기 때문에 엔트로피가 줄어드는 방향으로는 열이 이동하지 않는다. 열이 이동한다는 것은 분자들이 만드는 앙상블에 변화를 주는 과정이다.

열이 이동한다는 개념과 앙상블의 수를 변화시킨다는 개념은 아주 다른 개념이다. 하나는 전통적으로 열을 다루는 방식이고, 다른 하나는 통계적으로 다루는 방식이다. 볼츠만은 전혀 다른 두 개의 개념을 결합하여 열을 분자라는 입장에서 다룰 수 있는 기반을 만들었다. 볼츠만은 모든 열현상을 분자운동으로부터 유도할 수 있는 길을 개척했다. 마치 뉴턴이 행성운동을 만유인력으로 설명할 수 있었듯이, 볼츠만은 이제 열현상을 분자 움직임의 다양성이라는 원칙으로 설명할 수 있는 길을 개척했다.

분자운동을 통계적으로 다룬다는 것은, 분자를 하나씩 추적하는 대신 분자들이 만들어내는 다양성의 정도를 다룬다는 것을 뜻한다. 이런 의미에서 때로 엔트로피를 '다양성의 정도' 또는 '무질서의 정도'를 나타내는 양으로 말하기도 한다. 방 안을 어지럽혀 무질서하게 만들었다고 하자. 물론 엔트로피가 증가했다. 그 후 엄마의 성화로 방 안을 질서정연하게 정돈했다면 엔트로피가 감소할까? 그렇지 않다. 방 안의 정리된 모습과 엄마의 성화, 그리고 나의 노력, 걸레를 빠는 것 등의 모든 가능성을 고려하면 총 엔트로피는 증가한다. 따라서 엔트로피를 '무질서의 정도'라고 말할 때는 약간의 오해가 생길 수도 있다는 점에 유의해야 한다.

하늘과 땅의 세계를 통합했던 뉴턴의 만유인력은 자연법칙의 전부가 아니었다. 우리 주위에는 뉴턴이 알지 못했던 전혀 다른 새로운 세계가 존재한다. 뉴턴 상수 G로 나타낼 수 있는 세계는 행성을 움직이는 세계다. 행성은 주기적인 운동을 한다. 처음 상태가 주어지면, 미래는 만유인력으로 결정되는 세계다. 불확실성이 전혀 없는 세계이며, 확률로 다룰 필요가 없는 세계다. 그러나 볼츠만 상수 k_B가 대변하는 세계는 물에 떨어진 잉크 방울이 퍼져나가는 세계다. 퍼져나간 잉크 방울은 시간이 지난다고 해서 원래 상태로 돌아가지 않는다. 볼츠만의 세계는 많은 분자들이 만들어내는 확률의 세계요, 통계의 세계다. 맥스웰과 볼츠만이 찾은 통계적 세계는 우주가 기계적인 세계만이 아니라 다양한 성격을 가진 세계라는 것을 보여준다.

한편, 수많은 분자들이 통계적으로 보인다는 것은 자연의 단점이 아니었다. 오히려 분자 세계를 파악할 수 있는 훌륭한 가이드가 되었다. 열로부터 분자의 세계를 들여다볼 수 있는 길을 열어주었다. 그러나 볼츠만과 같은 시대에 살았던 많은 과학자들은 볼츠만의 통계적 개념을 받아들이는데 주저했다. 분자가 발견되지도 않던 시절에 분자운동에 기초한 통계적 결과를 받아들이는 것이 일부 과학자들에게는 망설여지는 일이었다. 이러한 과학계의 분위기 때문에 볼츠만은 자신의 업적을 출판하는 데 많은 어려움을 겪었다. 심지어 학술잡지의 편집장은 원자나 분자라는 용어를 쓰지 말도록 강요하기까지 했다. 볼츠만은 심리적 압박감 때문에 우울증으로 고생했고, 결국 자살로 생을 마감했다. 그러나 볼츠만의 업적은 시대를 뛰어넘는 위대한 자연법칙으로 자리매김하게 되었고, 인류에게 선사한 값진 선물이 되었다.

읽어보기 : 브라운 운동

1827년 스코틀랜드의 식물학자 로버트 브라운(Robert Brown, 1773~1858)은 꽃가루에서 떨어져 나온 아주 작은 티끌이 물 위에서 이리저리 운동하는 것을 현미경으로 관찰했다. 당시에 그는 티끌이 왜 이런 운동을 하는지 알지 못했다. 그러나 그의 관찰 결과는 눈으로 볼 수는 없지만 분자가 실제로 존재함을 나타내는 증거로 남게 되었다. 꽃가루는 크기가 약 20마이크로미터 정도이기 때문에 무거워서 미세한 운동 효과가 나타나지 않지만, 꽃가루에 떨어져 나온 더 작은 가루는 미세하게 불규칙적인 운동을 하는 효과가 나타난다. 이런 불규칙적인 운동의 모습은 열운동을 하는 물 분자와 티끌이 부딪쳐 나타나는 결과였다. 분자들이 이리저리 부딪치면서 움직이는 모습은, 마치 어린아이가 여기저기 해찰하면서 움직이는 모습과 비슷하다. 이 때문에 분자들이 움직이는 직선거리는 일정 속도로 충돌 없이 움직이는 경우보다 짧게 나타난다. 아인슈타인은 브라운 운동을 하는 입자들이 움직이는 평균 거리는 시간의 제곱근으로 늘어난다는 것을 1905년에 알아냈다.

더 볼 만한 자료

『물리학이란 무엇인가』, 도모나가 신이치로 지음, 장석봉 · 유승을 옮김 (사이언스북스, 2002)

The Feynman Lectures on Physics, Vol. 1 &2, R. P. Feynman, R. B. Leighton, & M. Sands, Addison-Wesley, 1965

http://www-history.mcs.st-andrews.ac.uk/Biographies/Carnot_Sadi.html (2014)

http://www-history.mcs.st-andrews.ac.uk/Biographies/Boltzmann.html (2014)

8장
원자 세계의 양다리

Opposites are complementary.

_Niels Bohr

Anybody who has been seriously engaged in scientific work of any kind realizes that over the entrance to the gates of the temple of science are written the words: Ye must have faith. It is a quality which the scientist cannot dispense with.

_Max Planck

기체 분자가 미시 세계의 문을 여는 가이드였다면, 빛은 원자 세계를 구체적으로 보여주는 전령이었다. 비온 후 하늘에 뜨는 무지개의 색을 보고 뉴턴은 빛을 입자들의 집단이라고 해석했다. 그러나 빛은 파도처럼 간섭을 일으킨다는 것이 19세기 초에 간섭무늬 실험으로 확인되었다. 19세기 중반 이후에는 빛을 전자파로 다루게 되었다. 이러한 과정에서 빛이 파동이라는 정체성에 대해 부인할 수 있는 사람은 아무도 없었다. 그런데 20세기에 들어서면서부터 상황이 달라졌다. 새로운 실험들이 등장하면서 빛의 정체성에 대한 의문이 생기기 시작했다. 빛만이 아니었다. 물질 속의 원자도 마찬가지였다. 처음엔 알갱이로 생각되었지만, 자세히 알수록 전혀 예상치 못한 파동의 모습들도 발견되었다. 과학자들은 크게 당황했지만 결국엔 입자와 파동의 세계를 제대로 이해할 수 있는 새로운 논리를 찾아냈다. 원자 세계와 고전적인 세계가 어떻게 다른지 알아보자.

빛의 새 이름 _광자

태양에서는 가시광선이 나오고, 휴대전화에서는 마이크로파가 나온다. 태양이나 휴대전화는 모두 전자파를 만들어내는 원천이다. 그러나 전자파를 만드는 방식은 서로 다르다. 휴대전화에는 안테나가 있고, 고주파로 마이크로파를 만든다. 이에 비해 태양에는 안테나가 없고, 고주파도 사용하지 않는다. 휴대전화와 다른 점이 있다면 태양은 뜨겁다는 점이다. 휴대전화에서 나오는 전자파는 파장이 정해져 있지만, 태양에서 나오는 빛은 모든 파장이 들어 있는 백색광이다. 태양에서 나오는 백색광은 태양에 있는 분자들이 부지런히 움직이기 때문에 생긴다. 우리 몸에서도 빛이 나온다. 몸에서 나오는 빛은 가시광선이 아니라 적외선이다. 자세히 살펴보면 어떤 물체에서도 빛이 나온다. 다만 물체의 온도에 따라 나오는 빛의 파장이 다를 뿐이다.

열이 있는 물체에서 나오는 빛을 흑체복사라고 부른다. 흑체란 '검다'는 뜻으로 외부에서 들어오는 빛을 흡수하고 대신 물체가 자체적으로 만들어낸 빛만을 내보낸다는 뜻이다. 물체의 표면에서 반사하는 빛이 없다면 모든 물체에서 나오는 빛은 흑체복사라고 해도 무방하다. 물체 안에 있는 분자는 열 때문에 움직일 수밖에 없다. 기체 안에서는 이동할 수 있지만, 고체 안에서는 현재 있는 자리에서 붙박인 채 진동한다. 분자가 움직이면 분자에 딸려 있는 전하도 따라 움직인다. 전하가 진동하면 움직이는 정도에 따라 전자파가 다르게 나온다. 이 때문에 흑체복사는 물체의 뜨거운 정보도 가지고 있다. 태양에서 나오는 빛은 노랑에 가깝다. 태양의 표면 온도가 대략 6000℃이기 때문이다. 참고로 우리 몸의 체온은 36.5℃이고, 적외선을 낸다.

흑체복사 스펙트럼(파장에 따라 달라지는 빛의 분포)에 관한 연구는 19세기 말부터 시작되었다. 온도에 따라 흑체복사의 색이 달라지는 정도라든지, 온도에 따라 스펙트럼이 분포되는 정도를 설명하고자 했다. 흑체복사는 전자파이므로 맥스웰의 전자파 이론으로 설명할 수 있어야 했다. 과학자들은 흑체복사에서 나오는 빛을 계산해보았다. 파장이 길면 관측한 결과와 전자파의 이론이 서로 맞아떨어졌다. 문제는 짧은 파장이었다. 전자파 이론에 따르면 이상한 일이 벌어진다. 모든 물체마다 짧은 파장의 빛(자외선, X-선, 감마선 등)이 다량으로 나와야만 한다. 그런데 실제로는 그렇지 않다. 만약 우리 몸에서 X-선이 다량으로 검출된다면 우리는 죽은 목숨이다.

19세기 말에 독일의 플랑크(Max Planck, 1858~1947)는 박사학위 과정 중에 흑체복사 스펙트럼에 대한 연구를 시작했다. 그는 왜 전자파 이론에서 계산한 값이 흑체복사 스펙트럼과 같지 않은지에 대해 골똘히 생각했다. 이런 와중에 흑체복사 스펙트럼이 맥스웰이 찾아냈던 분자의 속도 분포와 비슷하다는 것을 알아차렸다. 기체 분자들은 빠르게 움직이는 분자들도 있고, 느리게 움직이는 분자들도 있다. 흑체복사 스펙트럼 역시 파장이 긴 빛도 있고, 파장이 짧은 빛도 있다. 모두들 평균값에서 멀어지면 분포가 줄어드는 경향이 있다. 흑체복사 스펙트럼에서도 분자의 속도 분포와 같은 모습이 나타났다. 플랑크는 빛을 전자파로 생각하는 대신 덩어리로 생각하기로 했다. 기체를 분자들의 집합으로 보면 맥스웰의 속도 분포가 나오듯이, 빛을 알갱이들의 집합으로 본다면 흑체복사 스펙트럼을 설명할 수 있지 않을까? 플랑크가 내린 결론은 다음과 같다.

흑체복사 스펙트럼을 빛 알갱이가 만드는 분포라고 생각하자. 이때 빛 알갱이 하나의 에너지가 진동수에 비례한다고 가정하면, 흑체복사 스펙트럼이 설명이 된다.

플랑크가 당시 도입했던 빛 알갱이는 완전히 새로운 개념이었다. 그는 빛을 덩어리 또는 알갱이로 보자는 의미에서 양자(Quantum)라고 불렀다. 이에 따라 빛 알갱이를 양자화된 빛(Light Quantum)이라고 부르기 시작했다. 현재는 이를 줄여서 단순히 광자(Photon)라고 부른다.

흑체복사를 설명하기 위해 광자가 도입되었지만, 실제로 빛이 광자임을 증명하는 것은 전혀 다른 일이었다. 더욱이 여태까지는 모든 빛을 전자파로 보고 설명을 해왔다. 빛은 간섭현상을 일으킨다. 빛이 파동이라는 증거다. 그런데 광자는 덩어리다. 덩어리는 간섭을 일으킬 수 없다. 그렇다면 어떻게 빛을 광자로 볼 수 있다는 말인가? 플랑크는 흑체복사를 설명하기 위해 광자를 도입했지만, 실제로 빛이 공간에서 광자로 날아다닌다는 것은 상상하지 못했다. 그는 단지 흑체복사를 설명하는 편리한 방법으로만 생각했다. 그런데 흑체복사와는 전혀 다른 실험에서 빛이 다시 문제가 되었다.

바로 광전효과다. 광전효과란 금속 표면에 빛을 쪼여 전자를 금속 표면 밖으로 빼내는 것을 말한다. 광전효과는 1887년 헤르츠가 처음으로 목격했다. 그는 전자파 실험을 하면서 금속 공에 자외선을 쪼이면 전기 스파크가 더 잘 일어난다는 사실을 발견했다. 그러나 헤르츠는 이 현상에 큰 의미를 부여하지 않고 지나쳤다.

나트륨 금속의 표면에 붉은빛을 쪼이면 전자가 튀어나오지 않는다. 아무리 밝은 붉은빛을 쪼여도 전자가 튀어나올 기미가 보이지 않는다. 그러나 푸른빛은 다르다. 아무리 희미한 푸른빛을 쪼여도 전자가 곧바로 튀어나온다. 결국 광전효과는 빛의 밝기보다 빛의 색이 중요하다.

광전효과는 전자파로 설명할 수가 없다. 빛을 전자파로 본다면, 빛은 파도가 출렁거리는 것과 비슷하게 생각할 수 있다. 풍랑이 일면 바다가 크게 출렁이고, 파도가 몰고 오는 에너지도 커진다. 햇빛도 비슷하다. 여름에 강렬하게 내리쬐는 땡볕은 바닷물을 쉽게 데운다. 햇빛이 강할수록 에너지를 더 많이 전달해준다는 뜻이다. 밝은 빛일수록 파도가 크게 출렁거리는 것과 같다. 그런데 광전효과 실험 결과로 보면, 강렬한 빛의 효과가 희미한 빛의 효과보다 못하다. 오히려 희미하지만, 푸른색의 효과가 더 크다. 아인슈타인은 1905년에 이러한 광전효과를 빛이 광자라는 사실로 설명할 수 있다고 주장했다.

광전효과를 이해하기 위해 금속 표면을 잠깐 들여다보자. 금속 안에는 자유롭게 움직일 수 있는 전자, 즉 자유전자들이 많이 놓여 있다. 전압을 걸면 이 자유전자들이 움직여서 전류를 만들어낸다. 금속 안에 놓인 많은 자유전자들이 전자바다를 형성하고 있다. 이러한 자유전자들은 금속 안에서는 자유로이 돌아다닐 수 있지만 금속 밖으로는 나갈 수 없다. 마치 바닷물이 조류를 따라 지구 표면을 자유롭게 흐를 수는 있지만, 지구 밖으로 나갈 수 없는 것과 같은 이치다. 그럼에도 바닷물에 있는 물 분자가 에너지를 충분히 공급받는다면 분자가 지구 밖으로 탈출하지 못할 이유가 없다. 전자도 마찬가지다. 광자가 전자에게 충분한 에너지를 전달해준다면, 전자바다에 있는 전자도 금속을 탈출할 수 있다. 전자가 금속 표면을 뚫고 나올 수 있도록 최소한의 에너지 이상을 공급한다면 전자는 금속을 탈출할 수 있다. 광전효과가 일어나려면 빛은 전자에게 적어도 최소 에너지를 공급해야 한다. 아인슈타인은 광자가 이 역할을 한다고 주장했다.

마치 구슬이 전자를 쳐내듯이, 금속 표면에서 광자가 전자를 쳐낸다고 상상해보자(그림 8-1). 플랑크에 따르면 광자의 에너지는 진동수에 비례하여 커진다. 따라서 금속에 쪼이는 빛의 진동수가 최소 이상만 되면, 전자가 금속을 탈출 할 수 있는 에너지를 광자가 충분히 공급할 수 있다. 따라서 빛을 광자로 보면 광전효과가 자연스럽게 설명된다. 전자를 탈출시키려면 빛의 색(진동수)이 중요하다.

아인슈타인의 이러한 주장에 많은 사람들이 반신반의했다. 플랑크 역시 아인슈타인의 주장에 쉽게 동조할 수 없었다. 플랑크 자신도 광자가 정말로 존재하는지 확신하지 못했기 때문이다. 아인슈타인의 주장에 가장 적극적으로 거부 반응을 보인 사람은 미국의 물리학자 밀리컨(Robert A. Millikan, 1868~1953)이었다. 그는 아인슈타인의 주장이 틀렸다는 것을 실험으로 직접 밝히고자 했다. 밀리컨은 파동의 신봉자였기 때문이다.

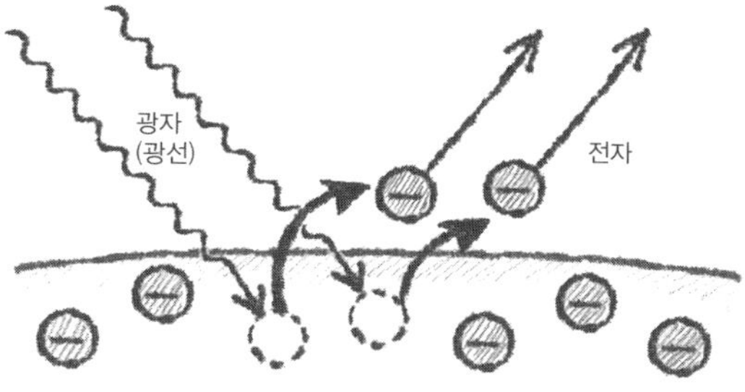

| 그림 8-1 | 광전효과 : 광자가 금속 안에 있는 전자를 금속 밖으로 쳐낸다.

밀리컨은 10년 가까이 광전효과를 실험했다. 실험이 오래 걸린 이유는 금속 표면을 깨끗하게 처리하는 데 어려움이 있었기 때문이다. 금속 표면이 산화되어 오염되면 제대로 된 광전효과를 잴 수 없다. 밀리컨은 실험에서 몇 가지 다른 금속을 사용했으며, 색이 다른 5가지 빛을 사용하여 전자의 에너지를 측정했다. 드디어 1914년, 실험 결과가 발표되었다. 그의 실험에 따르면, 금속에서 탈출한 전자의 에너지는 빛의 진동수에 비례한다는 사실이 확실하게 드러났다.

결과적으로 보면 밀리컨은 그의 의도와는 달리, 빛이 양자라는 사실을 실험으로 증명한 셈이 되었다. 그리고 플랑크가 제안했던 광자에너지도 정량적으로 확인되었다. 광자에너지는 진동수에 비례한다. 이 비례상수를 플랑크 상수 h라고 하는데, 밀리컨의 측정으로 플랑크 상수 값이 결정되었다($h=6.63\times10^{-34}Js$). 이 플랑크 상수는 매우 작은 값이다.

형광등에서 나오는 빛의 광자 수는 얼마나 될까? 책상 위에 놓인 형광등은 23W의 전기를 사용한다. 그런데 모든 전기에너지가 빛으로 바뀌는 것은 아니다. 형광등이 빛으로 내는 효율은 10% 정도로, 대략 1500lumens(루멘스)이다(1lumens는 1/683W에 해당하는 빛을 낸다). 1500lumens를 환산하면 2.2W에 해당하며, 이에 따라 1초에 2.2J의 빛을 낸다. 플랑크 상수 값을 이용하면 광자의 수를 계산할 수 있다. 광자 하나의 에너지는 대략 3.6×10^{-19}이다. 2.2W의 빛이 나오려면 1초에 대략 6×10^{18}개의 광자를 내야 한다. 따라서 1초당 아보가드로수의 광자를 내려면 형광등 10만 개가 필요하다.

읽어보기 : 엽록소의 효율

식물의 엽록소는 광합성을 한다. 이산화탄소를 탄수화물과 산소로 바꾸는 과정에서 엽록소는 태양빛 광자를 이용한다. 이산화탄소 하나당 광자 9개를 사용한다. 햇빛의 노란빛 광자를 보자. 노란빛의 진동수는 대략 500THz(500×10^{12}Hz)다. 그런데 광자가 가지는 에너지는 플랑크 상수와 진동수를 곱한 값으로 결정된다. 플랑크 상수 값은 $h=6.63\times10^{-34}$Js이므로, 광자의 에너지는 3.3×10^{-19}J이다. 이때 J(줄)이란 일상생활에서 사용하는 에너지 단위다. 줄 단위로 잴 때 광자의 에너지는 아주 작다. 이 사실은 일상생활에서 사용하는 에너지와 비교할 때 너무 작다는 뜻이고, 따라서 보통의 일상생활에서는 무시해도 좋다는 뜻이다. 광자 하나의 에너지는 아주 작아 줄이라는 단위로 쓰기에는 적합하지 않다. 마치 어린아이 키를 재는 데 태양과 지구 사이의 거리를 단위로 쓰는 것과 비슷하다. 그래서 원자 세계에서는 보통 eV(electron volt, 전자볼트)라는 단위를 쓴다. 1eV는 전자 1개에 1V 전압을 걸 때 전자가 얻는 에너지다. 이 에너지를 줄로 환산하면 $1\text{eV} = 1.6\times10^{-19}$J이다. 전자볼트 단위로 초록색 광자의 에너지를 나타내면 2.1 eV가 된다.

엽록소는 이산화탄소 1개를 처리하는 데 9개의 광자를 사용한다. 즉, 19eV의 에너지를 사용한다. 한편, 탄수화물을 태우면 열과 이산화탄소가 나온다. 이산화탄소 하나가 나올 때마다 4.9eV의 열이 함께 나온다. 즉, 식물은 광자에너지를 받아 그 일부를 화학에너지로 축적하는 공장이라고 할 수 있다. 엽록소는 이산화탄소 하나를 처리하기 위해 19eV의 광자에너지를 사용하지만, 정작 탄수화물이라는 땔감을 태우면 이산화탄소 하나가 나올 때마다 4.9eV의 열을 낸다. 이 뜻은 19eV의 에너지를 들여 우리가 쓸 수 있는 화학에너지 4.9eV를 생산한다는 뜻이다. 따라서 노란빛을 사용한다고 생각하면, 광합성의 효율은 4.9/19로 볼 수 있다. 약 26%의 효율이다. 그러나 햇빛에는 여러 빛이 섞여 있고, 식물이 사용하는 빛은 이 빛의 일부이기 때문에 실제로 햇빛을 사용하는 식물의 광합성 효율은 5~10% 정도에 해당한다. 태양전지도 광자를 이용하여 전기에너지를 만들어낸다는 점에서는 엽록소와 비슷하다. 2014년 현재 상업적으로 통용되는 태양전지의 효율은 5~15% 정도에 해당한다.

전자는 입자인가?

우리는 열을 이용하여 음식을 조리한다. 가열하면 쌀이 밥으로 변하고, 고기가 익는다. 화학반응이 일어나는 것이다. 화학반응은 분자들 사이에서 전하가 이동하는 현상이다. 전하는 어떻게 이동하는가? 전자를 타고 이동한다. 그 이유는 전하를 가지고 있는 가장 가벼운 입자가 전자이기 때문이다. 가볍기 때문에 힘을 조금만 가해도 쉽게 움직인다. 물질을 조금만 비벼도 전자는 분자에서 쉽게 떨어지거나 들러붙는다. 정전기는 바로 이런 과정에서 생긴다. 화학반응 역시 전자가 분자에서 떨어져 다른 분자로 옮아가기 때문에 일어난다.

물질 속에 전자가 있다는 증거는 많았지만, 19세기 말까지는 눈으로 직접 볼 수 있는 방법이 없었다. 이를 바꾼 계기가 크룩스관의 등장이다. 1870년대 영국의 크룩스(Sir William Crookes, 1832~1919)는 진공관 튜브를 만들어 실험했다. 양 끝에 전극을 달고 내부를 진공 상태로 만들었다. 이를 크룩스관이라고 부른다. 크룩스관 양 끝에 높은 전압을 걸면 음극(Cathode)

에서 양극(Anode) 쪽으로 빛나는 선이 생긴다. 이 선을 음극선이라고 부른다. 크룩스는 귀신이 내는 빛에 관심이 많았기 때문에, 처음에 자신이 만든 관에서 푸르스름한 빛이 나오는 것을 보고 귀신이 내는 빛이 아닌지 의심했다고 한다. 음극선은 자석을 가까이 대면 휘어진다. 음극선이 전하를 띠고 있다는 뜻이다. 전하의 부호에 따라 휘어지는 방향이 달라지므로 크룩스는 음극선이 음전하를 가지고 있다는 것을 알아냈다.

그 후 영국의 물리학자 톰슨(Joseph John Thomson, 1856~1940)은 음극선의 궤적을 자세히 조사했다. 음극선이 외부에서 걸어주는 전압과 자석의 세기에 따라 궤적이 달라지는 것을 보고 음극선이 입자라면 질량이 수소원자보다도 1000배 이상 가벼워야 한다는 것을 알아냈다. 이처럼 가벼운 입자는 당시에 알려지지 않았기 때문에, 1897년 톰슨은 음극선이 음전하를 가진 새로운 입자라고 결론지었다. 전자를 최초로 확인한 것이다.

밀리컨은 전자의 전하량을 쟀다. 그는 1908년부터 1913년에 걸쳐 전하를 띤 작은 기름방울로 실험을 했다. 기름방울은 무게가 있기 때문에 공중에서 뿜으면 낙하하기 시작한다. 이때 기름방울에 전압을 걸어 전기력을 위쪽으로 작용하도록 하면 기름방울을 공중에 멈추게 할 수 있다. 중력과 전기력이 같아지면 멈추기 때문에, 걸어준 전압을 알면 기름방울의 전하량을 알아낼 수 있다. 이 방법으로 밀리컨은 기름방울의 전하량들이 기본 전하량의 정수배가 된다는 것을 알아냈다. 전자의 전하는 바로 이 기본 전하량에 해당한다.

전자라는 이름은 1891년 아일랜드의 물리학자 스토니(G. Johnstone Stoney, 1826~1911)가 처음 쓰기 시작했다. 전자는 수소보다 약 2000배나 가볍다. 프랭클린이 이 사실을 알았다면 아마도 전자의 전하를 양전하로 정의했을 것이다. 왜냐하면 도선에 흐르는 전류는 전자가 움직이기 때문이다. 그러나 불행히도 전자의 전하가 음으로 정의되어 있기 때문에, 도선에 흐르는 전류의 방향은 전자가 움직이는 방향과 반대로 생각하는 불편을 감수하게 되었다.

전자는 톰슨과 밀리컨이 생각했듯이 입자의 특성을 가지고 있다. 1920년대 초까지만 해도 모두 전자를 입자라고 생각했다. 그런데 프랑스 소르본 대학의 대학원생 드브로이(Louis de Broglie, 1892~1987)가 1924년 박사학위 논문에서 전자에 대해 전혀 다른 주장을 폈다. 전자가 파장을 가지고 있을 수 있다고 주장한 것이다. 드브로이가 이런 주장을 하게 된 것은 당시 플랑크와 아인슈타인의 광자이론에 큰 영향을 받았기 때문이다. 빛이 입자로 보인다면 전자도 파동으로 볼 수 있지 않을까? 이러한 생각을 근거로 드브로이는 전자에 물질파라는 개념을 도입했다. 물질파란 전자와 같은 물질도 파동처럼 행세할 수 있다고 생각하고 붙인 이름이다.

드브로이의 주장은 아주 엉뚱했다. 전자를 입자로 볼 수 있다는 실험 결과는 많았지만, 전자를 파동으로 볼 수 있는 조짐은 어디에도 없었기 때문이다. 드브로이의 주장은 상상력에 따른 것이었다. 때문에 학위 심사 과정에서의 난관은 불을 보듯 뻔했다. 당시 전자에 파장이 있을 수 있다는 주장은 그야말로 황당한 주장처럼 여겨졌다. 그러나 다행히 심사위원이 아인슈타인에게 조언을 구했고, 아인슈타인은 드브로이의 물질파 개념을 적극적으로 지지해주었다. 그 결과 드브로이는 학위 심사를 통과할 수 있었다.

전자가 물질파라는 주장을 증명할 수 있을까? 미국 벨연구소의 데이비슨(Clinton Joseph Davisson, 1881~1958)과 거머(Lester Halbert Germer, 1896~1971)가 물질파에 대한 실험을 했다. 그리고 1927년에 전자가 물질파라는 증거를 제시했다. 전자가 파동이라면 전자는 간섭현상을 보일 것이다. 간섭이란 파도가 만나 겹치면 파도가 커지기도 하고 사라지기도 하는 현상을 말한다. 데이비슨과 거머는 니켈 금속 표면을 이용했다. 금속에는 분자들이 일렬로 정렬되어 있기 때문에, 금속 표면에 전자들을 쪼이면 전자들이 일렬로 정렬된 분자와 반응한 뒤 반사된다. 전자들이 파동이라면 전자선이 어떤 분자들과 반응한 뒤 반사되느냐에 따라 위치에 따른 간섭무늬가 생길 수밖에 없다. 데이비슨과 거머는 정말로 반사된 전자선이 간섭무늬를 보여준다는 것을 확인했다.

이후 전자가 물질파라는 사실은 많은 실험으로 재확인되었다. 알루미늄 박지에 X-선을 쪼여보자. 회절에 따른 간섭무늬가 생긴다. 같은 표적에 같은 파장의 전자선을 쪼여도 같은 간섭무늬가 나타난다. 사진(그림 8-2)의 아래 반쪽은 X-선 회절 간섭무늬이고, 위의 반쪽은 전자선 회절 간섭무늬로, 두 무늬가 같다. 이 사진은 71pm의 파장을 쓸 때 나오는 회절 간섭무늬를 대비시켜놓은 것이다.

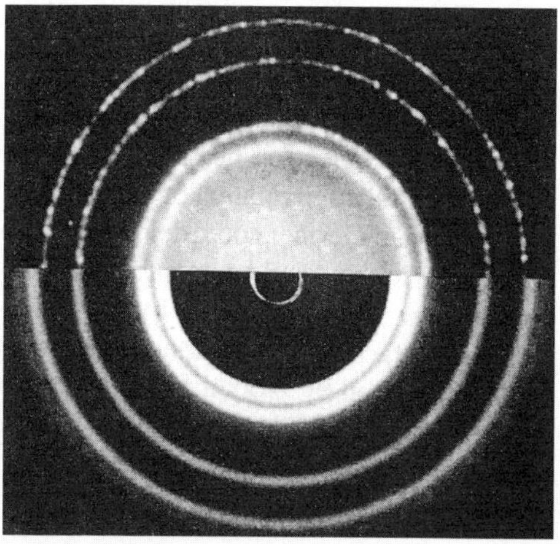

| 그림 8-2 | 전자선이 만드는 회절 간섭무늬(위)와 X-선이 만드는 회절 간섭무늬(아래). 같은 파장을 가진 전자선과 X-선은 각각 같은 회절 간섭무늬를 만든다.

읽어보기 : 드브로이 파장

전자를 1만 5000V로 가속하면 전자는 1만 5000eV의 운동에너지를 가진다. 전자의 운동에너지로부터 전자의 운동량을 구할 수 있다. 전자의 운동에너지는 전자의 운동량을 제곱한 양에 비례한다. 이 사실에서 전자의 운동량을 구하면 6.6×10^{-23}kg m/s가 나온다. 전자는 빠르게 움직이지만 전자의 질량이 아주 작기 때문에 전자의 운동량 자체는 그리 크지 않다.

드브로이가 도입한 전자의 파장은 운동량의 역수로 표시된다. 이 경우 전자의 파장은 0.01nm이다. 이 전자의 파장은 분자들의 크기와 비슷하다. 이러한 전자로 현미경을 만들면 전자현미경이 된다. 전자현미경에 쓰이는 전자의 파장은 광학현미경에 쓰이는 가시광선의 파장보다 1000배 이상 짧다. 이처럼 짧은 파장 덕분에 전자현미경으로 물질 속을 자세히 들여다볼 수 있다.

한편, 시속 100km/h로 달리는 1톤 자동차를 물질파로 보고 파장을 구하면 대략 2×10^{-38}m 정도이다. 이 파장은 핵의 크기 10^{-15}m보다 작고, 우주에서 가장 작다고 생각되는 길이(플랑크 길이) 1.6×10^{-35}m보다도 작다. 자동차를 물질파로 본다는 것은 가능한 일이 아니다.

불확정성 원리

빛이 광자라는 실험 결과가 18세기에 나왔다면 아마도 인류 문명의 역사는 전혀 달라졌을 것이다. 그 까닭은 빛이 전자파라는 관점에서 빛을 다루고 응용한 것이 19세기부터이기 때문이다. 전자파를 이용하는 대표적인 것은 무엇일까? 바로 무선통신이다. 무선통신은 전자파가 파동이라는 성질을 이용한다. 그런데 빛을 입자로 보는 관점은 뉴턴이 한때 주장했던 관점이었다. 문제는 빛이 파동이라는 사실 때문에 뉴턴의 입자설이 사라졌는데, 20세기에 들어오면서 빛이 광자라는 사실이 밝혀지게 되었다는 점이다. 빛이 파동이라는 사실과 빛이 입자라는 사실을 어떻게 동시에 받아들여야 할까?

빛이 파동이라는 것을 처음 보인 사람은 영국의 물리학자 토머스 영(Thomas Young, 1773~1829)이다. 그는 맥스웰보다 60여 년 앞선 1803년에 이중 슬릿을 사용하여 빛이 파동이라는 사실을 확인했다. 이중 슬릿이란 가까이 붙은 2개의 아주 작은 구멍을 말한다. 그는 하나의 물결파가 2개의

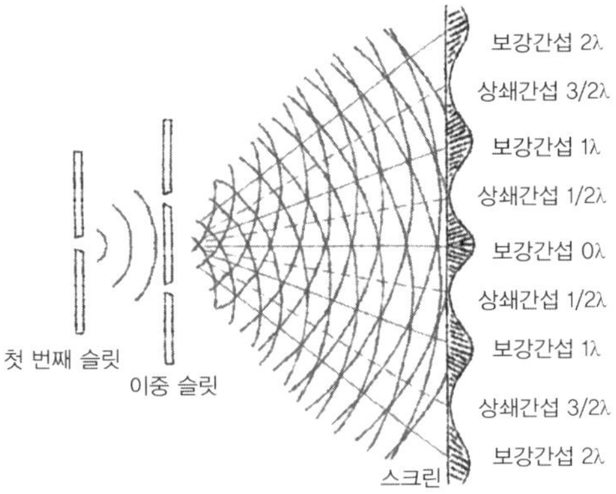

| 그림 8-3 | 이중 슬릿을 통과한 단색광이 만드는 간섭무늬

구멍을 나누어 통과하고 나면 구멍에서 만들어진 2개의 물결이 겹치면서 새로운 파동이 생기는 것에 착안했다(그림 8-3). 그래서 단색광(색이 하나인 빛)을 만들어 이 빛을 이중 슬릿에 통과시켰다. 빛이 이중 슬릿을 통과하면 물결에서 나타나듯 빛이 겹쳐져 스크린에 간섭무늬가 나타났다. 간섭무늬는 물결파처럼 파동일 때만 가능하다. 빛이 입자라면 간섭무늬가 나타날 이유가 없다. 영의 이중 슬릿 실험은 빛이 입자인지 파동인지에 대한 논란에 종지부를 찍었다. 빛은 파동이었다.

그런데 한 세기가 지난 후, 빛이 광자라는 실험이 나타났다. 두 실험 결과는 서로 부딪친다. 영이 보인 간섭무늬는 무엇을 뜻하는가? 이중 슬릿으로 똑같은 실험을 약간 다르게 해보자. 레이저 포인터에서 나오는 광자를 하나씩 이중 슬릿에 통과시켜보자. 스크린에는 디지털 카메라를 설치하고, 스크린에 도착하는 광자의 위치를 측정한다. 시간이 지나면 스크린에 점이 한두 개씩 보이기 시작한다(그림 8-4). 처음 1/30초 후 몇 개의 광자가 스크린에 도착한다. 다음 그림은 각각 1초 후 그리고 100초 후 스크린의 모습이다. 시간이 지날수록 광자가 스크린에 쌓이고, 이 광자들이 쌓

| 그림 8-4 | 수많은 광자들이 만드는 간섭무늬 개략도 : 광자들이 스크린에 쌓이게 되면 시간이 지날수록 간섭무늬가 선명하게 나타난다.

인 이미지가 간섭무늬를 형성하는 모습이 분명히 나타난다. 이 실험은 파동이 만드는 간섭무늬를 어떻게 광자가 만들어낼 수 있는지를 구체적으로 보여준다. 빛이 만드는 간섭무늬라는 것은 수많은 광자들이 스크린에 쌓여서 만드는 것이다. 빛을 광자로 보는 것은 빛 알갱이를 하나로 보는 것이지만, 빛을 파동으로 보는 것은 빛 알갱이들을 집단적으로 보는 것이다.

전자선의 경우도 비슷하다. 전자가 만드는 간섭무늬라는 것은 수많은 전자가 모여서 만드는 것이다. 1961년 독일 튀빙겐 대학의 클라우스 왼슨(Clauss Jönsson, 1930~현재)은 전자선 대신 전자를 하나씩 보내어 간섭무늬가 만들어지는 과정을 재현했다. 〈그림 8-4〉와 비슷하게 전자 하나가 이중 슬릿을 통과한 후 형광 스크린에 닿으면 점 하나가 찍힌다. 또 하나의 전자는 또 다른 점을 만든다. 이렇게 전자가 계속하여 스크린에 도착하면 점들이 쌓이고, 이 쌓인 점들이 모여 간섭무늬 패턴이 생긴다. 결국 전자 하나는 입자에 지나지 않지만, 많은 전자가 모이면 파동성이 나타난다는 것을 보여준다.

광자는 낱개로 보면 입자이지만 많은 광자가 모이면 전자파로 보인다.

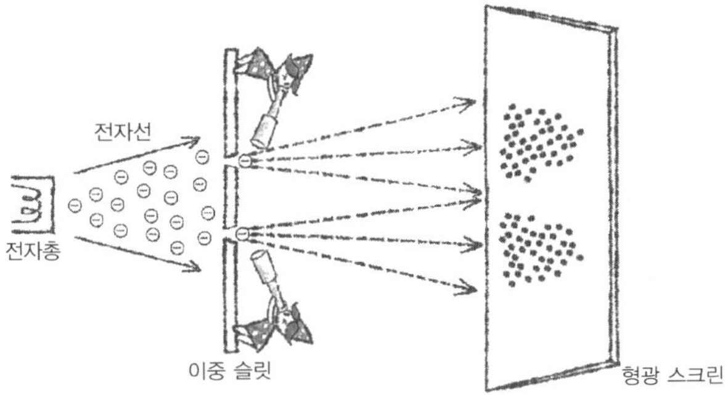

| 그림 8-5 | 또 다른 이중 슬릿 실험 : 전자가 통과한 구멍을 알아내면 간섭무늬가 보이지 않는다.

전자도 입자이지만 전자선은 파동으로 보인다. 정말 이러한 결론은 항상 맞는 것일까? 이 문제의 답을 알아보기 위해 같은 실험을 약간 다르게 해보자.

이번에는 이중 슬릿의 구멍을 통과하는 전자가 어떤 구멍으로 통과했는지를 확인해보자(그림 8-5). 이중 슬릿을 통과하는 전자들을 일일이 모니터링하면, 스크린에는 더 이상 간섭무늬 패턴이 나오지 않는다. 같은 이중 슬릿 실험이지만 결과는 다르다. 전자가 통과하는 구멍을 확인하면 간섭무늬가 보이지 않지만, 전자가 통과하는 구멍을 확인하지 않으면 전자의 간섭무늬가 나타난다. 전자는 어떻게 관찰자의 의도를 알아보는 것일까? 관찰자가 전자의 궤적을 조사하지 않으면 스크린에 간섭무늬가 나타나지만, 전자의 궤적을 조사하면 스크린에는 간섭무늬가 나타나지 않는다. 원자 세계에서만 나타나는 아주 이상한 특성이 바로 여기에 있다. 관찰자가 전자를 처음부터 입자로 여기면 같은 전자 집단이라 하더라도 스크린에는 간섭무늬가 나타나지 않는다. 이와 달리 처음부터 전자를 물질파로 여기고 실험하면 전자 집단의 간섭무늬가 스크린에 나타난다. 전자만이 아니다. 광자도 마찬가지다. 전자나 광자는 관찰자가 측정하는 방식에 맞추어서 입자 또는 파동으로 반응을 한다는 이야기다. 양자는 왜 이렇게 반응하는 것일까? 같은 전자인데, 관찰자의 시각에 따라 실험 결과가 다르다면 그 결과를 어떻게 받아들여야 할까?

전자와 광자가 거시적인 세계에서 보여주는 모습과 본질적으로 다른 면은 무엇일까? 1927년 독일의 물리학자 하이젠베르크는 동료인 파울리(Wolfgang Pauli, 1900~1958)에게 보낸 편지에서 전자의 특성에 대해 다음과 같이 말했다. "전자의 위치를 정밀하게 측정하면 할수록 전자의 운동량에 대한 불확실성이 커진다. 반대로 전자의 운동량을 정밀하게 측정할수록 전자의 위치에 대한 불확실성이 커진다." 이를 불확정성 원리라고 한다.

전자의 위치를 정밀하게 측정한다는 것은 전자를 입자로 보겠다는 의미다. 이 경우에는 전자의 운동량을 정밀하게 알 수 없다. 운동량을 정밀하게 알지 못한다는 것은 드브로이가 말한 물질파의 파장을 정밀하게 알 수 없음을 뜻한다. 이에 비해 운동량을 정밀하게 잰다는 것은 드브로이 파장을 정밀하게 찾는다는 뜻이다. 전자는 물질파로 보이지만 대신 전자의 위치는 모호해진다. 원자 세계에 존재하는 모든 입자들은 전자와 같은 불확정성 원리를 따른다. 불확정성 원리야말로 고전입자와 원자 세계의 입자를 구분하는 근본적인 원리에 해당한다.

하이젠베르크의 선배인 덴마크의 물리학자 보어(Niels Bohr, 1885~1962)는 원자 세계의 근본원리를 상보성으로 파악했다. 다시 말해, 원자 세계에는 상충되는 성질들이 동시에 존재하고 있으며, 그 실체를 조사하려면 그중에서 한 가지만을 선택할 수밖에 없다고 보는 견해다. "어떤 실체는 서로 상충하는 여러 성질들을 동시에 가지고 있다. 그 실체를 파악하려면 그 성질 중의 하나를 선택할 수는 있다. 그러나 상충하는 여러 성질들을 동시에 사용할 수는 없다." 보어에 따르면 위치와 운동량은 서로 상충하는 양이다. 전자는 위치와 운동량이라는 두 가지 성질을 모두 가지고 있지만, 우리가 측정할 때는 한 가지만을 사용해야 한다. 마찬가지로 전자는 입자성과 파동성 모두를 가지고 있다. 그러나 측정하고자 할 때는 입자성 또는 파동성 중에서 한 가지만을 사용해야 한다.

이처럼 입자와 파동의 이중성을 가진 입자들을 양자라고 부른다. 양자라는 용어는 1899년 플랑크가 흑체복사를 설명하기 위해 순전히 형식적인 가설(Purely Formal Assumption)로 도입했다. 그러나 양자는 더 이상 가설이 아니다. 원자와 핵의 세계에서 나오는 모든 입자들은 양자로 취급한다. 양자는 이제 원자 세계를 지칭하는 대명사가 되었다.

슈뢰딩거의 고민

원자 세계에 대한 진실이 하나둘 밝혀지고 있음에도 그것을 직관적으로 이해하기는 쉽지 않다. 우리가 보고 느끼는 거시 세계의 입장에서 볼 때 원자 세계는 아주 별나기 때문이다.

오스트리아의 물리학자 슈뢰딩거(Erwin Schrödinger, 1887~1961)는 1926년 물질파의 미래를 예측하는 운동방정식(슈뢰딩거 방정식이라고 부른다)을 발견함으로써 양자역학의 시대를 열었다. 슈뢰딩거 방정식은 뉴턴 방정식처럼 전자의 미래를 예측하는 방정식이다. 그런데 뉴턴 방정식과는 차이가 있다. 행성은 뉴턴 방정식이 예측하는 양으로 측정할 수 있다. 그러나 전자는 그렇지 못하다. 예를 들어 원자 안에 있는 전자의 위치가 어떻게 변할지를 슈뢰딩거 방정식은 정확히 예측할 수 있다. 그러나 막상 전자가 원자 안의 어디에 있는지를 알고자 하는 이에게는, 이 방정식은 정확한 정보를 주지 못한다. 대신 독일의 물리학자 보른(Max Born, 1882~1970)은 원자 안에 있는 전자의 위치가 확률로만 표시된다는 점을 알아냈다.

전자가 1-궤도에 놓일 확률이 50%이고, 2-궤도에 놓일 확률이 50%라고 하자. 전자의 위치가 확률로 표시된다는 것은 무슨 뜻인가? 이 전자를 측정하기 전까지는 전자가 1-궤도에 있을 수도 있고, 2-궤도에 있을 수도 있다. 측정을 하기 전에는 전자가 어떤 궤도에 있을지는 확률로밖에 이야기할 수 없다는 뜻이다. 확률이 100%가 되지 않는다면 방정식이 미래를 예측한다 하더라도 위치를 정확히 알 수 없다는 뜻이다. 보른의 이런 해석에 아인슈타인은 "신은 결코 주사위 놀이를 하지 않는다고 확신한다"며 응수했다고 한다. 이러한 반응에도 보른의 해석은 원자 세계를 해석하는 정설로 받아들여지고 있다. 보른의 해석과 함께 보어와 하이젠베르크 등의 양자론을 코펜하겐 해석이라고 한다.

전자가 어떤 상태에 존재한다는 것을 안다는 사실과, 측정을 통해 전자가 구체적으로 어떤 상태에 있는지를 알아내는 것 사이에는 괴리가 있다. 슈뢰딩거 역시 전자의 위치를 확률적으로 해석하는 입장을 받아들이지 않았다. 슈뢰딩거조차도 이러한 양자 세계를 이해하는 것이 쉽지 않았던 것이다. 그가 1935년 만들어낸 고양이(슈뢰딩거 고양이) 이야기는 원자 세계의 어려운 면을 단적으로 표현한다.

상자 속에 고양이와 불안정한 핵을 같이 넣어보자. 핵은 물질 속 미시 세계에서 존재하고, 고양이는 우리가 사는 거시 세계에서 존재한다. 고양이가 핵을 지켜보고 있다. 이 고양이에게는 핵이 붕괴할 확률이 주어져 있다. 핵이 붕괴할 확률이 50%라고 하자. 이 뜻은 핵이 붕괴는 하겠지만 100% 붕괴하지는 않을 것이라는 점이다. 따라서 핵이 붕괴할지, 아니면 그대로 있을지는 시간이 지난 다음에야 확인할 수 있다. 좀 더 드라마틱하게 보이기 위해 핵이 붕괴하면 상자 안에서 독가스가 나오는 장치를 연결시켜놓자. 상자 안에 갇혀 있는 불쌍한 고양이는 독가스가 나오면 죽을 수밖에 없다. 거시 세계에 살던 고양이의 생사는 이제 미시 세계에 존재하는 핵이 붕괴할 확률로 결정된다.

슈뢰딩거의 고민은 다음과 같다. 고양이가 들어 있는 상자의 덮개를 덮자. 그리고 이번엔 우리가 고양이의 생사를 측정하는 관찰자가 되자. 상자를 열어보지 않는다면 고양이가 살아 있는 채로 있을지, 아니면 죽은 채로 있을지를 어떻게 알 수 있을까? 상자 안에 놓인 고양이는 이제 원자 세계의 일부로 변했을까? 그렇다면 고양이를 포함한 모든 세상을 슈뢰딩거 방정식으로 예측해야 할까? 고양이도 핵과 함께 미시 세계의 존재로 바뀌는 것일까? 상자 안에 든 고양이를 삶과 죽음이라는 두 가지 상태의 확률로 표시할 수 있을까? 상자 안에 들어 있는 고양이의 생사는 언제 어떻게 결정되는 것일까? 상자를 열기 바로 직전의 고양이의 상태는 상태를 연 직후와 어떻게 다를까?

슈뢰딩거는 고양이의 생사를 통해 거시 세계와 미시 세계를 어떻게 구분해야 하는지, 측정이란 무엇인지에 대해 본질적인 질문을 하고 있다. 슈뢰딩거의 이러한 질문은 결코 철학적이고 형이상학적인 질문이 아니다. 미시 세계와 거시 세계의 경계선상에서 양자현상과 고전현상이 교차하는 범위가 존재하기 때문이다. 고양이가 너무 크다면 대신 DNA로 바꾸어보자. 거대 분자나 나노 시스템을 다루는 경우, 뉴턴 세계와 원자 세계의 경계는 어떻게 결정되는 것일까? 인공적으로 나노미터 정도의 점을 만든다면 이 점들도 원자처럼 행세할까? 이렇게 거시 세계와 미시 세계의 경계가 모호한 세계를 중시계(Mesoscopic System)라고 부른다. 대략 나노미터 크기에서 이런 중시계가 된다고 보고 있다. 컴퓨터 메모리를 높이려면 메모리 카드의 집적도를 높여야 한다. 집적회로의 전선 간격이 20nm로 줄어듦에 따라 집적회로들 사이에도 양자 간섭이 일어날 가능성이 높아진다. 이제는 메모리칩 회로 자체가 원자 세계로 바뀌는 한계선상에 이르렀다는 뜻이다. 바로 이 경계선상에서 슈뢰딩거의 고민이 시작된다. 만일 "우리가 달을 관찰하지 않는다면 우리는 달이 존재하고 있다고 확신할 수 있을까?" 달이라는 거시 세계도 측정하는 순간, 존재와 비존재의 경계를 가르는 것일까? 이런 질문에 고민하면서 보어는 "양자론을 접하고 충격을 받지 않는다면, 그는 양자론을 이해하고 있는 사람이 아니다"라는 논평까지 냈다.

더 볼 만한 자료

Who's Afraid of Schrödinger's Cat? An A-to-Z Guide to All the New Science Ideas You Need to Keep Up with the New Thinking, Ian Marshall and Danah Zohar (William Morrow Paperbacks, 1998)

『얽힘의 시대』, 루이스 길더 지음, 노태복 옮김 (도서출판 부키, 2012)

http://en.wikipedia.org/wiki/Schr%C3%B6dinger's_cat (2014)

http://www.upscale.utoronto.ca/GeneralInterest/Harrison/Complementarity/CompCopen.html (2014)

9장
원자가 만드는 천상의 음악

It is the mysterious organon on which Nature plays her music of the spectra, and according to the rhythm of which she regulates the structure of the atoms and nuclei.

_Arnold Sommerfeld

밤거리를 밝히는 수은등과 나트륨 등은 기체 원자가 내는 빛이다. 원자들은 고유한 빛을 낸다. 과학자들은 원자가 내는 빛에 의지하여 원자의 비밀을 풀었다. 이 과정은 마치 태양계의 운동이 케플러의 법칙으로 정리되고, 이를 뉴턴이 만유인력으로 통합한 과정과 비슷하다. 원자가 내는 빛의 규칙성이 알려짐에 따라 원자 세계를 원리적으로 이해할 수 있는 방안이 마련되었다. 물질의 기본 원소로 생각되었던 원자 세계에 대해 알아보자.

원자의 스펙트럼

우리는 물질을 만드는 기본적인 원소에 대해 얼마나 알고 있을까? 4원소나 음양오행설은 거시적으로 보는 방식이다. 거시적으로 보는 방식은 경험에 의존한다. 그러나 물질 속에 존재하는 미시적인 세계를 알기 위해서는 원소들을 자세히 알아야 한다. 19세기 말까지만 해도 원자에 대한 구체적인 내용을 아는 사람은 아무도 없었다. 화학적 성질을 통해 주기율표가 만들어지고, 기체가 열에 반응하는 모습에서 분자에 대한 움직임을 짐작할 수 있었지만, 원자 자체에 대한 자세한 모습은 베일에 가려 있었다. 원자 속을 들여다보기 위해서는 원자 속으로 들여보낼 수 있는 빛이나 입자가 필요한데, 보통의 광학현미경으로는 원자 속을 들여다볼 수가 없었기 때문이다.

19세기 중반에 들어서면서부터 원자의 새로운 정보를 알 수 있는 방법이 생기기 시작했다. 그것은 원자 속을 들여다보는 방식이 아니라 원자가 내는 빛을 분석하는 방법이었다. 1853년 스웨덴의 물리학자 옹스트룀

(Anders J. Åogström, 1814~1874)이 뜨거운 기체에서 나오는 스펙트럼을 분석한 이후 기체 원자가 내는 빛의 연구가 활발해졌다. 기체를 방전시키면 기체 원자는 빛을 낸다. 원자가 내는 빛은 기체에 따라 다르다. 수소원자의 경우 4개의 가시광선 빛이 나온다. 그 파장은 각각 410nm, 434nm, 486nm, 656nm이다. 이 빛을 원자의 스펙트럼이라고 부른다. 각 원자는 내는 색이 다르기 때문에 스펙트럼을 보면 빛을 내는 원자를 알아낼 수 있다. 이 때문에 스펙트럼은 원자의 지문이라고 볼 수 있다.

스위스의 한 고등학교 교사였던 발머(Johann Balmer, 1825~1898)는 수학을 전공했고, 바젤 대학에서 강의도 했다. 발머는 바젤 대학 교수의 제언에 따라 수소원자 스펙트럼에 대한 규칙성을 연구하고 그 결과를 1885년에 발표했는데, 그의 나이 60세 되던 해였다. 발머는 수소원자 4개의 파장을 〈파장$=hm^2/(m^2-4)$〉라는 공식으로 표시했다. h는 파장의 단위에 해당하는 365nm이고, 4개의 파장은 정수 m으로 표시한다. 이 공식을 쓰면 $m=3$이면 파장은 657nm, $m=4$이면 파장은 487nm, $m=5$이면 435nm, $m=6$이면 411nm가 나온다. 발머는 수소원자의 스펙트럼에 어떤 규칙성이 숨어 있다는 것을 처음 알아냈다. 이를 발머 시리즈라고 한다. m이 6보다 크면 자외선 파장이 나온다. $m=7$이면 397nm가 나오는데, 이 파장은 자외선에 해당한다. 397nm는 당시에 이미 알려져 있었고, 다른 파장에 해당하는 자외선은 추후에 실험에서 확인되었다.

발머가 공식을 발표한 지 3년 후 스웨덴의 물리학자 뤼드베리(Johannes Rydberg, 1854~1919)는 발머 공식을 확장했다. 뤼드베리 공식은 파장 대신 파장의 역수로 쓰는 것이 편리하다(파장의 역수$=R(1/m^2-1/n^2)$. $n=2$일 때가 발머의 공식이다). 수소원자에서는 적외선도 나오는데, 적외선의 경우는 $n=3$에 해당한다. $n=1$이면 자외선에 해당한다. 물론 m은 n보다 큰 정수다. 발머의 공식과 뤼드베리 공식은 원자의 스펙트럼에 보편적인 규칙성이 있다는 것을 보여주는 신호탄이었다. 그러나 이렇게 구한 규칙성을 설명할 수 있는 기본 원리는 19세기 말까지도 알려진 것이 전혀 없었다.

발머와 뤼드베리가 원자의 규칙성을 찾은 상황은 마치 케플러가 천체의 규칙성을 법칙으로 정리한 때와 비슷하다. 케플러가 찾은 천체의 규칙성에서 뉴턴이 만유인력을 발견할 수 있었던 것처럼, 발머와 뤼드베리 공식에서 원자 모형을 밝힐 수 있을까? 그 실마리는 1911년 영국의 물리학자 러더퍼드(Ernest Rutherford, 1871~1937)가 원자 구조를 조사한 실험 결과에서 나왔다.

러더퍼드는 방사선 물질에서 나오는 알파선으로 금원자 속을 조사했다. 실험 결과에 따르면, 원자의 중심부에는 크기가 아주 작은 핵이 놓여 있었고, 원자의 속은 대부분 텅 비어 있었다. 핵은 원자 크기에 비해 10만 배나 작아 점으로 취급해도 좋을 정도의 크기였다.

러더퍼드의 발견으로 사람들은 원자를 태양계처럼 상상했다. 태양의 중심을 행성이 공전하듯 핵을 중심으로 전자가 공전한다. 그러나 이러한 천체 모형에는 심각한 문제가 있다는 것이 곧 알려졌다. 전자는 전하를 가지고 있어 전자가 공전한다면 행성과 달리 전자파를 방출해야만 한다. 전자가 공전하면 안테나에 고주파가 흐르는 것과 같고, 따라서 안테나에서 전자파를 내는 것과 같이 원자도 전자파를 방출할 것이기 때문이다. 원자가 전자파를 내면 전자는 자신의 에너지를 잃게 된다. 이때 전자가 잃는 에너지를 막는 장치가 없다면 전자는 핵으로 추락하게 된다. 마치 인공위성이 에너지를 잃으면 지상으로 추락하는 것과 같은 맥락이다. 그러나 이런 논리는 자연과 들어맞지 않는다. 자연에서 원자가 스스로 사라지는 일은 없기 때문이다. 또한 원자가 내는 전자파의 주기는 원운동의 주기와 연관이 있을 것같이 생각되었지만, 실제로 원자가 방출하는 빛의 진동수는 전자가 원운동하는 주기와는 전혀 상관이 없었다.

러더퍼드의 발표가 나온 지 2년 뒤인 1913년, 덴마크의 보어는 원자의 스펙트럼 공식을 전자의 궤도로 설명해보려고 했다. 원자 안에는 전자가 들어 있고, 이 전자는 원자궤도를 돌고 있다. 전자는 한 궤도에서 다른 궤도로 떨어질 때 에너지를 방출하는데, 전자가 잃어버린 에너지가 원자의 빛으로 나온다. 원자에서 나오는 빛을 광자로 보면, 광자의 진동수는 전자가 잃어버린 에너지로 결정된다(그림 9-1 왼쪽). 따라서 원자의 스펙트럼에서 파장(또는 진동수)이 다른 빛들이 여럿 보이는 것은 전자궤도가 여러 개 존재하기 때문이라고 볼 수 있다. 이러한 보어의 생각은 그럴듯했다. 그러나 보어의 생각을 증명하려면 원자 안에 놓인 전자의 에너지를 알아내야만 했다. 그래서 그는 수소원자의 궤도를 찾는 방법을 제안했다.

보어의 원자 모형은 러더퍼드가 발견한 원자 구조를 바탕으로 하여 만든 것으로 천체 모형과 비슷하다. 그러나 천체 모형에는 문제점이 있기 때문에 이를 피하기 위해 특별한 조건을 생각해냈다. 그것을 보어는 양자화 조건이라고 불렀다. 원자궤도는 양자화 조건을 만족할 때만 공전궤도가

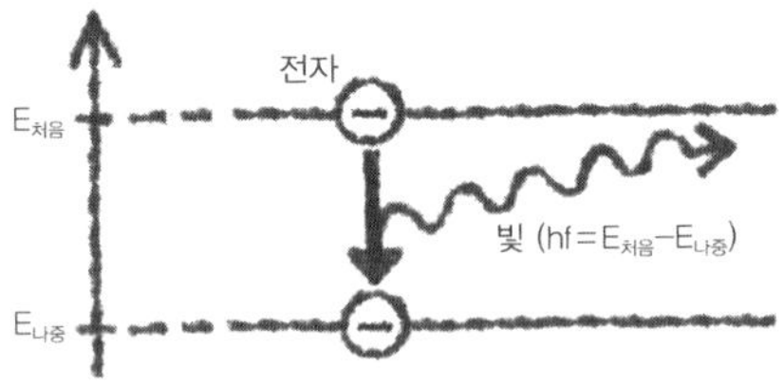

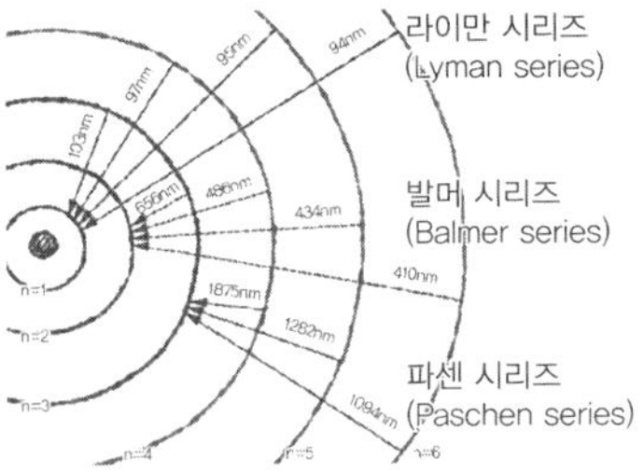

| 그림 9-1 | 보어의 생각 : 전자가 낮은 에너지 궤도로 떨어지면서 빛이 나온다(왼쪽). 보어의 수소원자 모형 : 원자에는 특별한 궤도들이 존재한다(오른쪽). 이 궤도를 주 궤도라고 부른다. 발머 시리즈는 높은 주 궤도에서 2-궤도로 떨어지면서 전자가 내는 빛이다.

가능하다. 이렇게 만들어진 공전궤도를 주 궤도라고 부른다(그림 9-1 오른쪽). 가장 낮은 에너지 궤도에는 1을 붙이고, 그보다 높은 에너지 궤도에는 2, 3, 4 등의 숫자를 붙여보자. 수소원자의 가시광선 스펙트럼(발머 시리즈)는 전자가 높은 궤도에서 2-궤도로 떨어질 때 나오는 빛이다.

보어는 자신이 제시한 특별한 조건에서 수소원자의 스펙트럼을 설명할 수 있었다. 그러나 당시 과학계는 보어의 주장을 쉽게 받아들이지 않았다. 보어가 도입했던 특별한 조건이라는 것이 근거가 확실하지 않았기 때문이다. 그러나 1924년 드브로이가 물질파를 도입하면서 보어의 주장에 신빙성이 있음이 확인되었다. 드브로이의 생각대로 전자를 물질파로 해석해보자. 물질파가 원자 안에 놓이려면 특별한 파장을 가져야 한다. 원자를 악기와 비교해보면 금방 이해가 된다. 현악기가 특별한 음을 내는 이유는 현의 공명이 줄의 길이로 결정되기 때문이다. 관악기 역시 관에 뚫린 구멍의 간격이 음을 결정한다. 보어 원자도 비슷하다. 전자가 물질파라면 전자의 파장은 공전궤도의 길이로 결정된다. 알고 보니 보어가 생각해냈던 특별한 조건이라는 것은 공전궤도의 길이가 전자가 가지는 파장의 정수배가 되어야 한다는 조건에 해당하는 것이었다(그림 9-2). 독일의 조머펠트(Arnold

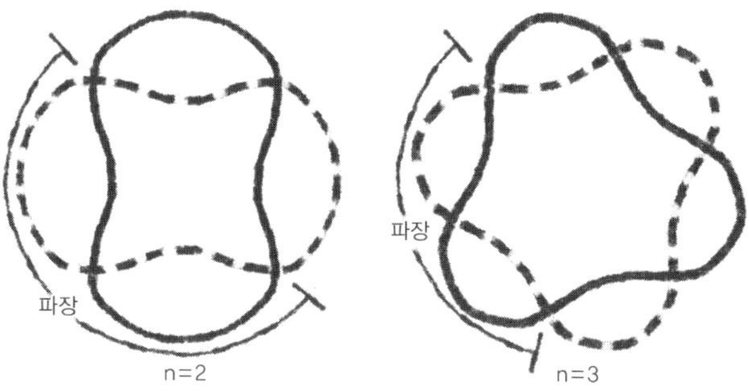

| 그림 9-2 | 원자음악 : 전자의 파장은 공전궤도 길이의 정수배가 된다.

Johannes Sommerfeld, 1868~1951)는 원자에 이런 특별한 궤도가 만들어지는 현상을 원자음악이라고 불렀다. 피타고라스의 천구음악에 빗대어 말한 것이다.

읽어보기 : 원자 스펙트럼을 이용하는 수은등

수은등은 수은 기체에서 나오는 광자를 이용한다. 전구 안에는 수은이 들어 있다. 상온에서 수은은 액체로 존재하므로, 아크 방전을 통해 기체로 만드는 과정을 거쳐야 한다. 이런 이유로 수은등이 켜지는 데는 시간이 걸린다. 수은등의 일종인 형광등은 스위치를 넣으면 음극에서 전자가 방출된다. 이 전자가 아크 방전을 일으키고 저압의 수은 기체를 만들어낸다. 이 수은 기체가 전자와 충돌하면서 에너지를 얻게 되고, 에너지를 얻은 수은 기체는 낮은 에너지 상태로 떨어지면서 광자를 방출한다. 그러나 이 광자는 자외선에 해당된다.

전등으로 사용하려면 수은 기체에서 나오는 자외선을 가시광선으로 바꾸어야 한다. 이를 위해 유황을 사용한다. 전구 안에 발라진 유황 물질은 자외선을 흡수한 후 가시광선을 방출하는 역할을 한다. 수은등은 백열등에 비해 효율 면에서 월등히 낫다. 그러나 자외선과 가시광선의 에너지 차이가 열로 소진될 수밖에 없기 때문에 효율을 높이는 데는 한계가 있다.

할로겐램프 또한 수은 기체를 이용한다. 할로겐램프가 보통의 수은등과 다른 점은 아르곤, 수은, 할로겐 화합물을 고압으로 섞어놓는다는 것이다. 아르곤은 불활성 기체이지만 방전을 통해 쉽게 이온화된다. 아르곤이 이온화되면서 내부 온도를 높인다. 아크 방전은 수은과 할로겐 화합물은 기체로 바꾸고 빛이 나오도록 만든다. 할로겐 화합물이 섞이는 비율에 따라 온도가 달라지고 빛의 색이 조절된다.

백열등의 효율은 2% 정도에 불과하다. 이에 비해 형광등의 효율은 약 10%, 수은 할로겐램프는 8%다. 나트륨등은 이보다 효율이 높아 20% 정도까지 올라간다. 전등의 효율을 높이려면 공급한 에너지를 되도록이면 모두 가시광선으로 바꾸고, 열로 소모되는 에너지를 줄여야 한다. 효율을 높이기 위해서 최근 반도체 다이오드(LED라고 부른다)의 에너지 준위를 이용하는 조명이 대안으로 떠오르고 있다. 현재의 효율은 형광등과 별 차이가 없지만 40% 정도까지 높일 수 있는 여지가 있기 때문이다.

슈뢰딩거 방정식

보어가 생각해낸 원자 모형은 전자가 물질파라는 개념과 밀접하게 연결되어 있다. 물질파라는 개념이 원자를 이해할 수 있는 돌파구를 마련한 것이다. 보어의 원자 모형으로 가장 간단한 수소원자의 스펙트럼이 설명되자 좀 더 복잡한 다른 원자들의 스펙트럼도 이해될 수 있을 것 같은 기대감이 생겨났다. 그러나 다른 원자들은 수소원자보다 훨씬 복잡한 스펙트럼을 가지고 있다. 더구나 촘촘히 붙어 있는 스펙트럼은 보어 모형으로는 설명할 수 없다.

원자번호가 크면 수소원자와 달리 전자들이 여러 개 존재한다. 여러 개의 전자들이 서로 밀쳐내는 효과를 제대로 설명하기 위해서는 보어 모형보다 더 정교한 방법이 필요했다. 마치 케플러 법칙으로 행성의 운동법칙을 찾아냈지만 좀 더 자세한 운동을 알려면 뉴턴의 운동법칙이 필요했던 것과 같다.

첫 번째 작업은 오스트리아의 슈뢰딩거가 했다. 1926년 슈뢰딩거는 물질파를 다룰 수 있는 파동방정식을 찾아냈다. 그는 물질파의 파장을 운동량과 연결하고, 물질파의 주기를 에너지와 연결했다. 원래 물질파의 파장과 전자의 운동량을 연결시킨 사람은 프랑스의 드브로이다. 드브로이가 물질파의 개념을 1924년에 도입하고, 미국의 데이비슨과 거머가 물질파에 대한 실험을 발표한 해가 1927년이라는 것을 감안하면 슈뢰딩거가 물질파 방정식을 도입하여 전자의 움직임을 다루려고 했던 시도는 상당히 이론적인 면이 강했던 것을 알 수 있다. 전자가 물질파라고 확인하기도 전에 보어가 정리한 원자 모형을 포함하는 방정식을 찾은 것이다. 이제 물질파가 만족하는 방정식에서 원자의 자세한 스펙트럼을 설명하는 일이 남았다.

물질파는 위치와 시간에 따라 파의 형태가 변한다. 물질파가 공간에 주기적으로 퍼지는 모습은 파장과 연결되어 있고, 시간이 지남에 따라 주기적으로 변하는 모습은 주기와 연결되어 있다. 그런데 주기적으로 변하는 모습을 제대로 다루려면 수학적으로 볼 때 미분으로 표시해야 한다. 따라서 물질파를 다룰 때 미분방정식이 나타나는 것은 자연스러운 일이다. 미분방정식 자체는 이미 파도가 전파되는 모습이나 악기의 진동을 다룰 때 나왔기 때문에 당시 과학자들에게도 자연스럽게 보였다.

그런데 물질파는 파도와 크게 다른 점이 있다. 파도는 눈에 보이지만 물질파는 눈에 보이지 않는다. 눈에 보이는 파동은 진폭을 직접 잴 수 있어 파동을 실수로 쓸 수 있다. 그러나 물질파는 눈에 보이지 않는다. 물질파가 작아서 눈에 보이지 않는 것이 아니라 물질파의 특성상 눈에 보이지 않는다. 때문에 물질파는 실수로 쓸 수가 없다. 슈뢰딩거는 이 물질파를 ψ(프사이)라고 쓰고, 복소수로 나타냈다. 이 복소수가 무엇을 의미하는지에 대해서는 슈뢰딩거 자신도 확신이 없었다. 나중에 독일의 보른이 물질파의 절대치를 확률과 연결하게 된다. 이처럼 물질파는 기존에 알려졌던 파동과는 전혀 다른 새로운 의미를 내포하고 있다.

원자 안에서 공전하는 전자의 궤도는 슈뢰딩거 방정식을 풀면 나온다. 보어의 원자 모형은 전자가 1개 있을 때 나오는 슈뢰딩거 방정식의 가장 간단한 답에 해당한다. 전자는 핵을 중심으로 공전한다. 공전하기 위해서는 구심력이 필요한데, 이 구심력은 전기력이 제공한다. 그리고 공전궤도는 보어가 제시했던 양자화 조건을 만족해야 한다. 이 조건을 물질파의 입장으로 바꾸어보면, 물질파는 공전궤도 근방에 적절히 분포해야 한다는 조건으로 바뀐다. 물질파가 핵 근방으로 모인다든지, 핵에서 무한대인 먼 곳으로 떨어져 나간다면 원자를 구성하지 못한다. 불안정한 궤도가 되는 것이다.

원자 안에 있는 전자의 슈뢰딩거 방정식을 푼다는 것은 물질파의 궤도를 찾는 것과 같다. 보어가 찾은 공전궤도는 원자에 존재하는 공전궤도의 일부에 해당한다. 공전궤도는 보어가 찾았던 주 궤도만 존재하는 것이 아니다. 주 궤도에는 촘촘한 궤도들이 들어 있다. 이를 미세궤도라고 부른다. 1-궤도는 변화가 없다. 그러나 2-궤도에는 4개의 미세궤도가 존재한다. 미세궤도가 나오는 이유는 공전궤도 면 때문이다. 지구의 공전궤도 면은 화성의 공전궤도 면과 같지 않다. 행성들의 공전궤도 면 또한 모두 제각각이다. 그런데 1-궤도는 구처럼 생겼다. 구는 회전할 때 회전축이 달라져도 알 길이 없다. 즉, 회전축을 구별할 수 없다. 그러나 2-궤도는 구형의 궤도뿐만이 아니라 찌그러진 럭비공과 같은 궤도가 나타난다. 찌그러진 궤도는 회전축이 달리할 때 나타나는 궤도다. 3차원에서 회전하면 3개의 회전축이 존재하기 때문에 3개의 공전궤도가 나타난다. 따라서 2-궤도에는 모두 4개의 궤도가 겹쳐져 있다. 3-궤도는 좀 더 복잡하다. 구형의 궤도와 x, y, z축 방향으로 찌그러진 3개의 궤도 이외에도 축에 따라 달라지는 5개의 새로운 궤도가 나타난다.

주 궤도마다 미세궤도가 많이 있다는 것은 원자의 성질을 이해하는 데 아주 중요하다. 원자의 화학적 특성은 주기율표에 정리되어 있다. 1족으로 불리는 물질은 금속성을 지니고 있고, 양이온이 되려는 경향이 강하다. 이에 비해 7족으로 분류된 원소는 음이온이 되려는 경향이 강하다. 따라서 1족과 7족이 만나면 이온결합을 한다. 소금은 1족의 나트륨과 7족의 염소가 만나 만들어진 화합물이다. 그러나 4족으로 분류된 물질의 성질은 전혀 다르다. 탄소는 4족으로 분류되는 물질이다. 탄소는 이온으로 원자들을 만나는 대신 자신들이 가진 전자를 서로 공유하면서 모인다. 이렇게 만들어진 물질이 다이아몬드다.

주기율표에 나타나는 화학적 특성은 바로 원자에 있는 공전궤도가 설명해준다. 보어 모형에서 본 것처럼 원자의 스펙트럼은 공전궤도의 에너지 차이 때문에 생긴다. 전자가 낮은 공전궤도로 떨어지면 원자에서 빛이 나온다. 외부에서 빛을 쪼이면 전자는 에너지를 받아 더 높은 공전궤도로 올라갈 수 있다. 전자가 에너지를 받으면 높은 궤도로 올라가고, 에너지를 잃으면 낮은 궤도로 이동한다. 자외선이나 X-선은 광자의 에너지가 크기 때문에 원자 안에 전자의 공전궤도를 쉽게 바꿀 수 있다.

화학반응도 마찬가지다. 화학반응이 일어나면 원자의 외곽에 있는 전자가 떨어지거나 들러붙는다. 전자가 떨어지면 양이온이 되고, 전자가 달라붙으면 음이온이 된다. 그런데 화학반응으로 전달되는 에너지는 보통 1eV 이하다. 이렇게 작은 화학에너지로는 전자의 주 궤도를 바꿀 수가 없다. 따라서 화학에너지가 전달되어도 전자가 움직일 수 있는 여지가 없다면 화학적으로 안정된 원소가 된다. 불활성기체라고 분류하는 8족의 원소들이 이러한 부류에 속한다. 8족의 원소로는 헬륨과 네온 등이 있다.

공전궤도는 전자가 들어가는 방에 해당된다. 전자는 각 방마다 최대 2개씩만 들어갈 수 있다. 그리고 전자가 방에 들어가려면 에너지를 지불해야 한다. 방에 들어가기 위해 지불해야 하는 비용이 에너지인 셈이다. 따라서 전자는 비용을 적게 들이기 위해 에너지가 낮은 방부터 차곡차곡 들어간다. 가장 낮은 에너지 궤도는 1-궤도다. 이 궤도에는 방이 1개밖에 없다. 따라서 전자는 최대 2개까지 들어갈 수 있다. 가장 가벼운 수소를 보자. 수소는 원자번호가 1이고, 따라서 전자를 1개 가지고 있다. 이 전자는 1-궤도에 들어간다. 다음은 헬륨이다. 헬륨은 원자번호가 2이고, 전자를 2개 가지고 있다. 2개의 전자는 1-궤도에 모두 들어간다.

원자번호 3번인 리튬을 생각해보자. 리튬은 3개의 전자를 가지고 있다. 2개의 전자는 1-궤도에 들어갈 수 있지만, 이미 방이 만원이므로 세 번째 전자는 1-궤도에 들어갈 수 없다. 따라서 나머지 전자는 하는 수 없이 더 높은 비용을 지불하고, 2-궤도에 들어간다. 헬륨과 리튬의 차이는 무엇일까? 헬륨의 경우는 모든 전자가 1-궤도에 들어 있다는 점이다. 1-궤도와 2-궤도의 에너지 차이는 화학반응으로는 어떻게 해볼 수 없는 에너지 장벽을 가지고 있다. 따라서 화학반응에도 헬륨 안에 있는 전자는 꿈쩍도 않는다. 이 때문에 헬륨은 화학반응을 하지 않는 불활성기체가 된다. 그렇다면 리튬은 어떨까? 왜 쉽게 양이온이 될까? 리튬의 비밀은 2-궤도에 있다. 2-궤도에는 전자가 들어갈 방이 많다. 모두 4개나 된다. 각 방의 에너지는 아주 미세한 차이가 있지만 크게 다르지 않다. 화학반응으로 공급되는 에너지 정도로도 쉽게 옮겨갈 수 있다. 다른 방으로 옮길 수 있는 여력이 있으면, 비슷한 에너지를 가진 다른 원자의 방으로 옮겨가기도 쉽다. 전자가 다른 원자로 달아나버리면 리튬은 양이온이 된다. 이처럼 에너지가 비슷한 방이 많이 비어 있을수록 화학반응은 쉽게 일어난다. 1족의 원소인 나트륨은 3-궤도에 전자가 1개 들어가는 원소다. 3-궤도에는 에너지가 비슷한 빈방이 9개나 있다. 다른 원소를 만나면 화학반응이 격렬하게 일어난다.

원자번호가 커질수록 전자가 많아지고 각 궤도에 있는 방에 전자가 차곡차곡 쌓여간다. 원자번호가 9번인 불소에는 전자가 9개 있다. 2개는 1-궤도에 들어가고, 나머지 7개는 2-궤도에 들어간다. 그런데 2-궤도에는 방이 4개 있기 때문에 전자가 8개까지 들어갈 수 있는 자리가 있다. 불소의 남은 전자 7개가 방을 채우면 자리가 하나 남는다. 불소는 이 빈자리에 다른 전자를 받아 넣으려고 한다. 불소가 수소를 만난다고 하자. 수소에 들어 있는 전자 하나가 불소의 방에 남은 자리로 들어간다. 수소와 불소는 화학반응을 일으켜 불산이 된다.

이처럼 원자의 공전궤도로 주기율표의 화학적 성질을 정확히 설명하자 1927년 독일의 하이틀러(Walter Heitler, 1904~1981)와 런던(Fritz London, 1900~1954)은 한 걸음 더 나아가 슈뢰딩거 방정식으로 수소분자를 조사했다. 수소분자는 수소원자 2개가 모여 만든다. 수소분자 안에는 원자핵 2개가 존재한다. 이런 면에서 분자는 원자와 다르다.

2개의 원자핵은 전기적으로 척력이 작용하지만 서로 적당한 거리를 유지하고 있다. 그 역할을 핵 주위에 돌고 있는 전자 2개가 한다. 전자들은 서로 척력이 작용하지만, 전자와 원자핵 사이에는 인력이 작용한다. 그 결과 전자들은 두 핵을 중심으로 공전하게 된다. 이러한 공전궤도를 분자궤도(Orbital)라고 부른다.

전자들은 분자궤도에 차곡차곡 쌓이게 된다. 원자보다 복잡하지만 분자의 화학반응도 물질파로 정밀하게 다룰 수 있다. 분자가 복잡해지면 분자궤도도 복잡해진다. 산소와 질소는 이원자 분자를 만들고, 암모니아는 질소 1개와 수소 3개가 모여 4원자 분자를 만든다. 모든 분자마다 분자궤도가 존재하고, 분자궤도에 전자들이 채워지게 된다. 마치 뉴턴의 운동방정식으로 행성의 자세한 운동을 설명하게 되었듯이, 이제 슈뢰딩거 방정식으로 화학반응을 자세히 설명할 수 있게 되었다.

전자는 페르미온

비가 내리면 빗물은 모두 계곡을 타고 흘러 내려간다. 물이 낮은 곳으로 흘러 내려가는 이유는 산 위에 있는 것보다 아래에 있는 것이 더 안정적이기 때문이다. 원자도 마찬가지다. 전자들도 가장 낮은 에너지 상태에 있기를 원하기 때문에 모든 전자들이 가장 낮은 궤도로 모이는 것이 정상이다. 그런데 실제로는 그렇지 않다. 각 방에 들어갈 수 있는 전자의 수는 2개로 제한되어 있다. 왜 모든 전자는 한 방으로 모이지 못하는 것일까?

만약 전자가 모두 같은 방에 모일 수 있었다면, 우리의 세계는 전혀 다른 세계가 되었을 것이다. 주기율표는 전자가 각 궤도를 채우는 정도에 따라 만들어진다. 그런데 전자가 모두 한곳으로 모이게 되면 화학반응도 전혀 다를 것이고, 따라서 현재 알려진 주기율표도 만들어지지 못했을 것이다. 그뿐 아니라 원자의 크기도 달라질 것이고, 화학반응도 다르니 지구의 모습도 전혀 다른 형태가 되었을 것이다. 물론 동물과 식물도 존재하지 않았을 것이고, 인류도 생겨나지 못했을 것이다.

지구를 돌고 있는 인공위성을 보자. 각 궤도마다 돌고 있는 인공위성에는 이름이 붙어 있다. 우리나라의 무궁화 위성에 에너지를 공급하여 궤도를 수정한다 하더라도 위성을 구별하는 데는 문제가 없다. 어떤 궤도에 놓아도 무궁화 위성과 국제정거장은 엄연히 다르다. 이와 비슷하게 원자 안에도 여러 개의 전자가 각자의 궤도를 돌고 있다.

그런데 전자는 위성과 달리 이름을 붙여 구별할 수가 없다. 전자는 모두 똑같은 전자다. 전자가 똑같다는 것은 무엇을 의미할까? 전자를 행성으로 비유해보면 멀리 있는 화성도 지구이고, 우리가 살고 있는 지구도 지구이며, 금성도 지구라고 부르는 것과 같다. 원자 안에 있는 전자들은 모두 같은 전자일 뿐이다. 여러 개의 전자가 있다고 해서 전자마다 이름을 덧붙여 서로를 구별할 수는 없다. 전자들을 구별할 수 있는 방법이 이 세상에는 없다. 전자에 표시를 할 수 없다는 사실은 기술적인 문제가 아니라 전자가 가지고 있는 본질적인 문제다. 어떤 방법을 써도 전자를 구별할 수가 없다. 이 사실 때문에 전자를 동일입자(Identical Particle)라고 한다. 이와 달리 행성이나 위성은 고전입자다. 고전입자란 구별 가능한 입자(Distinguishable Particle)를 말하는데, 이는 이름을 붙여 구별할 수 있다는 뜻이다.

입자를 구별할 수 없다면 어떤 결과가 나올까? 그 의미를 알기 위해서 다음과 같이 약간의 준비를 해보자. 검정 구슬과 하양 구슬 2개를 준비하고, 이것들을 각각 0과 x로 하자. 두 구슬을 순서대로 놓는다면 두 가지 방법이 존재한다. {0, x} 또는 {x, 0}이다. 이제 구슬을 서로 바꾸어보자. 구슬이 놓인 형태는 {0, x} ⇒ {x, 0}으로, {x, 0} ⇒ {0, x}로 바뀐다. 한 번 더 바꾸면 물론 처음 놓인 상태로 돌아온다. 한 번 바꾸는 것을 e라고 하면 다음과 같이 표현할 수 있다. e{0, x} = {x, 0}, e{x, 0} = {0, x}. 구슬을 두 번 바꾸는 것은 e 곱하기 e다. 물론 두 번 바꾸면 처음 상태로 돌아오므로 $e^2=1$

의 관계를 만족한다. 여기에서 1이란 구슬을 바꾸지 않고 그대로 두는 것을 의미한다.

이제 하양 구슬에 검은색을 칠하여 두 구슬 모두 검정 구슬로 만들자. 이 두 구슬의 자리를 두 번 바꾸면 당연히 원래 놓인 상태로 돌아온다. 그러나 같은 색의 구슬이라면 한 번 바꾸어도 놓인 모습이 바뀌지 않는다. 구슬을 바꾸어본들 두 구슬의 색이 같으므로 그대로 보이기 때문이다. e{0, 0} = {0, 0}. 따라서 구슬의 색이 같다면 e=1로 놓을 수 있다.

동일입자와 비교해보자. 동일입자는 색이 같은 구슬과 비슷하다. 동일입자는 서로 바꾸어도 변함이 없다. 따라서 동일입자라면 당연히 e=1이 존재한다. 두 입자를 교환해도 변하지 않는다는 뜻이다. 또한 두 번 바꾸면 원래 상태로 돌아오므로 $e^2=1$도 성립한다. 그런데 $e^2=1$이 되는 방법에는 두 가지 경우가 가능하다. 하나는 같은 구슬에서 본 대로 e=1이다. 바꾸어도 전혀 변함이 없는 경우다. 다른 하나는 e=−1이다.

e=−1인 경우는 무엇을 의미하는가? 같은 구슬이라면 e{0, 0}=−{0, 0}이다. 그런데 같은 구슬을 바꾸면 변화가 생기지 않으므로 원래 상태인 {0, 0}이 되어야 한다. 결국 e=−1가 된다는 것은 −{0, 0}={0, 0}이 된다는 것을 뜻한다.[13] 그 결과 이 식을 만족하는 {0, 0}은 존재하지 않는다. 따라서 같은 색 구슬로는 e=−1가 되는 경우를 만들 수가 없다. 그렇다면 e=−1는 전혀 의미가 없을까? 그렇지 않다. 원자 세계에서는 e=−1가 아주 중요한 의미를 지닌다. 우리가 여태까지 다루던 전자가 바로 e=−1를 만족하기 때문이다. 전자는 우리가 알고 있던 기존의 입자와는 아주 다르다. 이런 면에서 우리가 살고 있는 세계와 원자 세계는 크게 다르다. 우리가 경험을 통

13 이것이 의미하는 것을 알기 위해 {0, 0}=x라고 놓으면 −x=x가 되고, 따라서 x는 0 또는 무한대가 되어야 한다. 이 결과는 e=−1을 만족하도록 같은 구슬을 놓을 수 없음을 뜻한다.

해 직관적으로 느끼는 것과는 아주 다른 면이 원자 세계에서 나타난다. 이에 대해 좀 더 자세히 알아보자.

두 물체를 바꿀 때 +1이나 −1이 되는 것을 교환 대칭성이라고 한다. 교환 대칭성이 −가 되는 입자를 페르미온(Fermion)이라고 한다. 페르미온에는 전자는 물론이고 양성자나 중성자 등이 포함된다. 교환 대칭성이 +가 되면 보존(Boson)이라고 한다. 보존의 대표적인 경우가 광자다.

교환 대칭성은 원자 세계에서 나오는 완전히 새로운 개념이다. 이것이 의미하는 바를 알아보기 위해 2개의 양자를 2개의 방에 넣는 경우를 살펴보자. 왼쪽 방을 L, 오른쪽 방을 R이라고 하자. 먼저 양자 하나를 L에 놓고, 다음에 R에 놓는 방식을 LR이라고 쓰자. R에 먼저 놓고 나중 L에 놓는 것은 RL이다. 그런데 동일입자라면 순서와 상관없어야 한다. LR이나 RL로 쓴 방식은 순서에 따라 달라지므로 동일입자를 표현하는 방법이 아니다. 동일입자를 나타내려면 약간 어려울 수도 있지만, LR과 RL을 섞어서 표시할 수 있다. 먼저 (LR+RL)은 어느 방에 먼저 넣어도 똑같다. 방을 바꾸어 넣는다면 L과 R을 바꾸는 것인데, 이것은 (RL+LR)이 되어 결국 (LR+RL)과 같기 때문이다. 따라서 (LR+RL)은 +교환 대칭성을 가지는 상태에 해당한다. 다른 표현으로는 (LR−RL)이 있다. 이 경우 방을 바꾸면 −가 나온다. 왜냐하면 방을 바꾸면 (RL−LR)로 변하는데, 이것을 원래와 비교해보면 −(LR−RL)이다. 즉, −교환 대칭성을 가지고 있다.

이제 양자 2개를 같은 방에 넣는다고 하자. R과 L로 표시된 방을 같은 방으로 바꾸어 표시하기 위해 방을 N으로 통일하자. 보존의 경우는 (LR+RL)이 (NN+NN)으로 바뀐다. 보존은 같은 위치에 겹쳐 놓아도 크게 문제되지 않는다. 그런데 페르미온은 전혀 다르다. (LR−RL)이 (NN−NN)로 바뀌면 0이 된다. 0이 된다는 것은 2개의 페르미온을 같은 방에 넣을 수 없다는 뜻이다. 같은 색의 구슬로 -교환 대칭성의 경우를 만들 수 없었던 것과 같은 이치다. 페르미온을 고전 세계에서는 전혀 볼 수 없는 이유다.

페르미온을 같은 방에 넣을 수 없다는 사실을 독일의 파울리는 배타원리라고 불렀다. 페르미온으로 공간을 채우려면 하나도 넣지 않든지 아니면 하나만 넣어야 한다. 이 때문에 교환 대칭성은 통계적 의미를 지닌다. 기체에서 보았듯이 수많은 분자를 다루게 되면 자연히 열을 다루게 된다. 그리고 열이 나오는 이면에는 통계적인 의미가 숨어 있다는 것을 앞서 살펴보았다. 그런데 양자의 경우는 다르다. 2개만 존재해도 그 통계적 의미가 분명히 드러난다.

양자가 여러 개 존재하게 되면 통계적 효과가 거시적으로도 보인다. 보존들이 만족하는 통계적 성질을 찾아낸 사람은 인도의 물리학자 보즈(Satyendra Nath Bose, 1894~1974)다. 보즈는 보존들이 많이 있을 때 보여주는 통계를 찾아내고 이를 논문으로 제출했으나 출판을 거절당했다. 그래서 그는 논문을 아인슈타인에게 개인적으로 보냈다. 1924년 아인슈타인은 그 논문을 공동의 이름으로 출판하여 세상에 알렸다. 보존은 보즈의 이름에서 따왔다. 플랑크가 광자를 사용하여 설명한 흑체복사 스펙트럼에는 광자가 온도에 따른 보존 통계를 만족한다는 사실이 나타나 있다.

페르미온들이 만족하는 통계는 1926년 이탈리아의 물리학자 페르미(Enrico Fermi, 1901~1954)가 찾아냈다. 페르미온은 페르미의 이름을 따서 붙인 것이다. 물론 전자의 배타성이 페르미온 통계에 들어 있다. 원자 안에 들어 있는 전자들은 배타원리를 따르지 않고서는 공전궤도를 채울 수가 없다. 모든 전자는 에너지가 낮은 방부터 차곡차곡 들어갈 수밖에 없다. 다른 전자가 궤도를 채우고 있으면 전자는 다른 빈 궤도를 찾아 들어가야 한다. 계곡의 물은 모두 아래로 쏟아질 수 있지만, 전자는 낮은 에너지 궤도로 쏟아져 내릴 수 없다. 바로 배타원리가 작동하기 때문이다.

한편, 주기율표에서 보았듯이 실제로 원자궤도에는 전자가 최대 2개씩 들어간다. 전자는 어떻게 배타원리를 피해서 2개씩 들어갈 수 있는 것일까? 전자를 자세히 살펴보면 2개의 상태가 존재한다. 2개의 전자가 한 궤도에 들어갈 수 있다는 것은 내부적으로 다른 상태가 2개 존재한다는 뜻이다. 전자에 다른 상태가 있다는 사실은 전자가 자석과도 반응하는 것을 보고 알아냈다. 자석으로 실험해보면 하나는 자석의 N극에 끌리는 상태이고, 다른 하나는 N극에서 밀려나는 상태다. 전자가 자석과 반응하기 때문에 전자는 스핀을 가지고 있다고 말한다. 스핀이 자석과 반응할 때 나타나는 상태에 따라 스핀을 각각 +½, −½로 부르거나 또는 간단히 +와 −로 부르기도 한다. 같은 방에 전자가 2개 들어가려면 서로 다른 상태로 짝지어 들어가야만 한다. 전자는 파울리의 배타원리를 피할 수는 없지만, 스핀 상태를 다르게 만들 수 있기 때문에 2개의 전자가 같은 궤도에 들어갈 수 있다.

전자의 스핀은 주기율표를 설명하기 위해 도입되었지만, 스핀의 효과는 이미 기원전부터 알려져 있었다. 스핀은 마치 보이지 않는 작은 자석과 같다. 막대자석이 존재하는 이유는 바로 전자가 스핀을 가지고 있기 때문이다. 스핀은 코일에 전류를 흘려 만드는 전자석과는 전혀 다른 존재다. 물질에 전류가 흐르지 않아도 자석이 될 수 있는 이유는 바로 전자가 스핀을 가지고 있기 때문이다.

읽어보기 : 백색왜성은 지구 밀도의 100만 배다

전자들이 모여 있으려면 상당한 공간이 필요하다. 원자 안에 있는 전자들은 각 궤도에 차곡차곡 들어가게 된다. 이 때문에 전자는 원자 내부에 적절히 퍼져 있고, 따라서 원자는 부피를 가지게 된다. 지구상에 존재하는 모든 물질의 밀도는 물과 크게 차이가 나지 않는다. 태양의 밀도도 물과 크게 다르지 않다. 태양을 구성하는 물질들이 원자이기 때문이다. 그러나 우주에는 태양과 구별되는 색다른 별들이 존재한다. 그중의 하나가 백색왜성이다. 백색왜성은 태양에 비해 그 밀도가 100만 배나 된다. 백색왜성을 처음 발견했을 때, 백색왜성의 밀도가 너무 높아서 과학자들은 모두 크게 놀랐다. 백색왜성은 어떻게 이렇듯 밀도가 큰 것일까?

태양은 지구의 33만 배나 되는 질량을 가지고 있어 엄청난 중력이 내부를 짓누르고 있다. 이렇게 큰 중력이 작용하고 있다 하더라도 태양이 현재의 크기를 유지할 수 있는 것은 내부에서 나오는 뜨거운 열 때문이다. 대부분의 별들도 태양과 비슷하다. 내리누르는 중력과 부풀어 오르려는 열이 서로 균형을 유지하기 때문에 크기를 유지할 수 있고, 그 결과 별 안에서 원자가 존재할 수 있다. 그러나 연료가 떨어지면 더 이상 열이 나오지 못하고 무게를 지탱하던 버팀목이 사라지게 된다. 별이 식으면 붕괴하여 부피가 줄어든다. 그렇다면 연료를 소모한 별은 기체 상태가 아니라 고체 상태로 바뀔까? 실제로는 더 단단한 상태로 바뀌게 된다. 태양과 같은 별은 지구 크기 정도로 줄어들고, 그 결과 별의 밀도가 지구의 100만 배 정도로 커지게 된다. 이렇게 생긴 별이 백성왜성이다.

그렇다면 어떻게 백색왜성이 붕괴할 때 더 작아지지 않고 지구 정도의 부피를 가지는 것일까? 바로 전자의 배타성 때문이다. 강력한 중력과 별 내부에서 나오는 자외선이 원자에 갇혀 있던 전자를 원자 밖으로 빠져나가게 만든다. 원자에서 빠져나온 전자들은 원자에 다시 갇히지 못하고 별 안에서 떠돌이 신세가 된다. 떠돌이 전자들이 모이면 전자바다가 형성된다. 전자는 페르미온이기 때문에 자신들의 최소한의 영역을 지키려고 한다. 별은 엄청난 중력으로 내리누르고 있지만, 전자들도 자신들의 간격을 유지하려고 안간힘을 쓴다. 전자들은 일정한 부피를 유지하려고 엄청난 압력으로 중력에 대항한다. 이때 전자가 만들어내는 압력을 '양자압력'이라고 한다. 전자가 만드는 양자압력은 별이 붕괴하려는 자체 중력과 맞먹을 정도로 크기 때문에 별은 더 이상의 붕괴를 멈추고 평형을 이룬다. 이 상태에서 백색왜성이 만들어진다. 그 결과 백색왜성은 보통의 물질과 비교가 안 될 정도로 큰 밀도를 가지게 된다.

생각해보기

주어진 방에 고전입자와 페르미온, 보존을 넣는 방법을 생각해보자. 2개의 방에 2개의 입자 A, B를 넣는다고 하자. 2개의 방을 (,)으로 하면, 고전입자를 넣는 방법은 (AB, 0), (A, B), (B, A), (0, AB)가 된다. 즉, 2개의 입자를 2개의 방에 넣는 방법은 4가지다. 그러나 페르미온은 한 가지밖에 없다. 구체적으로 보면 (A, B)이다. 왜냐하면 A와 B는 구분이 되지 않아 (B, A)는 (A, B)와 같은 상태이기 때문이다. 더욱이 배타성 때문에 한 방에 2개의 입자를 넣을 수 없다. 이와 달리 보존의 경우는 (AB, 0), (A, B), (0, AB)로 3가지다. 이런 식으로 3개의 방에 3개의 입자를 넣어보자. 고전입자와 페르미온, 보존의 경우에 각각 넣는 방법의 수를 찾아보자. 이것을 일반화할 수 있겠는가?

빛과 레이저

1969년 아폴로 11호가 달에 착륙하였을 때 코너큐브라는 거울을 달 표면에 설치했다. 코너큐브는 거울 3개를 직각으로 붙인 거울이다. 코너큐브는 빛을 반사시키면 반사된 빛이 왔던 원래 자리로 되돌아가도록 하는 특성을 가지고 있다. 예를 들어 지상에서 레이저를 달 표면으로 보내면 코너큐브가 이 빛을 반사시켜 지상의 원래 자리로 되돌아오게 만든다. 레이저는 광선이 퍼지지 않고 멀리 가는 빛이다. 이 특성을 이용하면 지구와 달 사이의 거리를 정밀하게 측정할 수 있다. 레이저의 왕복 시간을 잰 결과, 달은 지구로부터 매년 38mm씩 멀어져간다는 것을 알아냈다.

레이저(LASER)란 용어는 유도방출을 통한 빛의 증폭(Light Amplification by Stimulated Emission of Radiation)을 줄인 말이다. 처음엔 LOSER라고 불렀는데 어감이 좋지 않아 이름을 바꾸었다. LOSER라는 용어는 Light Oscillation by Stimulated Emission of Radiation에서 따온 것으로, 내용에 더 어울리는 이름이었다.

태양이나 수은등에서 나오는 빛은 사방으로 퍼져 나가지만 레이저 빔은 퍼지지 않고 직진한다. 레이저 포인터가 내는 출력은 1mW 정도이다. 이 레이저 포인터는 1초에 약 1000조 개의 광자를 낸다. 이 광자들이 제멋대로 움직이지 않고 일사불란하게 모두 같은 방향으로 나란히 전진한다. 또한 1mW의 출력으로는 꼬마전구도 켤 수 없지만, 레이저 빔은 아주 가늘기 때문에 에너지 밀도(단위 면적에 쏘이는 에너지)는 태양광의 100만 배나 된다.

레이저를 제작하게 된 가능성은 1917년 아인슈타인이 처음 생각해냈다. 그의 아이디어는 광자가 보존이라는 성질을 이용하자는 것이었다. 광자는 페르미온과 달리 배타적이지 않다. 광자는 보존이고, 공간에 서로 모여 있으려는 성질이 있다. 이 아이디어를 활용하여 처음 레이저를 만든 사람은 미국의 타운스(Charles Townes, 1915~2015)다. 그는 1953년 마이크로파를 이용하여 레이저를 만들었다. 마이크로파가 나오기 때문에 이름을 메이저(Maser; Microwave Amplification by Stimulated Emission of Radiation)라고 지었다. 가시광선이 나오는 레이저는 미국의 물리학자 메이먼(Theodore Maiman, 1927~2007)이 1960년에 처음 만들었다. 메이먼은 루비를 이용해 붉은색을 띤 펄스 레이저를 만들었다. 펄스 레이저란 빛이 연속적으로 나오는 것이 아니라 펄스 형태로 나오는 레이저를 말한다. 그 후 레이저는 가시광선, 적외선, 자외선, X-선 등의 다양한 형태로 만들어져 사용되고 있다. 헬륨-네온 레이저는 붉은색이 연속적으로 나온다. 반도체를 이용하는 레이저는 간편하고 휴대하기 쉽기 때문에 일상생활에 많이 쓰인다. CO_2레이저는 이산화탄소 기체를 이용하는 적외선 레이저다. CO_2레이저는 강력한 파워를 연속적으로 내기 때문에 절단과 용접 등의 산업용으로 널리 쓰이며, 수술이나 피부 성형 등의 의료용으로도 쓰인다.

레이저도 수은등처럼 원자나 분자의 스펙트럼을 이용한다. 그러나 수은등과는 달리 광자가 보존이라는 특성을 골라서 사용한다. 원래 원자 안에 있는 전자들은 가장 낮은 에너지 궤도부터 차곡차곡 쌓인다. 전자가 이렇게 쌓인 상태를 바닥상태라고 한다. 전자가 낮은 궤도를 비워놓은 채 높은 궤도로 올라가 있을 가능성은 거의 없다. 이 때문에 높은 에너지 궤도는 모두 비어 있다. 물론 원자 안에 있는 전자에 에너지를 공급하면 전자가 높은 궤도로 올라갈 수 있다. 그러나 이 전자는 금방 낮은 궤도로 떨어져버린다. 그리고 빛이 나온다. 이렇게 나오는 빛을 자발방출(Spontaneous Emission)이라고 부른다. 들뜬 상태에서 저절로 나오는 빛이라는 뜻이다. 형광등이나 수은등, 나트륨등의 빛은 모두 자발방출되는 빛을 이용한다. 이러한 빛은 레이저와 달리 모두 사방으로 흩어진다. 레이저는 자발방출 대신에 유도방출(Stimulated Emission)을 이용한다.

유도방출이 자발방출과 다른 점은 원자에서 빛이 나올 때 원자 밖에 놓인 광자의 영향을 받아 빛이 나온다는 점이다. 유도방출은 자발방출과 달리 원자가 방출하는 광자는 모두 쌍둥이다. 밖에 있던 광자를 그대로 흉내내기 때문이다.

레이저를 작동하려면 몇 가지 조건이 필요하다. 가장 중요한 점은 매질 속에 있는 원자나 분자가 유도방출을 많이 할 수 있는 환경을 만들어주어야 한다는 점이다. 이를 위해서는 들뜬 상태에 있는 원자의 수가 바닥상태의 원자보다 훨씬 많아야 한다. 들뜬 상태의 원자들이 많으면 유도방출되는 광자 수도 늘어나기 때문이다. 그러나 자연 상태의 원자들은 모두 바닥상태에 있기 때문에 레이저가 작동하려면 인위적으로 원자들을 들뜬 상태로 바꾸어놓아야 한다. 이를 밀도반전(Population Inversion)이라 하고, 밀도반전시키는 과정을 펌핑(pumping)이라고 한다. 밀도반전된 상태는 자연에서 볼 수 없는 인위적인 상태이기 때문에 매질의 절대온도를 마이너스라고 부르기도 한다. 밀도반전을 위해서는 적절한 물질과 방법이 필요하다. 이 부분은 전문서적을 참고하기 바란다.

밀도반전이 이루어진다면 다음으로 생각해야 할 일이 빛의 밝기다. 밀도반전된 매질이 유도방출을 낸다 하더라도 광자의 수가 적으면 실용적이지 않기 때문이다. 따라서 많은 수의 광자를 모으는 작업이 뒤따라야 한다. 이 과정을 '증폭'이라 한다. 빛을 증폭시키기 위해서는 공진기를 사용한다. 공진기란 매질 양 끝에 단 거울을 말한다. 매질에서 빛이 나오면 이 빛을 거울에 반사시켜 매질 사이를 왕복하도록 조치한다. 이때 공진기 역할을 하는 거울 사이의 거리를 조정하면 특별한 파장의 빛만을 모을 수 있다. 이를 정상파라고 부른다. 정상파가 원자를 자극하면 유도방출이 일어난다. 유도방출된 광자는 거울 사이를 오가면서 다시 정상파가 되고, 이 광자들이 다시 원자를 자극하여 유도방출시킨다. 유도방출되는 빛의 양은 원자 밖에 있는 광자의 수에 비례하므로 광자가 거울 사이를 반복함에 따라 원자에서 유도방출되는 광자의 수는 기하급수적으로 증가하게 된다. 광자들이 충분히 축적되면 거울의 작은 구멍을 통해 광자들이 한꺼번에 외부로 빠져나간다. 이렇게 만들어지는 빛이 레이저다. 즉, 유도방출된 빛을 증폭시킨 빛이다.

더 볼 만한 자료

The Feynman Lectures on Physics. Vol. 3, R. P. Feynman, R. B. Leighton, & M. Sands, Addison-Wesley, 1965

『양자혁명: 양자물리학 100년사』, Manjit Kumar 지음, 이덕환 옮김 (까치글방, 2014)

http://www.lpi.usra.edu/lunar/missions/apollo/apollo_11/experiments/lrr/ (2014)

http://en.wikipedia.org/wiki/Apache_Point_Observatory_Lunar_Laser-ranging_Operation (2014)

10장
우주의 절대 제한속도 c

Henceforth space by itself, and time by itself, are doomed to fade away into mere shadows, and only a kind of union of the two will preserve an independent reality.

_Hezmann Minkowski

물질 속의 미시 세계는 하늘에 보이는 거시 세계와는 많은 점이 달랐다. 원자는 물질파이고 확률로만 예측이 가능했다. 이러한 원자의 모습을 알게 되는 과정에서 빛이 중요한 역할을 했다. 빛은 또 다른 모습으로 우주의 진리를 깨닫게 해주었다. 이번에는 광속이다. 빛은 진공에서 광속 c(30만km/s)로 달린다. 그런데 세상에서 광속보다 빨리 달릴 수 있는 물체는 존재하지 않는다. 왜 속력에는 광속이라는 한계가 존재하는 것일까? 바로 뉴턴이 생각했던 절대시간과 절대공간의 사고방식에 문제가 있었기 때문이다. 과학자들은 뉴턴이 생각했던 것과는 달리 시간과 공간이 독립적으로 존재하는 것이 아니라는 사실을 깨닫게 된다. 우주에 존재하는 시간과 공간은 시공간이라는 하나의 실체였다. 빛이 가져다준 새로운 선물이다. 이제 시공간에 대해 자세히 알아보자.

에테르는 존재하는가?

바닷가에 부딪치는 파도를 떠올려보자. 파도는 바다에 넘실거리는 물결이다. 물이 없으면 파도는 존재할 수 없다. 파동은 매질이 있어야만 존재하기 때문이다. 소리도 파동이다. 매질이 없으면 소리는 전달되지 않는다. 따라서 진공 속에서는 소리가 전파될 수 없다. 그런데 전자파를 보자. 전자파는 우주 공간을 달려온다. 진공을 통해 전파되는 것이다. 우주의 텅 빈 공간을 달리는 전자파는 어떤 매질이 있기에 전파되는 것일까?

맥스웰은 이 질문에 대해 다음과 같이 반응했다. 물속으로 빛이 통과하는 것을 보라. 전자파는 물(속에 있는 전하)을 흔들면서 전파된다. 빛이 진공을 통과할 수 있는 것도 진공이 에테르로 가득 차 있기 때문이다. 전자파는 에테르를 흔들어 공간전류(변위전류)를 만들어낸다. 맥스웰의 이런 생각은 아리스토텔레스 시절에 도입되었던 제5원소(천상의 순수한 물질, 에테르)를 과학계에 복귀시키는 역할을 했다. 뉴턴이 운동법칙을 도입한 이후 에테르는 희미한 기억 속으로 사라지고 있는 중이었다. 그런데 맥스웰이 에테르가 필요한 존재임을 과학계에 다시 상기시킨 것이다.

뉴턴은 관성을 제1의 운동법칙으로 삼았다. 뉴턴에게는 움직임을 제대로 관찰하기 위한 기준틀이 필요했다. 그는 절대공간이라 부르는 마찰이 없는 텅 빈 공간에서 물체의 움직임을 관찰해야 한다고 생각했다. 물체의 움직임을 제대로 관찰하려면 절대공간을 기준으로 하는 관성계에서 관찰해야 한다. 그러나 절대공간은 너무 추상적이었으므로 그는 편의상 '움직이지 않는 별'을 절대공간의 지표로 삼았다. 아리스토텔레스가 도입한 천상의 세계(에테르)가 절대공간의 지표 역할을 한 것이다.

한편, 뉴턴의 운동법칙에서 중요한 것은 속도의 변화량(가속도)이지, 물체의 속도 그 자체는 아니었다. 힘은 속도의 변화량과 관계가 있기 때문이다. 그렇다면 가속도를 측정하는 데 절대관성계가 정말로 필요한 것일까? 언제나 그렇지는 않다. 왜냐하면 물체의 움직임을 어떤 관성계에서 측정한다 하더라도 제대로 된 관성계에서 한다면 어떤 관성계에서든지 가속도는 똑같이 나온다. 그 결과 행성운동을 설명하는 데에 에테르의 존재 여부는 큰 관심사가 되지 않았고, 단지 편의상 도입한 것에 불과했다. 뉴턴의 만유인력과 운동법칙은 제대로 된 관성계라면 그 어떤 관성계에서도 성립하기 때문이다.

그런데 전류와 관련된 부분에서 문제가 생겼다. 나란한 두 전선에 전류를 흘려보내자. 전류가 흐르는 전선 사이에는 힘이 작용한다. 전류가 같은 방향이면 전선 사이에 척력이 작용하고, 전류가 반대 방향이면 인력이 작용한다. 그런데 전류가 흐르는 전선은 전자석을 만든다. 따라서 전자석의 입장에서 보면 전류 사이에 작용하는 힘이란 전자석들이 서로 밀고 당기는 힘에 해당된다.

전류 사이에 작용하는 힘을 다른 방식으로 생각해보자(그림 10-1). 왼쪽 전선은 전류가 흘러 전자석이 된다. 따라서 전류와 전선은 잊어버리고, 대신 왼쪽에 전자석이 있다고 생각하자. 오른쪽 전선의 경우는 전하의 움직임에 주목하자. 전류는 전하가 움직이기 때문에 생긴다. 따라서 오른쪽 전선을 따라 움직이는 전하는 왼쪽에 있는 전자석 때문에 힘을 받는다. 즉, 움직이는 전하는 자석 때문에 힘을 받는다. 이 힘을 로렌츠 힘이라고 부른다. 로렌츠 힘은 전하가 움직일 때에만 존재한다. 전하가 정지하고 있다면 힘도 없고, 전류도 없기 때문이다.

뉴턴 당시에는 로렌츠 힘이 알려지지 않았다. 그러나 로렌츠 힘이 물체의 속도에 따라 달라진다는 것이 알려지자 문제가 심각해졌다. 속도에 따라 힘이 달라진다면 어떤 관성계를 기준으로 속도를 재야 제대로 된 힘을 잴 수 있을까?

어떤 사람이 전하를 따라가는 관성계를 기준틀로 잡았다고 해보자. 이 관성계에서 보면 전하는 정지해 있다. 전하가 멈추어 있으니 전류도 없다. 따라서 로렌츠 힘도 나타나지 않는다. 우리가 보면 힘이 나타나는데, 다른 사람이 관찰하니 힘이 사라지는 것처럼 보인다. 그렇다면 어떤 관성계

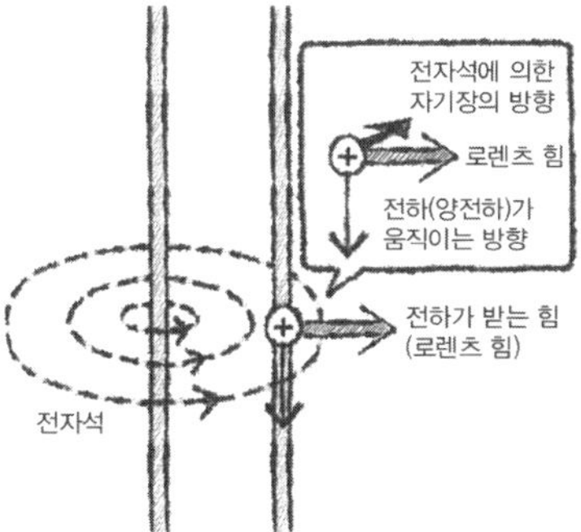

| 그림 10-1 | 로렌츠 힘 : 두 전선에 전류가 흐르면 힘이 작용한다. 그런데 이 힘은 왼쪽 전선에 전자석이 존재하고, 오른쪽 전선을 따라 전하가 움직이기 때문에 전하가 받는 힘으로 생각할 수 있다. 이 힘을 로렌츠 힘이라고 부른다.

에서 관찰을 해야 제대로 된 힘을 잴 수 있을까? 두 전선에 전류가 흐르는 것을 관찰하는 우리가 제대로 관찰하는 것인가? 아니면 전하를 따라 움직이는 사람이 제대로 관찰하는 것인가?

맥스웰에 따르면, 에테르는 전자파가 전파되기 위해서 필수적으로 존재해야 하는 매질이었다. 그렇다면 전하를 다루는 모든 운동은 에테르가 기준이 되어야 할 것이다. 에테르가 매질이기 때문이다. 따라서 에테르는 모든 관성계의 기준이 되는 아주 특별한 관성계가 되어야 한다. 과학자들은 이런 에테르를 절대관성계라고 불렀다. 뉴턴도 에테르가 절대관성계라는 것에 반대할 이유가 없었을 것이다. 맥스웰이 도입한 절대관성계도 뉴턴이 절대공간의 지표로서 '움직이지 않는 별'을 생각한 것과 같은 맥락이기 때문이다. 그렇다면 에테르라는 절대관성계의 존재를 실험으로 확인할 수는 없을까? 에테르가 전 우주를 채우고 있다고 상상해보자. 지구는 자전하고, 또 태양을 중심으로 공전한다. 따라서 지구는 에테르로 채워진 공간 속을 움직이므로, 지구에는 에테르 바람이 불 것이다. 에테르 바람의 속도는 봄, 여름, 가을, 겨울이 다르고, 동서 방향이나 남북 방향으로도 다를 것이다. 에테르 바람의 속도를 정확히 잰다면 에테르를 기준으로 하는 지구의 절대속도도 잴 수 있지 않을까?

미국의 물리학자 마이컬슨(Albert Abraham Michelson, 1852~1931)과 몰리(Edward Williams Morley, 1838~1923)는 우주를 가득 채우고 있는 에테르 바람의 속도를 재고자 했다. 마이컬슨과 몰리가 생각한 방법은 간섭계를 이용하는 것이었다. 에테르가 전자파의 매질이라면 광속 c는 에테르에서 본 빛의 속력일 것이다. 그런데 움직이는 지구에서 보면 에테르 바람이 계절과 방향에 따라 달라질 것이므로, 지구에서 재는 광속은 c가 아니라 에테르 바람에 따라 달라질 것이다. 달라지는 광속을 간섭계를 이용하여 정밀하게 측정하자. 간섭계란 두 빛이 만나서 만드는 간섭무늬를 측정하는 기기다. 간섭무늬는 빛이 지나가는 경로가 달라질 때 나타난다. 경로가 달라지면 빛이 지나가는 시간 차이가 나기 때문이다. 그런데 경로가 같아도 광속이 달라진다면 빛이 통과하는 시간 차이가 나기 때문에 간섭무늬에 변화가 나타날 것이다. 따라서 간섭무늬의 변화를 정밀하게 측정할 수 있다면 에테르 바람의 속도도 잴 수 있다. 이러한 생각으로 마이컬슨과 몰리는 간섭무늬 실험을 계획했다.

마이컬슨과 몰리가 사용한 간섭계의 구조는 다음과 같다(그림 10-2). 먼저 빛이 반투명 거울을 만나면 서로 직각인 두 방향으로 나뉜다. 거울을 통과하는 방향과 거울에서 반사하는 방향이다. 둘로 나뉜 빛은 각자 적당한 거리에 떨어진 거울에서 반사되어 반투명 거울로 되돌아온다. 이 두 빛이 반투명 거울을 지나 스크린에 도착하면 스크린에 간섭무늬가 생긴다. 스

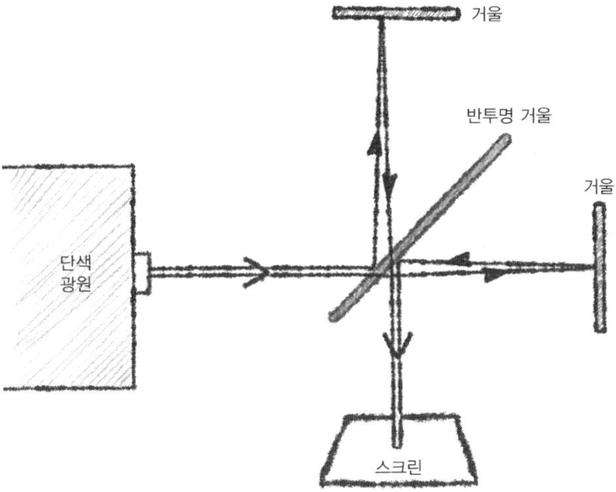

| 그림 10-2 | 마이컬슨과 몰리가 사용한 간섭계 : 빛이 중간에 지나가는 경로가 다르면 시간 차이가 생겨 간섭무늬가 스크린에 나타난다.

크린에 보이는 간섭무늬는 두 빛이 달려온 시간 차이를 알려준다. 마이컬슨과 몰리는 간섭계를 회전 가능한 실험대 위에 올려놓았다. 실험대를 회전시키면 간섭계의 방향이 바뀌고, 에테르 바람의 방향도 바뀐다. 물론 거울 간격은 변하지 않지만 광속이 바뀌면 경로차(빛이 통과하는 시간차)도 달라질 것이다. 경로차가 달라진 두 빛이 만나면 간섭무늬도 달라질 것이다.

그러나 마이컬슨과 몰리의 실험 결과는 예상한 것과 아주 달랐다. 실험대를 회전시켜도 스크린에 보이는 간섭무늬에는 변화의 조짐이 전혀 없었다. 그들은 계절에 따라 간섭무늬가 바뀌는지 조사했다. 그러나 마찬가지로 어떠한 변화도 찾을 수 없었다. 정밀한 분석과 많은 고민 끝에 마이컬슨과 몰리는 1887년에 다음과 같이 신중하게 결론을 지었다. "만일 지구와 에테르 사이에 상대적인 움직임이 있다면, 그 움직임은 아주 작아야 한다."[14]

마이컬슨과 몰리는 간섭무늬를 가지고는 에테르 바람의 속도를 전혀 잴 수 없다고 결론 내렸다. 에테르를 기준으로 할 때, 빛의 움직임으로는 지구의 움직임을 찾아낼 수가 없다. 그런데 분명히 지구는 공전과 자전을 하면서 움직이고 있다. 지구가 움직이는데도 간섭무늬에 변화가 없다는 것은 무엇을 뜻할까?

우리가 지구를 따라 움직이는데도 간섭무늬에 변화가 나타나지 않는다는 것은 관찰자가 어떻게 움직이든 광속은 변하지 않는다는 의미다. 진공에서의 광속은 에테르에서 보든지, 지상에서 보든지 변함이 없다. 계절과 방향과도 무관하다. 관찰자의 움직임과 상관없이 광속이 똑같기 때문에 간섭계로는 에테르 바람을 발견할 수 없다. 마이컬슨과 몰리의 실험 결과

---

14 Michelson, Albert Abraham & Morley, Edward Williams (1887). "On the Relative Motion of the Earth and the Luminiferous Ether." *American Journal of Science* 34: 333~345.

는 엄청난 사실을 내포하고 있었다. 물체의 움직임을 관찰하는 데에 에테르와 같은 절대기준이 있어야 할 필요가 없음을 시사했기 때문이다.

전자파가 전파되는 진공의 실체는 맥스웰이 상상한 것과는 상당히 다르다. 진공은 보기와는 달리 결코 단순하지 않다. 진공을 바라보는 새로운 시각이 20세기 중반 이후에 등장한다. 진공은 전하를 가진 입자들과 반응하기 때문이다. 이 이야기는 13장에 나온다.

생각해보기

강에 떠가는 배를 보자. 흐르는 강물에서는 배의 속도가 달라진다. 소리는 공기를 따라 전달된다. 그런데 바람이 불면 소리 역시 속도가 달라질 수밖에 없다. 바람이 불면 소리의 속도가 어떻게 달라질지 생각해보자. 소리가 바람을 따라가는 경우와 거슬러가는 경우를 구분해서 생각해보자.

추월할 수 없는 속도

마이컬슨과 몰리의 실험 결과는 어떤 관성계에서 측정해도 빛의 속력은 변하지 않는다는 사실을 알아낸 것으로 봐야 한다. 지상에서 광속을 재는 것이나 빠른 속도로 움직이는 비행기 안에서 광속을 재는 것이나 결과가 똑같다는 사실이다. 이 결과를 어떻게 이해할 수 있을까? 사람들이 어리둥절해하고 있을 때 네덜란드의 물리학자 로렌츠(Hendrik Lorentz, 1853~1928)는 마이컬슨과 몰리의 실험 결과를 이해할 수 있도록 새로운 해석을 내놓았다.

로렌츠는 시간과 길이에 대한 기존의 시각을 바꾸기로 했다. 움직이는 사람마다 자신의 시계와 자를 가지고 있다고 생각하자. 각자가 잰 시간과 길이가 같을 필요가 있을까? 자신의 시계와 자신의 자로 잰 시간과 길이가 다른 관성계에 있는 사람이 잰 시간과 길이와 같을 필요가 있을까? 로렌츠는 1895~1899년에 걸쳐서 한 관찰자가 측정한 시간과 길이를 다른 관찰자가 측정한 시간과 길이로 바꾸어주는 사전을 만들어냈다. 이것을 로렌츠 변환이라고 부른다. 로렌츠 변환에 따르면, 정지한 사람이 잰 시간은 빠른 속도로 움직이는 사람이 잰 시간과 다르다. 로렌츠는 각자 자신의 관성계에서 보는 시간을 지역시간(Local Time)이라고 불렀다. 물론 길이도 측정하는 사람에 따라 다르게 보인다. 그러나 시간과 길이가 관찰하는 사람에 따라 달라진다면 얼마나 이상한 일인가? 로렌츠에게도 시간과 길이가 달라진다는 것이 실제 자연에서 무엇을 뜻하는지 분명하지 않았다.

시간과 길이를 다시 생각하게 해준 사람은 아인슈타인이다. 아인슈타인은 패러데이가 찾아낸 전자기 유도 현상에서 자석과 코일의 상대적인 움직임에 주목했다. 정지해 있는 코일 (B) 주위에서 자석 (A)를 움직이면 패러데이 유도에 따라 기전력(교류)이 생긴다. 그렇다면 자석 (A)를 정지시켜 놓고 코일 (B)를 움직이면 어떨까?

답은 같다. 그러나 당시에 기전력을 설명하는 방식은 상황에 따라 전혀 달랐다. 자석 (A)를 움직이는 경우를 보자. 코일 (B)는 자석 (A)의 변화를 상쇄시키기 위해 스스로 전자석이 된다. 이 때문에 기전력이 유도된다. 그렇다면 코일 (B)가 움직이면 어떨까? 코일 (B)가 움직이면 이 코일에 들어 있는 전하가 코일과 같이 움직인다. 전하가 자석 (A) 주위에서 움직였으므로 이 전하는 로렌츠 힘을 받아야 한다. 결국 로렌츠 힘이 기전력을 만들어낸다.

같은 현상이지만 설명하는 방식은 전혀 다르다. 그럼에도 실제로 나타나는 결과는 같다. 이런 일이 왜 생기는 것일까? 아인슈타인에게는 코일과 자석이 서로 상대적으로 움직인다는 것만이 중요하게 보였다. 코일과 자석 중에서 어떤 것이 정지해 있고 어떤 것이 움직이느냐는 중요하지 않았다. 따라서 코일이 정지했을 때 나타나는 패러데이 유도와 코일이 움직일 때 보이는 로렌츠 힘은 서로 근원이 같아야 한다고 생각했다. 아인슈타인은 이를 설명하기 위해 1905년에 다음과 같이 주장했다. 자연법칙은 다음의 두 가지 조건을 만족해야 한다.

아인슈타인의 주장

(1) (역학, 전자기, 광학을 포함하는) 모든 물리법칙은 어떤 관성계(가속되지 않는 계)에서도 똑같이 보여야 한다.

(2) 광속은 어떤 관성계에서 재도 똑같다.

아인슈타인의 이러한 주장을 특수상대론이라고 부른다. 위의 주장 (1)은 갈릴레오가 도입했던 관성계의 아이디어와 같다. 즉, 뉴턴의 제1법칙을 그대로 받아들였다. 그러나 갈릴레오와 뉴턴과 다른 점은 (2)다. (2)는 마이컬슨과 몰리가 행했던 실험과 들어맞지만, 당시에 아인슈타인이 실험 결과를 알고 이런 주장을 했는지는 불분명하다. 다만 전자파 이론을 생각하면서 (2)의 주장을 넣었다.

아인슈타인은 로렌츠가 찾았던 시간과 길이의 변환이 특수상대론을 쓰면 나온다는 것을 확인했다. 로렌츠가 찾았던 이상한 시간과 길이의 변환 공식의 이면에는 단순히 마이컬슨–몰리의 실험을 설명하는 방식 이상의 깊은 의미가 숨어 있었던 것이다.

아인슈타인은 빠르게 움직이는 물체들의 속도가 일반적으로 어떻게 더해지는지도 알아냈다. 달리는 우주선 안에서 앞을 향해 레이저를 쏜다고 하자. 이 광선의 속도는 우주선에서 보나 지구에서 보나 똑같은 광속으로 달려야 한다. 갈릴레오 방식으로 생각하면, 우주선의 속도가 10만km/s일 때 광속 30만km/s를 더하면 10만km/s + 30만km/s=40만km/s가 되어야 한다. 그러나 속도는 단순히 더해지는 양이 아니다. 보정이 필요하다.[15] 이 보정을 적용하면, 10만km/s로 달리는 우주선에서 쏜 레이저는 지상에서 보면 광속이 40만km/s가 아니라 이 값을 3/4으로 곱한 값이다. 40만km/s를 3/4으로 곱하면 30만km/s가 나온다. 아인슈타인이 찾아낸 속도 더하기 결과에 따르면, 어떤 속도를 더해도 광속을 넘을 수가 없다. 광속 c는 어떤 속도와 더해도 항상 광속 c가 된다. 광속보다 작은 두 속도를 더하면 물론 광속보다 언제나 작다. 어떤 관성계에서 보아도 광속을 넘어가는 속도는 존재하지 않는다. 광속은 그 누구도 넘을 수 없는 속력이다. 아인슈타인은 속력에 궁극적인 한계가 존재한다는 것을 찾아냈다.

생각해보기

아인슈타인이 주장한 조건, 즉 물리법칙이 동일한 형태로 나타나야 한다는 것은 무엇을 뜻하는지 이야기해보자.

15 u를 우주선 속도, v를 우주선 안에서 움직이는 물체의 속도라고 하자. 지구에서 볼 때 우주선 안에서 움직이는 물체의 속도는 단순히 u+v가 아니다. 이 값에 $(1+uv/c^2)$로 나누어야 한다.

시간과 공간은 하나로 묶여 있다

시간과 길이는 움직이는 사람에 따라 그 결과가 달라진다. 로렌츠가 찾아내고 아인슈타인이 특수상대론으로 확인한 이 결과는 수식 없이 이해하기란 쉽지 않다. 그러나 로렌츠가 만든 사전을 수식보다는 그 의미를 중심으로 알아보자. 모든 관찰자가 똑같은 시계, 똑같은 자를 사용한다고 하더라도 움직이는 사람이 보면 시간이 달라지고, 길이도 달라진다. 어떻게 달라지는지 다음 몇 가지 예를 통해 살펴보자.

시간은 개별적이다

먼저 수명을 살펴보자. 물체가 움직이면 '수명'이 달라진다. 이 사실은 붕괴하는 입자의 수명을 통해 쉽게 확인할 수 있다. 대기권에는 강력한 에너지를 가진 입자들이 우주에서 날아든다. 이 강력한 입자들은 대부분 대기의 상층부에서 공기와 충돌하여 사라진다. 대신 수많은 뮤온(Muon)들이 생겨난다. 그런데 뮤온의 수명은 길지 않다. 수 마이크로초가 지나면 다른 입자로 바뀌어버린다. 즉, 일정 시간 이상이 되면 뮤온은 더 이상 존재하지 않는다는 뜻이다. 따라서 언뜻 보면 뮤온이 광속으로 달린다 하더라도 뮤온이 수 마이크로초 동안 갈 수 있는 최대 거리는 수백 미터에 불과하다. 대기권에서 지상까지의 거리는 1km 이상이므로, 뮤온은 대기권에서 출발하여 지상에 도달하기 전에 모두 사라져야 한다. 그럼에도 지구 표면에서는 하늘에서 날아오는 뮤온들이 무수히 발견된다(그림 10-3). 어찌된 일일까?

답은 바로 관찰자에 따라 시계의 똑딱거림이 달라진다는 데 있다. 뮤온의 수명을 측정한다고 하자. 먼저 정지해 있는 뮤온의 수명을 측정해보자. 뮤온이 정지해 있을 때 측정한 수명을 고유수명 또는 고유시간이라고 부른다. 뮤온의 고유수명은 물론 수 마이크로초다. 이번엔 빠르게 움직이는 뮤온의 수명을 측정해보자. 우리는 지상에 정지해 있고, 뮤온은 빠르게 움직인다. 로렌츠에 따르면 우리의 시계는 뮤온의 시계와 똑딱거리는 시간

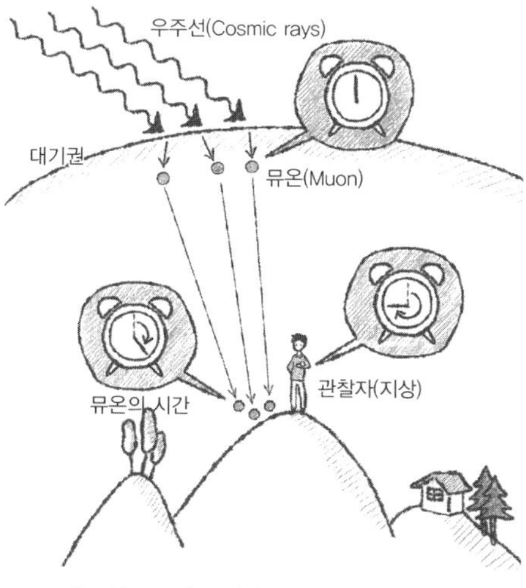

| 그림 10-3 | 뮤온은 생각보다 멀리 간다.

이 다르다. 우리 시계로 뮤온의 수명을 잰다면 뮤온의 고유수명보다 더 길게 나온다. 우리의 시계는 뮤온의 시계보다 시간이 느리게 가기 때문에 우리의 시계로 보면 뮤온의 수명이 늘어난다. 뮤온이 빠르게 움직일수록 뮤온의 수명은 더 늘어난다. 이렇게 시간이 달라지는 것을 '시간 팽창효과'라고 부른다.

뮤온이 광속의 0.6배로 움직이고 있을 경우, 우리가 보는 뮤온의 수명은 1.25배로 길어진다. 뮤온이 광속의 0.99배로 움직이면, 수명은 7배로 늘어난다. 뮤온의 속력이 광속에 가까워질수록 뮤온의 수명은 무한대로 늘어날 수 있다. 뮤온으로 존재하는 시간(수명)이 길어지므로, 대기층에서 만들어진 뮤온이 지상까지 도달하는 데 문제가 없다.

동시성은 나에게만 통한다

서울과 파리에서 일어나는 두 사건을 두 사람이 관찰한다고 하자. 한 사람은 지상에 있는 지구인이고, 다른 이는 우주선을 타고 움직이는 우주인이다. 지구인은 지구 시스템을 사용하고, 우주인은 우주 시스템을 사용한다. 지구인은 서울과 파리의 시간을 지구인의 표준시로 똑같이 맞추었다. 서울에 있는 지구인 시계를 S라 하고, 파리에 있는 지구인 시계를 P라고 하자. 서울에 있는 지구인 시계 S로 잰 1초는 파리에 있는 시계 P로 잰 1초와 정확히 같다. 이렇게 시간을 맞추는 것을 '시일치'시킨다고 말한다. 시일치시키는 관점에서 보면 서울의 표준시나 유럽의 표준시는 모두 같은 시스템이다. 표준시는 단지 12시를 맞추는 것이 지역의 시차에 따라 다를 뿐 재깍거림은 모두 똑같기 때문이다. 우주인도 자신들의 시계로 시일치시켰다. 우주인의 시스템으로 볼 때 서울에 놓인 우주인 시계는 S′, 파리에 있는 우주인 시계는 P′이다. 우주인들도 자신들의 시계로 보면 서울에서의 1초는 파리에서의 1초와 정확히 같다.

서울과 파리에서 불꽃놀이 축제가 열렸다. 지구인들은 서울과 파리에서 동시에 폭죽을 터뜨리기로 했다. 모든 행사는 계획대로 진행되었고, 서울과 파리에서는 똑같은 시각에 폭죽이 터졌다. 서울 시계 S와 파리 시계 P는 정확히 같은 시각을 가리키고 있었다. 성공적이었다. 그런데 지구 축제를 구경하던 우주인들은 서울과 파리에서 동시에 폭죽이 터지지 않은 것을 보고 실망했다. 자신들의 시계로 보니 서울 시계 S′과 파리 시계 P′은 다른 시각을 가리키고 있었기 때문이다. 우주인들은 불평했다. "지구인들은 아직도 시간 하나 제대로 못 맞추다니!" 지구인들은 억울했다. 분명히 서울 시계와 파리 시계는 정확히 같은 시각을 가리키고 있었다. "우주인들은 자신들의 시계를 제대로 맞추지 못하고 우리에게 화살을 돌리다니!"

어디에 문제가 있는 것일까? 먼저 우주 시스템을 살펴보자. 서울(S′)과 파리(P′)에 있는 우주 시계들은 문제가 없다. 시일치가 잘 되어 있다. 그런데 우주 시스템에서 보니 지구 시스템이 문제였다. 우주인들이 보기에 서울에 있는 지구 시계(S)와 파리에 있는 지구 시계(P)가 똑같이 재깍거리지 않는다. 우주인이 보기에 지구인들은 자신들의 시계들을 시일치시키지 못했다. 그렇다면 지구인이 보았을 때는 어떤가? 지구인이 볼 때 서울(S)과 파리(P)의 지구 시계는 정확히 시일치되어 있다. 문제의 소지가 전혀 없었다. 문제는 우주 시스템이었다. 지구인이 보니 서울(S′)과 파리(P′)에 놓인 우주인들의 시계가 제대로 작동하지 않고 있었다. 지구인이 볼 때는 우주 시계가 시일치되어 있지 않아 보였다.

어디에 문제가 있는 것일까? 지구인과 우주인들이 보기에 자신들의 시스템에는 전혀 문제가 없다. 그들의 시일치는 정확했다. 지구인이나 우주인들이 시일치를 잘못 맞춘 것이 아니다. 문제는 지구인이 보는 시공간(지구 시스템)과 우주인이 보는 시공간(우주 시스템)이 구조적으로 같을 수 없다는 데 있다. 서로가 움직이면 서로에 대해 시일치를 보장할 수가 없다. 지구 시스템으로 모든 지역에 있는 시계를 정확히 맞추었다 하더라도, 우주 시스템에서 보면 지구 시계는 각 지역마다 시간의 재깍거리는 모습이 달라 보인다. 그 결과 지구인이 보면 서울과 파리에서 두 사건이 동시에 일어나지만, 우주인이 보면 두 사건이 동시에 발생하지는 않는다. 다른 속도로 달리는 서로 다른 시스템에서는 시공간의 구조가 필연적으로 달라질 수밖에 없다. 이렇게 이상한 일이 생기는 원인은 광속이 유한할 뿐 아니라 각각 다른 두 시스템에서도 광속이 똑같아야 한다는 데에 있다. 두 사건이 동시에 일어났다는 주장은 시스템이 다른 사람에게는 진리로 받아들여질 수 없다.

성격이 완전히 다른 시공간 구역이 우주에 존재한다

사건의 순서는 어떻게 될까? 사건의 순서가 바뀔 수도 있을까? 상황에 따라서는 그럴 수도 있다. 서울과 파리에서 벌어진 지구촌 축제가 지구에서 볼 때는 동시에 일어난 사건이다. 그러나 어떤 우주인들은 서울에서 먼저 폭죽을 터뜨렸다고 이야기한다. 또 다른 우주인들은 파리에서 먼저 폭죽을 터뜨렸다고 말한다. 그렇다면 재미난 일이 생길 수도 있다. 공상과학소설에 나오는 것처럼 타임머신을 타고 과거로 갈 수도 있을까? 답은 그렇지 않다. 실망스럽게도 정작 사람들이 관심 있어 하는 순서는 바뀌지 않는다. 과거로 돌아가서 엄마보다 아들이 먼저 태어날 수는 없다. 무엇이 다를까? 사건들 중에는 순서가 바뀌지 않는 사건들이 존재한다. 어떤 사건들은 순서가 바뀔 수 있고, 어떤 사건들은 순서가 바뀔 수 없다. 우주에서 일어나는 사건들을 구분하기 위해 과학자들은 사건들을 나누어 생각한다. 현재 위치에서 영향을 주고받을 수 있는 사건들과 그렇지 않은 사건들이다. 각 사건들이 일어나는 시공간의 영역은 서로 다르다.

현재의 사건이 미래에 영향을 미칠 수 있는 시공간의 영역은 어떤 시공간일까? 미래를 바꿀 수 있으려면 현재에 보낸 정보가 전달될 수 있는 시공간 영역이어야 한다. 이러한 시공간 영역을 시간적(Time-like)−시공간이라고 분류한다. 시간적−시공간 영역 안에서 일어나는 사건은 순서에 변화가 생기지 않는다. 시간적−시공간 영역에서 일어나는 대표적 사건이 엄마와 자식의 탄생이다. 현재 엄마가 존재해야만 미래에 자식이 탄생할 수 있다. 자식이 엄마보다 먼저 태어날 수 있는 방법은 없다. 시간적−시공간 영역에서는 인과율이 적용된다.

정보를 주고받을 수 있는 가장 빠른 방법은 빛을 이용하는 것이다. 빛이 진행하는 궤적을 시간과 공간으로 표시된 좌표에 표시하자(그림 10-4 왼쪽). 직선을 따라 빛이 진행하는 경우를 보자. 좌표를 시간 축과 위치 축으로 그리자. 그리고 시간 축과 위치 축을 똑같이 환산한 눈금으로 표시하자. 이 경우 빛은 45도의 경사진 직선을 따라간다. 빛보다 느린 물체는 빛

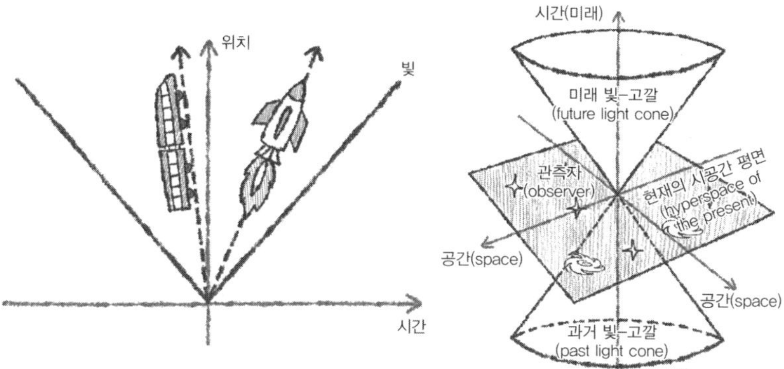

| 그림 10-4 | 직선을 따라 진행하는 빛(왼쪽), 평면에서 진행하는 빛(오른쪽)

의 궤적 위쪽 영역에 놓인다. 정지한 물체는 시간 축을 따라 뻗어가는 직선에 놓인다. 위치가 변하지 않고 시간만 흐르기 때문이다.

평면 위에서 빛이 진행한다고 하자(그림 10-4 오른쪽). 빛이 진행하는 궤적을 시공간 좌표에 그려보면, 평면의 어떤 방향으로도 시간-공간의 45도 경사진 직선을 따라간다. 이 궤적을 모두 모으면 고깔 모양이 된다. 이 고깔을 특별히 빛-고깔(Light Cone)이라고 부른다. 물론 빛보다 느린 물체의 궤적은 빛-고깔 안에 놓이게 된다. 질량이 있는 물질은 빛보다 느리게 달려가기 때문이다. 따라서 시간적-시공간은 빛-고깔 안쪽에 해당한다. 빛-고깔 안에 위치한 시공간의 영역에서는 역사가 바뀌지 않는다. 인과율이 정확하게 적용된다. 3차원 공간에서의 궤적은 그림으로 나타내기 어려우니 상상으로 헤아려보자.

북극성은 지구에서 434광년 떨어져 있다. 우리는 현재 북극성에서 무슨 일이 일어나는지 알지 못한다. 북극성에서 현재 일어나고 있는 어떤 정보도 아직 우리에게 도착하지 않았기 때문이다. 우리가 현재 아는 것은 적어도 434년 전에 북극성에서 일어난 일 정도이다. 현재의 북극성과 현재의 우리는 어떤 영향권에도 놓여 있지 않다. 이처럼 멀리 떨어진 두 곳에서 동시에 일어나는 사건들은 인과관계로 맺어질 수 없다. 인과관계가 적용되지 않는 이런 시공간 영역을 공간적(Space-like)-시공간이라고 분류한다. 공간적-시공간은 그림에서 빛-고깔의 바깥 영역에 해당된다.

결국 세상에서 일어나는 사건은 두 가지로 분류된다. 인과관계로 맺어진 사건과 인과관계가 없는 사건이다. 인연으로 맺어진 사건은 시간적-공간 안에서 일어나는 사건들이다. 이에 비해 인연과 상관없이 일어나는 사건들은 공간적-시공간 영역 안에서 일어나는 사건들이다. 만일 우리가 광속을 초월할 수 있는 방법이 있다면 두 가지 시공간 영역이 구분되지 않는다. 심지어 타임머신도 불가능한 일만은 아닐 수 있다.

길이 또한 개별적이다

시간만 변하는 것이 아니다. 길이도 달라진다. 달리는 물체는 달리는 방향으로 길이가 짧아진다. 이것을 로렌츠 수축이라고 부른다. 이 때문에 빨리 달리는 물체를 보면 원래의 모습대로 보이지 않는다. 우리 눈에 보이는 모습은 우리 눈에 동시에 도착한 빛으로 만들어진다는 것을 기억하자. 망막에 동시에 도착하는 빛이 되기 위해서는 각 지역마다 출발이 달라야 하고, 짧아진 길이 효과가 합해지면 우리 눈에 비친 물체가 마치 회전하는 것 같은 착각을 일으키게 된다(그림 10-5). 이런 효과 때문에 광속에 가까운 빠른 속도로 우주를 여행한다고 하면 신기한 현상이 보인다. 우주선 앞쪽으로 우주 전체의 모습이 모여 보인다. 심지어 당신의 뒤통수가 눈앞에 나타날 수도 있다.

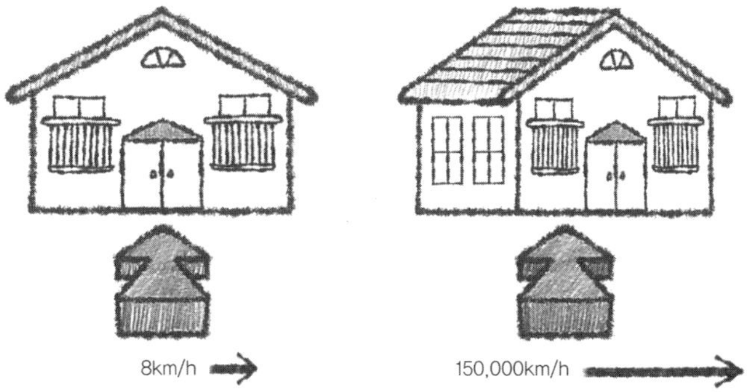

| 그림 10-5 | 상대론적 효과 : 빨리 움직이는 물체는 회전하는 것처럼 보이고, 시야도 넓어진다.

읽어보기 : 시공간뿐 아니라 힘도 서로 엮여 있다

진공에서의 광속은 어떤 관성계에서 보아도 똑같다. 이 때문에 시간과 공간이 엮여 있고, 마치 하나의 좌표처럼 묶여서 다닌다. 시간이 느려지고 길이가 짧아지는 것도 같은 이유다. 이와 비슷하게 쿨롱 힘과 로렌츠 힘도 서로 연결되어 있다. 전하가 정지해 있으면 당연히 전기력만 보인다. 전하가 정지해 있으면 자석 때문에 느끼는 힘(로렌츠 힘)은 없다. 그러나 전하가 움직이면 전기력뿐 아니라 자기력도 나타난다. 그렇다면 움직이는 전하를 따라가면서 전하가 받는 힘을 측정하면 어떨까? 전하를 따라가는 관성계에서 보면 전하는 정지해 있고, 쿨롱 힘만 보일 것이다. 이 관성계에서 보면 로렌츠 힘은 없다. 같은 전하이지만 어떤 관성계에서 보면 쿨롱 힘만 나타나고, 다른 관성계에서 보면 쿨롱 힘과 로렌츠 힘이 모두 나타난다.

전기력(쿨롱 힘)과 자기력(로렌츠 힘)은 원래 같은 힘이다. 다만 관찰하는 사람의 입장에 따라 상대적으로 달리 보일 뿐이다. 이 때문에 로렌츠 힘은 관성계의 움직이는 상태를 말해주는 전하의 속도에 따라 달라질 수밖에 없다. 로렌츠 힘이 전하의 속도에 따라 달라진다고 해서 절대관성계가 필요한 것은 아니었음을 확인할 수 있다.

패러데이가 처음 고안한 발전기는 자석을 정지해놓고 자석 사이를 도체 원판이 돌리는 방식이었다. 도체를 돌리면 원판 가장자리로 전류가 흐른다. 이와 달리 패러데이 유도는 코일을 정지시켜놓고 자석을 움직이는 방식이다. 이 두 과정을 설명하는 원리는 전혀 다르지만 전류가 생기는 결과는 같다. 2개의 다른 원리가 결과가 같은 이유는 바로 상대성이었다. 실제로 자석이 움직이느냐, 코일이 움직이느냐 하는 구분은 중요하지 않다. 자석과 코일이 상대적으로 움직인다는 사실만 중요할 뿐이다.

생각해보기

남이 움직이고 내가 정지해 있으면, 내 시계는 정상이고 움직이는 남의 시계는 느리게 간다. 똑같은 상황을 바꾸어 생각해보자. 남이 보면 내가 상대적으로 움직이고 있고, 따라서 그 사람이 보면 내 시계가 느리게 갈 것이다. 모순이 아닌가? 이것을 어떻게 설명할 수 있을까?

질량은 에너지, $E=Mc^2$

아인슈타인이 도입한 특수상대론은 시공간을 바라보는 눈을 근본적으로 바꾸었다. 절대관성계란 뉴턴이 편의상 도입한 관성계다. 자연은 절대관성계가 필요하지 않다. 어떤 관성계에서 관찰해도 자연법칙은 똑같다. 어떤 관성계를 선택하느냐 하는 것은 취향이나 상황에 따라 다를 뿐이다. 특정한 관성계를 고집할 이유는 어디에도 없다. 다만 관성계가 달라지면 측정값들이 달라질 수도 있다. 시간과 길이는 보는 사람에 따라 달라진다. 우리가 오랜 세월 믿어왔듯이 시간이나 길이가 모든 사람들에게 보편적인 양이 아니라는 뜻이다.

그러나 이런 특수상대론에 대해 업적을 높이 사는 사람도 있지만, 그렇지 않은 사람도 있다. 시간과 길이가 변하는 것은 일상생활에서 나타나는 일이 아니다. 속도가 아주 빨라야, 그것도 광속과 비슷해질 때에라야 보인다고 하지 않는가? 그렇다면 특수상대론은 우리의 생활과는 무관한 과학자들의 놀이에 불과한 것은 아닐까? 물론 그럴 수 있다. 그러나 조금만 생각해보면 이런 의견은 그야말로 우물 안 개구리의 생각과 다를 바 없다. 왜 그런지 예를 들어보자.

보는 사람의 입장(관성계)에 따라 시간과 길이는 크기가 달라질 수 있지만, 그렇지 않은 양도 있다. 대표적인 양이 광속이다. 이런 양을 불변량이라고 부른다. 불변량은 어떤 사람이 재도 똑같기 때문에 통역 없이도 쉽게 상황을 설명할 수 있다. 이 때문에 불변량을 알면 세상이 쉬워진다. 아인슈타인은 1905년에 불변량으로 색다른 양을 찾아냈다. 세상에서 가장 유명한 Mc^2이다. 질량에너지라고 부르는데, 아인슈타인의 발견으로 세상이 바뀌었다. 질량에너지의 의미를 알아보자.

물체가 움직이면 운동에너지를 갖는다. 물론 운동에너지는 움직이는 속력에 따라 달라지기 때문에 보는 사람의 입장(관성계)에 따라 값이 달라진다. 물체가 움직이면 운동에너지가 있다. 그러나 물체와 같이 움직이는 사람이 보면 물체가 정지한 것으로 보이기 때문에 운동에너지가 없다. 운동에너지는 보는 사람에 따라 존재하기도 하고, 사라지기도 한다. 그런데 물체의 움직임과 상관없이 변하지 않는 에너지가 있다. 이 불변량이 바로 질량에너지다. 질량에너지는 물체가 정지하고 있을 때 가지는 기본에너지다. 운동에너지는 없지만, 총 에너지가 질량 M으로 표시된다. M은 물체가 정지하고 있을 때의 질량이며, 고유질량이라고도 부른다. 질량을 에너지로 볼 수 있다는 것을 아인슈타인이 찾았다.

정지한 물체든지, 움직이는 물체든지 그 물체는 항상 질량에너지 Mc^2을 가지고 있다. 물론 물체가 움직이면 운동에너지를 갖기 때문에 총 에너지는 질량에너지보다 커진다. 그렇다면 고유질량이 말하는 질량에너지는 우리와 무슨 상관이 있을까? 질량에너지란 우리가 어떻게 해볼 수 있는 에너지는 아니지 않는가? 다음의 예를 생각해보자.

고유질량 M을 가지고 있는 물체가 내부의 반응(내부 폭발이라고 하자) 때문에 두 조각으로 똑같이 쪼개졌다고 하자(그림 10-6). 폭발이 일어나더라도 총 에너지는 폭발 전이나 후나 같아야 한다. 총 에너지가 보존되기 때문이다. 폭발 전에 이 물체가 정지해 있었다고 하자. 이 물체가 가진 총 에너지는 질량에너지인 Mc^2이다. 폭발 후에는 각 조각이 에너지를 똑같이 나누어 가진다. 따라서 한 조각이 가지는 에너지는 전체의 절반이다. 그런데 폭발 후에는 쪼개진 물체가 서로 반대 방향으로 튀어나간다. 이는 마치 장난감 자동차 사이에 용수철을 놓고 압축한 뒤 놓으면 두 자동차가 서로 반대로 튀어 나가는 것과 같은 원리다(작용과 반작용). 두 조각이 똑같으므로 각 조각은 똑같은 속력으로 움직인다. 즉, 두 조각은 같은 운동에너지를 가지고 있다.

움직이는 조각의 속도를 0.6c이라고 하자. 이렇게 움직이는 물체의 운동에너지는 아인슈타인이 찾은 운동에너지 공식에 따르면 $0.1Mc^2$이 된다. 그런데 쪼개진 조각의 총 에너지는 $0.5Mc^2$이므로, 한 조각의 질량에너지는 그 차이인 $0.4Mc^2$이 되어야 한다(0.5-0.1=0.4)는 것을 알 수 있다. 이것을 종합해보면, 폭발 전 질량은 M이었으나 폭발 후 두 물체의 질량의 합은 0.8M으로 줄었고, 나머지 질량은 운동에너지로 바뀌었음을 뜻한다.

질량에너지가 줄어들면서 운동에너지가 생겨났다. 질량으로 운동에너

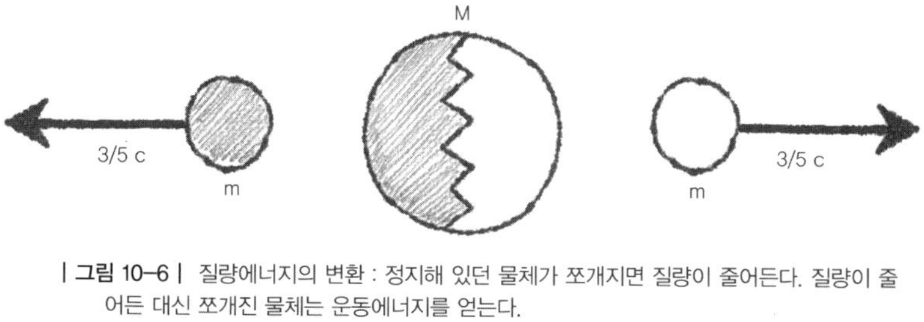

| 그림 10-6 | 질량에너지의 변환 : 정지해 있던 물체가 쪼개지면 질량이 줄어든다. 질량이 줄어든 대신 쪼개진 물체는 운동에너지를 얻는다.

지를 만들 수 있는 새로운 방법을 알아낸 것이다. 우리는 하늘에 떠 있는 태양으로부터 햇빛을 받고 살아가고 있지만, 그 에너지가 어떻게 만들어지는지에 대해서는 모르고 살아왔다. 그런데 아인슈타인이 찾은 $E=Mc^2$이라는 공식 덕분에 태양에너지가 어떻게 생겨나는지에 대한 아이디어를 얻게 되었다. 별이 빛을 내는 데는 질량이 필수적이다. 별은 질량을 이용하여 열과 빛을 낸다(자세한 이야기는 12장 참조). 결국 우리 일상생활은 좁은 시야에서 보면 아인슈타인의 특수상대론이 아무런 영향을 미치지 못하는 것 같지만, 조금만 눈여겨보면 인류의 역사를 움직이는 거대한 흐름 속에 특수상대론이 숨어 있었다는 것을 알게 된다.

생각해보기

로켓을 쏘아 올리려면 추진체를 사용한다. 로켓은 질량을 뿜어내고 대신 운동에너지를 얻어 추진력을 만들어낸다. 이와 비슷하게 핵융합은 질량을 줄이고 대신 운동에너지를 얻는다. 그러나 핵융합으로 운동에너지를 얻는 과정과 로켓 추진체가 운동에너지를 얻는 과정은 근본적으로 다르다. 그 차이는 무엇이라고 생각하는가?

더 볼 만한 자료

The Feynman Lectures on Physics, Vol. 1 &2, R. P. Feynman, R. B. Leighton, & M. Sands, Addison-Wesley, 1965

http://en.wikipedia.org/wiki/Introduction_to_special_relativity (2014)

11장 블랙홀과 휘어지는 시공간

Spacetime tells matter how to move; matter tells spacetime how to curve.

_John Archibald Wheeler

마이컬슨-몰리의 실험 결과는 절대관성계가 더 이상 필요하지 않다는 결론을 내포하고 있었다. 그리고 아인슈타인의 특수상대론은 시간과 공간에 대한 관점을 새롭게 바꾸어놓았다. 그럼에도 시공간에 대한 질문은 여전히 남아 있다. 시공간과 우주는 어떤 관계에 있을까? 시공간이란 뉴턴이 생각했던 것처럼 우주에 스스로 존재하는 그 무엇일까? 물질이 존재하지 않는다면 시공간이 존재한다는 것에 어떤 의미를 줄 수 있을까?

시공간, 어떻게 보아야 하나?

시간과 공간은 서로 독립적으로 존재하는 양이 아니라는 것은 앞서 살펴보았다. 그렇다고 해서 시간과 공간을 항상 붙여서 생각할 필요는 없다. 지구를 인공위성에서 보면 둥글게 보이지만, 그렇다고 해서 출퇴근할 때마다 둥근 공 위를 다닌다고 생각할 필요는 없다. 시간과 공간도 마찬가지다. 일상생활에서 보면 많은 경우, 시간은 시간대로 생각하고, 공간은 공간대로 존재한다고 보아도 크게 틀리지 않는다.

특수상대론이 나오기 훨씬 이전인 17세기, 영국의 뉴턴과 독일의 수학자 라이프니츠(Gottfried Leibniz, 1646~1716)는 공간에 대해 서로 다른 견해를 밝혔다. 라이프니츠에게 공간이란 '사물들이 상대적인 거리를 두고 존재하는 것'을 표현하는 간단한 방법에 불과했다. 따라서 라이프니츠는 사물이 존재하지 않는다면 공간은 의미도 없고, 존재하지도 않는다고 보았다. 이에 반해 뉴턴에게 (절대)공간이란 물체와 상관없이 스스로 존재하는 영역이었다. 뉴턴은 운동의 변화(가속도)를 보는 입장에서 절대공간의 존재를 파악했다. 그의 원칙에 따르면 "운동의 변화는 우주에 존재하는, 움직이지 않는 절대공간에서 파악해야 한다."

뉴턴은 운동을 보는 방법을 두 가지로 분류했다. 진짜운동(True Motion)과 겉보기운동(Apparent Motion)이다. 진짜운동이란 절대공간에서 관찰하는 절대운동이고, 겉보기운동이란 물체를 기준으로 관찰하는 상대운동이다. 이 분류를 명확히 하기 위해서 뉴턴은 회전하는 물통에 담긴 물을 예로 들었다.

정지해 있던 물통이 가운데 축을 중심으로 회전하기 시작한다. 물통은 돌기 시작하지만 물통 안의 물은 거의 움직이지 않는다. 물론 이때의 수면은 수평을 유지한다. 주목해야 할 점은 물이 움직이지 않을 때는 수면이 평평하다는 사실이다. 수면이 평평하다는 것은 물에 힘이 작용하지 않고 있다는 증거다.

시간이 흘러 물통이 계속 회전하게 되면 비로소 물이 물통을 따라 돌기 시작한다. 점점 물은 물통 벽으로 쏠리면서 수면도 오목하게 변한다. 수면이 오목해진다는 것은 물통의 벽이 물이 밖으로 쏠리지 못하도록 물을 가운데로 밀어주는 힘이 작용하고 있다는 뜻이다. 즉, 물에 구심력이 작용하고 있다는 뜻이다. 또한 물이 회전한다는 것은 물이 직선운동을 하지 못하기 때문에 가속도가 있다는 뜻이기도 하다. 따라서 이 두 가지를 종합하면 물이 구심력을 받아 회전운동한다는 것을 알 수 있다. 즉, 회전하는 물은 운동 제2법칙(F=ma)을 만족한다.

그런데 이번에는 입장을 바꿔서 물의 움직임을 땅 위에서 보는 대신, 물통을 타고 관찰해보자. 처음에 물이 심하게 움직인다. 물과 물통이 같이 움직이고 있어 물통이 보았을 때 물이 흘러가는 것처럼 보이기 때문이다. 이 입장에서 보면 물이 움직이는데도 수면은 수평을 유지한다. 수면이 수평을 유지한다는 것은 힘이 작용하지 않는다는 뜻이다. 결과적으로 힘이 없는데도 물은 회전하고 있다. 시간이 지나면서 물의 속력은 오히려 느려지고 물은 결국 정지한다. 물과 물통이 함께 돌기 때문에 물통에 앉은 사람이 보면 물은 정지해 있는 것으로 보인다. 물이 정지해 있는데 수면은 오목한 모양을 하고 있다. 수면이 평평하지 않다는 것은 물에 힘이 작용하고 있음을 뜻한다. 물이 회전할 때는 힘이 작용하지 않고, 물이 정지할 때는 힘이 작용하고 있다면 이상한 일 아닌가? 회전하는 물통 위에 앉아서 관찰하는 운동은 운동법칙을 만족하지 못하는데, 이 관찰을 어떻게 해석해야 할까?

결론적으로 보면, 회전하는 물통 안에 앉아서 관찰하는 운동은 뉴턴이 보기에 제대로 운동을 관찰하는 방법이 아니다. 즉, 잘못된 관성계에서 운동을 관찰하고 있다. 따라서 물통을 타고 보는 물의 운동을 진짜운동으로 볼 수는 없다. 이러한 입장을 주장한 뉴턴의 논리는 질서정연했다. 물통의 입장에서 보는 운동은 겉보기운동일 따름이다. 절대공간의 입장에서 보는 운동만이 진짜운동이다. 운동법칙은 제대로 된 관성계, 즉 절대공간에서 관찰할 때에만 성립한다. 이 논쟁 이후 라이프니츠는 뉴턴에게 판정패를 당했고, 뉴턴의 주장은 3세기 동안 설득력을 얻었다.

이러한 성공에도 뉴턴 역시 절대공간의 존재를 직접 관찰하기는 어렵다는 것을 인정했다. 그는 운동법칙과 힘을 이용하면 진짜운동과 겉보기운동을 구별할 수 있다고 믿었다. 그리고 운동법칙으로 두 가지 운동을 구분할 수 있다는 사실이 절대공간의 존재에 대한 간접적 증거라고 생각했다. 그러나 절대공간에 대한 증거는 뉴턴이 기대한 만큼 확실하지 않았고, 시간이 지남에 따라 절대공간에 대한 근거가 차츰 흔들리게 된다. 제일 먼저 특수상대론이 그 믿음을 흔들었다. 광속은 어떤 관성계에서 관찰해도 똑같다. 광속에 관한 한 특별한 관성계, 특히 절대공간이 들어설 여지는 전혀 없었다. 이런 상황에서 절대공간이 존재해야 할 이유가 있을까? 모든 관성계가 똑같으므로 절대공간이 누리던 특별 지위가 상실되었다고 할 수 있다. 하지만 뉴턴이 물통의 원운동을 통해 설득력 있게 주장했던 절대공간의 근거는 아직도 굳건히 남아 있었다. 약간 다른 관점에서 절대공간의 의미를 생각해보자.

『프린키피아』를 보면 회전하는 공의 예가 다시 나온다. 2개의 공이 끈에 매달린 채 서로 회전하고 있다. 두 공을 잇는 끈은 우리의 경험에 비추어 보면 팽팽해진다. 뉴턴이 볼 때 끈이 팽팽해지는 것은 구심력에 해당하는 힘이 장력으로 나타나기 때문이다. 그런데 정말로 끈에 장력이 나타나는 이유가 회전하기 때문일까? 혹시 우주에 별이 없어도 끈에 장력이 나타날까? 19세기 중반 오스트리아의 철학자 마흐(Ernst Mach, 1838~1916)는 뜬금없는 질문으로 뉴턴의 관점에 도전장을 내밀었다.

마흐의 관점을 정리해보자. 우주가 텅 비었다고 생각해보자. 공이 움직인다는 것을 어떻게 알 수 있을까? 우주 공간에는 비교할 수 있는 푯대가 없는데, 어떻게 운동이나 가속도의 개념을 사용할 수 있다는 말인가? 텅 빈 우주에서는 회전하는 것과 회전하지 않는 것을 구분할 수 있는 방법이 없다. 따라서 텅 빈 우주 공간에서는 두 공이 회전한다고 해도 끈이 팽팽해질 이유가 없다. 이러한 마흐의 생각은 아주 도전적이고 그럴듯해 보였다. 그러나 논란의 여지가 있었다. 다음의 반론을 들어보자. 우주에 별을 몇 개만 놓아보자. 이 별들은 공이 정지해 있는지 움직이는지를 구별할 수 있는 표식이 된다. 그렇다면 우주에 놓인 별 몇 개 때문에 공의 회전이 구분되고, 뉴턴의 운동법칙대로 끈이 팽팽해질까? 어떻게 별 몇 개로 이러한 변화가 가능한 것일까? 이 반론에 마흐는 다음과 같이 답한다. "줄이 팽팽해지는 정도는 별이 많을수록 세진다. 현재 하늘에 분포하고 있는 것처럼 별들이 분포한다면, 줄은 지금과 같이 팽팽하게 될 것이다."

마흐의 주장에 따르면, 가속도란 우주에 다른 물질이 존재할 때만 상대적으로 나타난다. 따라서 공간이란 사물이 존재할 때 비로소 그 의미가 생겨난다. 마흐의 주장은 오히려 상대적 공간을 염두에 둔 라이프니츠의 주장과 가깝다. 그리고 마흐가 제기한 논란은 시공간을 보는 새로운 관점에 불을 지폈다. 마흐의 핵심은 가속도를 어떻게 보느냐의 문제였다.

읽어보기 : 구심력과 원심력을 구별해보자

구심력과 원심력은 같은 원인으로 생긴다. 다만 어떤 입장에서 관찰하느냐에 따라 다르게 보인다. 사과를 줄에 매달아 돌려보자(그림 11-1). 사과를 돌리려면 우리는 힘을 주어 줄을 당겨야만 한다. 줄이 끊어져 더 이상 줄을 당길 수 없다고 생각해보라. 이 경우 사과가 원운동을 하는 것은 불가능하다. 사과가 회전할 수 있도록 잡아당기는 힘이 구심력이다. 구심력은 우리가 사과를 잡아당기는 힘이다. 원운동을 하는 놀이기구는 구조물이 구심력을 제공한다. 구조물이 부서지면 구심력을 제대로 만들지 못해 사고가 발생한다.

| 그림 11-1 | 구심력과 원심력의 차이 : 잡아당기는 사람이 보면 구심력, 사과의 입장에서 보면 원심력이다.

그러나 사과의 입장에서 보면 이야기가 다르다. 사과는 원운동을 할 때 밖으로 밀려나가려는 힘을 느낀다. 사과가 느끼는 힘이 원심력이다. 물론 줄이 끊어진다면 원심력도 사라진다. 원운동을 시키는 것은 구심력이지만 원운동을 당하는 사과는 원심력을 느낀다. 같은 힘이지만 어떤 입장에서 보느냐에 따라 그 의미가 달라진다. 놀이공원에서 회전기구에 탄 우리는 원심력을 느낀다. 커브를 돌 때 자동차가 밖으로 튀어 나가려는 힘을 느끼는 것도 원심력 때문이다. 원심력이란 회전하는 탈 것 안에서 나타나는 힘이다.

휘어지는 시공간

아인슈타인은 마흐의 주장에 일리가 있다고 생각했다. 특히 별들의 분포가 힘에 영향을 준다면 그것은 중력과 관련될 수밖에 없다. 아인슈타인이 보기에 뉴턴의 만유인력에는 미심쩍은 면이 분명 있었다. 먼저 만유인력에는 시간적 개념이 들어 있지 않다. 따라서 멀리 떨어져 있는 물체에 힘이 원격으로 작용할 수밖에 없다. 원격의 힘(action at a distance)이란 먼 곳에 있는 물체에 힘이 즉각적으로 전달된다는 뜻이다. 광속 c는 우주의 제한속도인데, 어떻게 만유인력이 제한속도를 넘어 즉각적으로 전달될 수 있다는 것일까?

태양은 행성과 만유인력을 주고받는다. 뉴턴의 주장에 따르면 행성은 태양으로부터 얼마나 떨어져 있는지에 상관없이 즉각적으로 만유인력에 반응해야 한다. 만일 태양이 사라진다고 하면 빛이 이 사실을 알려주기도 전에 행성은 궤도를 즉시 이탈해야 한다. 만유인력은 즉각적으로 사라지는 특성을 가지고 있기 때문이다. 이 사실을 어떻게 받아들일 수 있을까?

서로 떨어진 두 점 사이에 영향을 주고받으려면 정보가 전달되는 시간이 분명히 필요하다. 그런데 만유인력에는 정보 전달에 필요한 시간이 들어 있지 않다. 아인슈타인은 뉴턴의 만유인력에 나타나는 불합리한 문제를 해결하기 위해 1907년에서 1915년에 걸쳐 상당한 기간 동안 씨름했다.

뉴턴의 입장에서 보면 사과가 낙하하는 운동은 관성운동이 아니다. 낙하운동은 속도가 변하는 가속도운동이다. 가속도의 원인은 만유인력이 제공한다. 뉴턴의 입장에서 보면 사과의 낙하운동을 제대로 분석한다는 것은 절대관성계에서만 가능하다. 그런데 낙하운동을 다른 계에서 관찰하면 안 되는 것일까?

우주정거장 안에 있으면 우주비행사들은 둥둥 떠다닌다. 중력이 사라졌기 때문이다. 그렇다면 우주정거장은 중력을 받지 않는 것일까? 그렇지 않다. 우주정거장도 지상에 있는 사과처럼 만유인력을 받는다. 만유인력이 없다면 우주정거장은 지구를 공전할 수 없다.

그러나 우주정거장 안에 들어서면 우주비행사는 무중력 상태를 경험한다. 무중력을 체험하기 위해서 반드시 우주선을 타야만 하는 것은 아니다. 비행기를 높은 상공에서 안전하게 추락시켜보자. 추락하는 시간은 약 25초 동안의 짧은 시간에 지나지 않지만 추락하는 동안 비행기 안에서도 무중력을 체험할 수 있다.

자유낙하하는 사과를 자유낙하하는 엘리베이터 안에서 지켜본다면 어떨까? 자유낙하하는 엘리베이터 안에서 자유낙하하는 사과를 관찰하면 그 사과는 둥둥 떠다닌다. 마치 중력이 사라진 것처럼 보인다. 자유낙하하는 엘리베이터 안은 무중력 상태가 된다. 우주비행사가 체험하는 무중력 상태나 자유낙하하는 엘리베이터 안에서 사과가 둥둥 떠다니는 것은 같은 이치다. 아인슈타인은 이처럼 중력이 사라지는 계가 존재한다는 것에 주목했다. 중력이 사라지는 계를 '무중력 관성계(Local inertial frame)'라고 부르자. 무중력 관성계 안에 있는 사과는 자신이 자유낙하하고 있는 관성계에 들어 있는지, 아니면 원래 중력이 없는 공간에 놓여 있는지를 구별하지 못한다.

물론 뉴턴이 볼 때 무중력 관성계는 제대로 잡은 관성계가 아니다. 자유낙하하는 엘리베이터 자체의 속도가 변하고 있기 때문이다. 따라서 자유낙하하는 엘리베이터 안은 제대로 된 관성계가 아니다. 오르내리는 롤러코스터나 라이프니츠와의 논쟁에서 나온 것처럼 회전하는 물통 안에서 물체를 관찰한다면 제대로 운동을 관찰할 수가 없다. 따라서 뉴턴이 볼 때 무중력 관성계에서 사과가 둥둥 떠다니는 것을 관찰한다는 것은, 진짜운동하는 모습을 관찰하는 것이 아니라 겉보기운동을 관찰할 따름이다. 진짜운동은 엘리베이터 밖의 지상에서 관찰해야 한다. 지상에서 관찰하면 사과가 중력을 받아 속도가 변하는 것이 명확하게 보인다. 이것이 바로 진짜운동이다.

그러나 아인슈타인의 입장은 뉴턴과 완전히 달랐다. 아인슈타인은 오히려 무중력 관성계를 제대로 된 관성계로 보았다. 중력이 없는 세상에서 보는 운동이 제대로 된 운동이다. 중력이란 관성계를 가속시키기 때문에 나타나는 현상일 따름이다. 아인슈타인이 볼 때 중력이란 가속하는 관성계에서 나타나는 관성력일 뿐이었다.

가속하는 로켓 썰매를 타고 있는 비행사는 엄청난 중력의 효과를 느끼기 때문에 얼굴이 일그러져 보인다(그림 11-2). 마찬가지로 우주비행사는 로켓이 하늘로 솟구칠 때 땅 쪽으로 큰 힘을 받는다. 관성력이 중력과 같은 효과를 주기 때문이다.

이처럼 관성계가 가속하면 중력과 똑같은 효과가 나타난다. 아인슈타인

| 그림 11-2 | 로켓 썰매 테스트 : 최대 15배의 중력을 느끼고 있다.

은 이 사실을 등가원리(Equivalence principle)라고 불렀다.[16]

아인슈타인의 주장에 따르면, 중력을 만드는 방법은 관성계를 가속시켜 주는 것이다. 중력이란 관성계가 가속할 때 나타나는 관성력이기 때문이다. 무중력 관성계는 자유낙하하는 계이다. 자유낙하하는 계 안에서는 중력이 사라진다. 그러나 지표면에 멈춰 있는 우리는 무중력 관성계에 있지 않다. 자유낙하하는 대신 지상에 멈춰 있으려면 하늘로 가속되는 계 안에 놓여 있어야 하기 때문이다. 결과적으로 우리는 중력을 느낀다. 나무에 달

16 원래 등가원리란 물체의 질량을 두 가지 방법으로 재도 결과는 같다는 의미다. 한 가지 방법은 물체에 같은 힘을 주어도 질량이 다르면 가속도가 다르다는 사실을 써서 질량을 재는 방법이다. 이렇게 잰 질량을 관성질량이라고 한다. 다른 방법은 중력을 써서 물체의 질량을 재는 방법이다. 즉, 무게를 재어 질량을 찾는 방법이다. 이렇게 잰 질량을 중력질량이라고 한다. 등가원리란 관성질량과 중력질량이 같다는 뜻이다. 이 결과를 쓰면 관성력이 중력과 같다는 것을 알 수 있다.

린 사과도 똑같이 하늘로 가속되는 계 안에 놓여 있다. 따라서 우리와 사과가 모두 똑같은 관성력(중력)을 느낀다.

무중력 관성계 안에서는 중력이 사라진다. 중력이 없다면 자유낙하도 없다. 우주정거장 안에서 사과를 밀어보자. 사과는 직선운동을 한다. 가만히 눈앞에 놓으면 사과는 그 자리에 멈춰 서기도 한다. 중력이 없기 때문에 사과는 아무런 힘도 받지 않고 정지해 있을 수 있다. 그런데 이런 사과의 모습을 지구에서 바라보면 어떻게 보일까? 우주정거장 안에서 가만히 멈춰 있는 사과는 사실 우주정거장과 함께 움직이고 있다. 따라서 사과의 궤도는 우주정거장의 궤도와 같다.

뉴턴의 입장에서 보면 우주정거장은 지구가 작용하는 만유인력을 받고 있다. 뉴턴의 운동방정식에 따르면 바로 만유인력이 구심력으로 작용하고 있고, 따라서 우주정거장은 지구 주위를 돌게 된다. 그러나 아인슈타인의 입장에서 보면 당장 우주정거장의 궤적 자체를 구할 수 있는 방법이 없다. 무중력 관성계 안에서 관찰한다는 이야기만을 했을 뿐이다. 그렇다면 무중력 관성계 안에서 관찰한 사건을 중력이 있는 세계(가속하는 세계)에서 보는 사건으로 바꾸어볼 수 있는 사전이 필요하다. 그러나 그 사전은 아직 주어지지 않았다. 이 사전을 만드는 일은 뉴턴이 찾은 만유인력과 운동방정식을 다시 쓰는 일과 같다. 이를 정리해보자.

자유낙하하는 사과를 뉴턴의 입장에서 보면, 사과는 중력을 받아 움직이고, 그 궤적은 뉴턴의 운동방정식을 만족한다. 아인슈타인의 입장에서 보면, 사과는 자유낙하하는 무중력 관성계를 따라간다. 따라서 아인슈타인이 찾아야 하는 사전은 명확하다. 무중력 관성계 자체가 어떤 궤도를 움직이는지를 가르쳐주는 방법을 찾아야 한다.

먼저 중력이 없는 경우를 생각해보자. 중력이 없다면 무중력 관성계를 특별히 생각할 필요가 없다. 갈릴레오나 뉴턴 그리고 아인슈타인이 특수상대론에서 생각한 대로 관성계라는 입장에서 관찰하면 그만이다. 이 관성계는 뉴턴의 운동 제1법칙, 즉 관성의 법칙을 따라간다. 직선이라는 아주 간단한 궤도를 그린다. 그런데 아인슈타인은 이 직선을 다른 입장에서 보았다. 축구장의 골대와 코너를 잇는 선을 그린다고 하자. 어떻게 하면 두 점을 연결하는 선을 반듯하게 그릴 수 있을까? 가장 쉬운 방법을 긴 끈을 가져와 골대와 코너까지 연결한 후에 끈을 팽팽하게 당기는 것이다. 팽팽한 끈을 따라 선을 그리면 직선이 된다. 직선이란 시작점과 종착점을 연결하는 최단거리에 해당하기 때문이다. 직선은 평면 위에서도, 3차원 공간에서도 두 점을 잇는 가장 짧은 거리에 해당하는 궤적이다. 관성으로 움직이는 물체는 직선을 따라 움직인다. 같은 궤적이라도 시각마다 도착하는 지점이 다를 수 있으므로 궤도라는 용어로 표시하자.

궤도에는 시시각각 변하는 위치가 표시된다. 관성으로 움직이는 궤도 역시 기하학적으로 바꾸어 생각하면 쉽게 다룰 수 있다. 시간과 공간을 넓은 의미의 공간, 즉 시공간으로 생각하면 같은 기하학의 입장으로 다룰 수 있기 때문이다. 시공간의 입장에서 보면 갈릴레오가 찾은 관성운동뿐 아니라 속도가 아주 빨리 움직이는 관성운동의 경우도 마찬가지다. 관성으로 움직이지만 속도가 빠르게 움직이면 이 물체는 특수상대론을 따른다. 시공간에서 관성으로 움직이는 물체의 궤도도 물론 기하학적으로 표시할 수 있다. 민코프스키는 1907년 아인슈타인이 찾았던 특수상대론을 4차원 시공간의 기하학으로 다시 썼다. 4차원 시공간이란 3차원의 공간과 1차원의 시간을 말한다.

시공간에서 움직이는 물체는 시공간에 궤도를 만들어낸다. 축구장에서 직선을 긋는 것과 비슷하다. 먼저 시작점과 종착점을 표시하자. 시작점과 종착점이란 사건이 일어나는 점과 사건이 종결되는 점이다. 사건을 표시하기 위해서는 시각과 위치가 표시되어야 한다. 이 점이 축구장의 직선을 긋는 일과 다르다. 시공간이 엮여 있기 때문에 시간과 공간은 항상 따라다닌다는 것을 기억하자. 시공간에서 좌표는 (시간, 공간)으로 표시해야 한다. 그리고 시작점과 종착점을 잇는 가장 짧은 시공간의 거리를 찾아야 한다. 이 작업은 축구장에서 선을 팽팽하게 잡아당기는 일과 비슷하다. 이 길은 가장 빨리 가는 길에 해당하므로, 지름길(Geodesic)이라고 부르자. 중력이 없는 시공간에서 지름길은 직선이다.

그렇다면 중력이 있을 때는 어떻게 달라질까? 사과나무에서 떨어지는 사과는 직선을 따라 움직이고, 축구공은 포물선궤도를 따라간다. 우주정거장은 지구를 공전하면서 원궤도를 따라간다. 중력이 있는 공간에서는 궤도가 간단하지 않다. 사과가 움직이는 궤도나 축구공이 움직이는 궤도, 그리고 우주정거장이 움직이는 궤도는 모두 중력이 있을 때 무중력 관성계가 따라가는 궤도에 해당한다. 그렇다면 중력이 있는 시공간에서 무중력 관성계가 따라가는 궤도의 공통점은 무엇일까? 바로 지름길이다.

아침에 집을 출발하여 이웃 마을에 점심때까지 도착해야 한다고 하자. 이웃 마을은 산을 넘어가야 한다. 어떤 길을 따라갈 것인가? 산을 넘어가는 길은 여러 가지가 있다. 산의 계곡을 따라 올라가다가 산의 정상에 오른 뒤 반대편 계곡을 따라 마을로 내려갈 수 있다. 그러나 대부분의 사람들은 재를 넘어간다. 산의 정상을 피해 가는 것이다. 산꼭대기를 오르려면 힘이 들기 때문이다. 사람들은 가장 쉬운 길을 따라간다. 그리고 이 길을 사람들은 지름길이라고 부른다.

중력이 있으면 물체가 움직이는 궤도는 휘어져 보이지만, 결국 지름길을 따라간다. 중력이 있어도 지름길이란 시작점과 종착점을 잇는 가장 쉬운 길이다. 무중력 관성계가 지름길을 따라간다는 입장에서 생각해보자. 궤도가 휘어진다는 것은 시공간 자체가 휘어져 있다는 사실을 알려준다. 시공간이 휘어지는 원인을 중력이 제공하고 있다.

시간을 생각하지 않고 공간만을 고려할 때 두 점을 잇는 최단거리에 대해서는 이미 오래전부터 자세한 사항이 알려져 있었다. 유클리드 공간에서는 두 점을 잇는 최단거리가 직선이다. 구면의 경우에는 두 점을 잇는 최단거리는 대원이다. 대원이란 구면의 원점을 중심으로 구를 반쪽 낼 때 나타나는 원이다. 구면처럼 휘어진 공간에서 최단거리를 구하는 방법에 대한 수학적 연구는 이미 19세기부터 진행되고 있었다. 독일의 가우스(Johann Carl Friedrich Gauss, 1777~1855)는 2차원 유클리드 공간을 일반화하여 휘어진 공간에 대한 기하학을 연구했다. 독일의 수학자 리만(Georg Riemann, 1826~1866)은 고차원으로 연구를 확장했다.

중력이 있는 시공간에서는 시간도 같이 고려해야 한다. 아인슈타인은 리만의 기하학을 4차원의 휘어진 시공간으로 바꾸어 생각했다. 무중력 관성계가 따라가는 궤도를 찾는 일이란 휘어진 4차원 시공간에서 지름길을 찾는 일과 같다. 축구장에서 선수가 공을 차면 포물선을 그리며 공이 날아간다. 아인슈타인의 입장에서 보면 이 포물선은 선수가 공을 차는 시간과 공간 그리고 공이 도착하는 시간과 공간 사이를 잇는 지름길이다.

이제 중력이 존재하는 시공간에서 무중력 관성계가 따라가는 길을 찾을 수 있는 방법이 알려졌다. 무중력 관성계가 따라가는 지름길이다. 뉴턴은 운동방정식을 써서 물체의 궤도를 찾았지만, 아인슈타인은 물체가 시공간의 지름길을 간다고 생각하고 궤도를 찾았다. 이제 한 가지가 남았다. 뉴턴의 만유인력을 찾는 일이다. 뉴턴은 질량이 만유인력을 만들어낸다고 생각했다. 지구의 질량이 우주정거장에 만유인력을 작용한다. 아인슈타인은 어떻게 생각했는지 알아보자.

무중력 관성계는 휘어진 시공간에서 지름길을 찾아간다. 그런데 휘어진 시공간은 어떻게 생기는가? 중력이 있기 때문이다. 중력이 시공간을 휘게 만든다. 그렇다면 휘어진 시공간과 중력의 관계는 무엇인가? 무엇이 어떻게 휘어지는 시공간을 결정하는 것일까? 뉴턴의 말에 따르면, 중력이 생기는 원인은 질량이다. 이 말은 시공간을 휘게 만드는 원인이 물질이라는 뜻이다. 아인슈타인 역시 시공간을 휘게 만드는 원인으로 질량과 에너지를 지목했다. 그리고 시공간의 휘어지는 정도를 나타내는 구체적인 관계식을 찾아냈다. 이를 아인슈타인 방정식이라고 부른다.

아인슈타인 방정식은 물질이 어떻게 시공간을 휘게 만드는지를 알아내는 새로운 중력이론이다. 뉴턴은 중력 때문에 움직이는 물체의 궤도를 나타내기 위해 미분과 적분을 도입했다. 그러나 아인슈타인 방정식은 뉴턴 방정식보다 훨씬 어려운 수학으로 표시된다. 아인슈타인은 중력과 물질 그리고 시공간과의 관계를 나타내기 위해 리만 기하학이 필요했다. 시공간의 휘어진 정도는 곡률로 표현한다.

아인슈타인 방정식 $R_{ab} - \frac{1}{2} g_{ab} R + g_{ab} \Lambda = \frac{8\pi G}{c^4} T_{ab}$

아인슈타인 방정식의 왼쪽에 R로 표시되어 있는 양이 시공간의 곡률이다. R_{ab}는 곡률을 나타내는 텐서(Tensor)이고, g_{ab}는 시공간의 길이를 재는 자의 눈금을 표시하는 텐서다. 텐서란 기하학적인 양으로, 한 관성계에서 0이 되면 다른 관성계에서도 0이 된다. 어떤 관성계에서 값이 주어지면 다른 관성계에서 보이는 값은 간단한 변환으로 환산할 수 있다. 이 식에서 보듯이 아인슈타인 방정식의 의미를 자세히 알려면 엄청난 수학적 지식과 노력이 필요하다. 이 책에서는 아인슈타인 방정식이 주는 몇 가지 중요한 의미를 개략적으로 살펴보기로 한다.

시공간이 휘어지는 정도를 결정하는 양은 물질과 에너지다. 방정식의 오른쪽에 T_{ab}로 표시된 양이 물질의 질량과 에너지를 나타낸다. 이 방정식이 주는 의미는 물질이 시공간을 휘게 만든다는 것이다. 물질의 영향이 없다면 중력도 없고, 시공간도 영향을 받지 않는다. 이러한 시공간을 평평한 시공간이라고 한다. 휘어져 있지 않다는 뜻이다. 평평한 시공간은 물질과 상관없이 존재하는 시공간이다. 뉴턴은 물질과 상관없이 우주에 스스로 존재하는 공간을 절대공간이라고 불렀다. 그리고 뉴턴의 절대공간은 유클리드 공간과 같았다. 그러나 우주에는 절대공간이란 존재하지 않는다. 다만 상대적인 시공간만이 존재할 따름이다. 따라서 우주에 존재하는 평평한 시공간은 유클리드 공간으로 표현되는 공간이 아니다. 유클리드 공간은 시간이 배제된 공간이기 때문이다. 평평한 시공간이란 시간과 공간이 서로 얽혀 있어야 한다. 평평한 시공간은 이미 보았듯이 아인슈타인의 특수상대론이 찾은 시공간이다. 상대적 관성계는 평평한 시공간에서 직선궤도를 따라간다.

물질의 영향이 커질수록 시공간은 물질의 영향을 크게 받는다. 시공간의 휘어지는 정도는 물질의 양과 에너지의 크기에 따라 결정된다. 물질이 시공간을 결정한다는 아인슈타인의 생각은 마흐의 주장과 일맥상통한다. 마흐도 우주에 존재하는 물질에 따라 (회전)운동의 힘이 결정된다고 보았다. 그러나 마흐의 생각에는 모호한 점이 많았다. 이에 비해 아인슈타인은 시공간과 물질이 어떻게 서로 영향을 주고받는지에 대해서 구체적으로 명확하게 밝혔다. 그리고 물질은 휘어진 시공간에서 지름길을 따라 움직인다. 시공간과 물질이 서로 상호작용하는 이러한 중력이론을 일반상대론이라고 부른다.

아인슈타인 방정식에는 뉴턴 상수 G와 광속 c, 그리고 우주상수 Λ가 나온다. 우주상수는 우주가 평형을 이루고 있다고 생각해서 아인슈타인이 넣은 양이다. 우주가 일정한 크기를 유지하려면 우주가 중력 때문에 끌려들어가 작아지는 것을 막는 역할이 필요했기 때문이다. 그러나 우주가 팽창한다는 사실을 허블이 발견하면서, 우주는 일정한 크기를 유지할 필요가 없어졌다. 그래서 아인슈타인은 자신의 방정식에 우주상수를 넣은 일을 후회했다고 한다. 그러나 최근 들어 우주상수가 다시 중요하게 등장하고 있다. 우주가 시간이 지남에 따라 생각보다 더 빨리 팽창한다는 사실이 알려졌기 때문이다. 우주가 가속 팽창한다는 사실을 설명하는 가장 쉬운 방법은 우주상수의 역할을 인정하는 방법이다. 아인슈타인의 실수는 오히려 우주의 운명을 연구하는 데 중요한 단초를 제공해주었다.

생각해보기

고깔 위의 두 점을 연결하는 최단거리는 어떻게 찾아낼 수 있을까? 다음 그림을 보면서 방법을 찾아내보자.

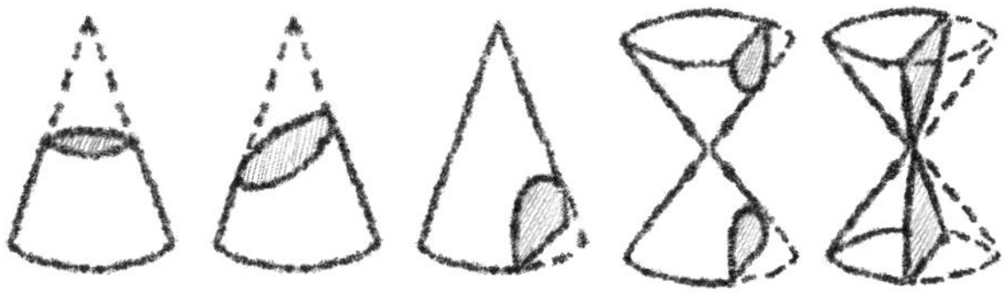

| 그림 11-3 | 고깔 위의 최단거리들

산등성이에 있는 재는 지름길과 어떤 관계가 있는가?

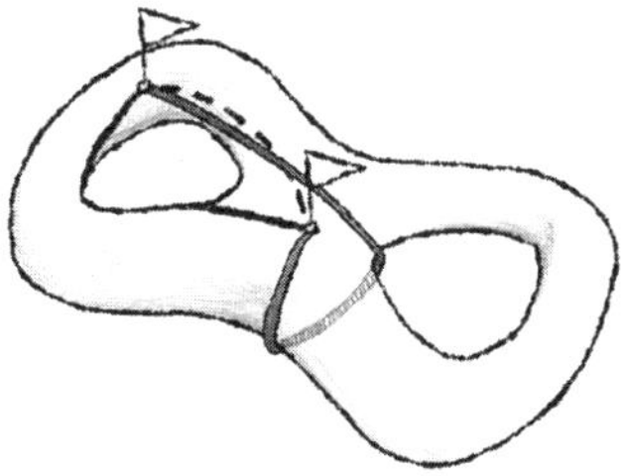

| 그림 11-4 | 곡면에 따라 지름길이 여럿 있을 수 있다.

비행기가 한 대륙에서 다른 대륙으로 넘어갈 때 지름길은 어떤 경로인가?

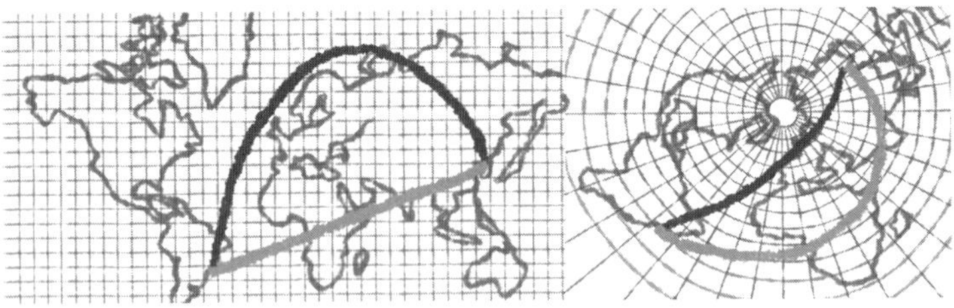

| 그림 11-5 | 서울과 캄파냐(브라질) 사이의 지름길 항로

휘어지는 빛, 느려지는 시계

뉴턴은 절대공간과 만유인력으로 천체운동과 지상의 운동을 하나로 통합했다. 엄청난 과학혁명이었다. 그러나 이 혁명이 끝이 아니었다. 뉴턴이 운동방정식을 만들 때 미심쩍게 남겨놓았던 절대시공간의 관점을 결국 라이프니츠와 마흐 그리고 아인슈타인이 새로운 각도로 보게 되었다. 그리고 물질과 시공간 사이에는 상대적 관점이 도입되었고, 우주를 물질과 시공간의 상호작용으로 보는 새로운 관점이 탄생했다. 그렇다면 아인슈타인이 보는 우주관과 뉴턴의 우주관 사이에는 구체적으로 어떤 결과가 다르게 나타나는가? 우주에서 측정할 수 있는 다른 결과는 무엇인가?

가장 대비되는 결과는 빛의 궤도라고 말할 수 있다. 빛은 질량이 없기 때문에 뉴턴의 만유인력을 느끼지 못한다. 따라서 빛이 중력의 영향을 받을 이유가 없다. 어떤 이는 질량이 조금 있는 물체의 궤도를 구한 뒤에 질량이 사라질 때의 궤도가 빛의 궤도라고 생각하기도 했다. 그러나 이러한 입장은 뉴턴의 우주관과는 상당히 다른 입장이라고 볼 수 있다. 아인슈타인의 주장에 따르면 빛은 중력의 영향을 받아야만 한다. 바로 이 점이 뉴턴과 아인슈타인의 주장이 크게 다른 점이다.

빛은 관성계에서 보면 직진한다. 빛이 직진하는 것은 무중력 관성계 안에서도 마찬가지다. 그런데 무중력 관성계 자체는 중력 때문에 휘어지는 궤도를 따라간다. 그러므로 중력이 있으면 빛도 무중력 관성계를 따라가며 궤도가 휘어질 수밖에 없다. 공의 궤적이 중력 때문에 휘어지듯 빛의 궤적도 휘어진다. 1915년 아인슈타인은 빛이 중력의 영향을 받아 휘어지는 정도를 계산했다. 1919년 5월 29일 개기일식이 일어나자 영국의 물리학자 에딩턴(Sir Arthur Stanly Eddington, 1882~1944)과 그의 팀은 브라질과 서부 아프리카에서 태양 주위에 보이는 별들의 위치를 측정했다. 일식이 아니면 태양이 밝아 태양 뒤에 있는 별들을 볼 수 없기 때문이다. 그들은 별들이 보이는 위치와 별의 실제 위치를 비교하고, 별빛이 태양 주위에서 휘어지는 정도를 측정했다. 별빛이 휘어진 정도는 아인슈타인이 예측한 것과 같았다.(뉴턴의 방식을 원용하여 질량이 있는 물체로 휘어지는 정도를 계산하면 아인슈타인의 결과와 달리 반 정도밖에 설명하지 못한다.) 그 결과 아인슈타인의 일반상대론이 일반인들에게 널리 알려지게 되었다.

중력은 빛을 휘게 만든다. 이 현상은 광학렌즈가 빛을 굴절시키는 것과 비슷하므로 중력렌즈라고 부른다. 4억 광년 떨어진 은하(G2237+0305) 뒤편에 있는 퀘이사(Quasar)는 은하 때문에 별빛이 휘어져 마치 4개의 또 다른 별이 있는 것처럼 보인다(그림 11-6). 물론 실제로는 하나의 별이 있을 뿐이다. 이런 현상을 아인슈타인 십자가라고 부른다. 별빛이 휘어지는 현상은 이제 우주 관측에서 흔히 보이는 현상이 되었다.

중력 때문에 휘어진 시공간은 현대인의 일상과도 밀접한 관계가 있다. GPS(Global Positioning System, 위성항법장치)는 인공위성이 보내는 신호를 통

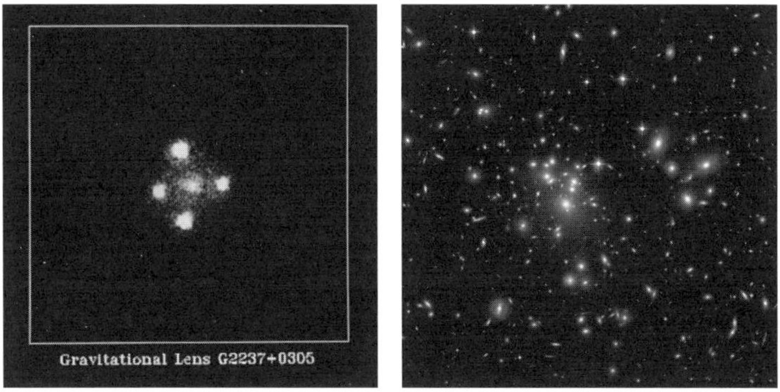

| 그림 11-6 | 중력렌즈로 생긴 아인슈타인 십자가(왼쪽)와 허블 망원경으로 본 우주 : 중력 효과에 따라 은하의 모습이 일그러져 보인다(오른쪽).

해 위치를 파악하는 시스템이다. 1994년 GPS가 처음 작동할 당시에는 24개의 위성이 2만 6000km 상공에 올려졌다. 4개의 위성들은 6개의 공전궤도를 따라 돌도록 설계되어 있다. 각 위성은 하루에 2번 공전하며, 우리의 상공 위에 항상 4개 이상이 떠 보이도록 설계되었다.

GPS를 통해 우리의 위치를 찾는 방법은 기본적으로 삼각측량이다. 측량의 기준으로 삼는 점은 상공에 보이는 4개 위성의 위치다. 각 위성의 위치는 시간대별로 정확히 알려져 있다. 각 위성은 정밀한 원자시계를 가지고 있으며, 위성들은 원자시계의 시간에 맞추어 신호를 동시에 내보낸다. 위성항법장치는 위성에서 보내는 신호가 우리에게 오는 데 걸리는 시간을 잼으로써 위성과 우리의 거리를 알아낸다. 일반적으로 동서남북, 상하고저를 재려면 적어도 3개의 위성이 필요하다. 그러나 지상에 있는 우리의 시계는 고가의 정밀시계를 쓰는 것이 아니므로 시간 측정에 오차가 제법 있다. 이를 보정하는 방법으로 3개 대신 4개 이상의 위성을 사용하여 거리를 보정한다.

GPS는 원래 국방용으로 시작되었다. 그런데 1983년 KAL 007기가 방향을 잃고 시베리아 상공에 들어섬에 따라 비극적인 격추 사건이 일어났다. 이 사건을 계기로 비행기의 안전운행을 위해 GPS가 군사용에서 시민용으로 개방되었다.

현재 미국의 GPS가 제공하는 오차의 한계는 15m 내외다. 15m는 빛이 50ns(나노초) 가는 거리에 해당하므로, 시간 측정이 50ns의 정밀도를 가지고 있음을 뜻한다. GPS 위치 측정의 기본 요소는 정밀한 시간 측정이다. 위성에 고가의 정밀한 원자시계를 탑재한 이유다. 그런데 위성은 상공에서 빠르게 움직이고 있기 때문에 특수상대론에 따라 시간 지연효과가 나타난다. 이와 더불어 위성이 돌고 있는 지점의 중력은 지상에 비해 약하기 때문에 시계가 빨리 간다. 위성에 놓인 시계는 공전 속력 때문에(특수상대론) 하루에 7200ns씩 느려지고, 중력 때문에(일반상대론) 하루에 4만 5900ns씩 빨라진다. 결국 위성시계는 지상에 놓인 시계에 비해 하루에 3만 8700ns(4만 5900ns−7200ns)씩 빨리 간다. 50ns만 해도 빛은 15m를 달리는데, 3만 8700ns의 시간을 고려하지 않는다면 빛의 시차를 이용하여 위치를 측정하는 일은 불가능하다. 이 때문에 위성에 탑재된 시계는 시간의 정밀 측정을 위해 특수상대론과 일반상대론의 효과가 이미 보정되어 있다.

읽어보기 : 중력 때문에 시간이 영향을 받는다

지표면에 정지해 있는 원자가 내는 빛을 건물 꼭대기에서 관찰하면 적색편이가 나타난다(진동수가 줄어든다). 반대로 건물 꼭대기에서 보내는 빛을 지표면에서 관찰하면 청색편이가 생긴다(진동수가 늘어난다). 중력을 받는 물체는 정지해 있어도 중력 때문에 도플러 효과가 생기는 것이다. 중력 때문에 생기는 도플러 효과는 시간이 중력의 영향을 받는다는 것을 뜻한다. 그 결과 하늘에 있는 사람이 볼 때 지상에 있는 사람의 시간은 느리게 간다. 물론 지상에서 보면 하늘에 있는 시계가 빨리 간다고 할 수 있다.

중력이 있는 곳에서 왜 도플러 효과가 생기는지를 쉽게 생각할 수 있는 방법은 아인슈타인의 등가원리를 이용하면 된다. 등가원리란 관성계를 가속시켜 중력의 효과로 대치하는 것이다. 지표면에 있는 물체가 옥상에 있는 물체로 빛을 보낸다고 하자. 지표면에 있는 물체도 중력을 받고 있고, 옥상에 있는 물체도 중력을 받는다. 이것을 관성계가 가속되는 것으로 바꾸어 생각해보자. 지표면에 있는 물체가 빛을 보낼 때 옥상에서 관찰하는 사람의 관성계는 하늘 방향으로 가속하여 올라가고 있다. 빛이 오는 동안 옥상의 관찰자는 하늘 쪽으로 날아 움직인다. 즉, 옥상의 관찰자는 빛을 내는 물체에서 멀어져가고 있다. 옥상의 관찰자는 빛의 적색편이를 관찰할 것이다. 반대로 옥상의 물체가 빛을 지표면으로 보낸다고 하자. 지표면의 관찰자 역시 하늘 쪽으로 가속하여 올라가고 있다. 빛이 옥상에서 지표면으로 다가오는 동안 지표면 관찰자는 하늘 쪽으로 움직인다. 즉, 빛을 내는 물체로 가까이 가고 있다. 지표면의 관찰자는 빛의 청색편이를 관찰한다. 결과적으로 중력이 있는 공간에서는 물체가 정지해 있다 하더라도 중력에 따른 도플러 효과가 생긴다는 것을 알 수 있다.

생각해보기

1990~1991년에 일어났던 걸프전을 계기로 많은 나라들이 자국의 GPS가 필요하다는 것을 실감했다. 그 까닭은 걸프전 당시 미국이 GPS 제공을 잠시 중단했기 때문이다. 이 때문에 GPS의 갈등이 생겨났다. GPS가 국제정치와 사회적인 원인으로 영향을 받았던 경우를 살펴보고, 이를 보완하기 위해 어떤 방법을 연구하고 있는지 알아보자.

시간이 멈추는 별, 블랙홀

중력 때문에 시간이 영향을 받는다는 것은 GPS에서도 확인되었다. 지상의 시계는 상공에 있는 시계보다 느리게 간다. 시간이 느려지는 효과는 중력이 강해질수록 커진다. 그렇다면 중력이 커질 경우 시간이 정지하는 경우도 있을까? 놀랍게도 시간이 정지하는 경우가 있다.

아인슈타인의 일반상대론이 발표되고 몇 달이 채 되지 않아 독일의 물리학자 슈바르츠실트(Karl Schwarzschild, 1873~1916)는 아인슈타인 방정식에서 알려준 특별한 해(解)를 하나 구했다. 그는 회전하지 않는 별이 만들어내는 시공간의 모양을 구했다. 이 시공간이 특별한 것은 멀리 떨어진 사람이 이 별 위에 놓인 시계를 보면 시간이 멈추어 있다는 점이다. 이렇게 시간이 멈추는 별을 블랙홀이라고 부른다. 블랙홀의 반경은 멀리 떨어진 사람이 볼 때 시간이 멈추는 곳이다. 이 크기를 슈바르츠실트 반경이라고 부른다. 만약 태양이 블랙홀이 되려면 태양의 반경이 3km로 줄어들어야 한다. 지구라면 1mm에 지나지 않는다.

블랙홀의 또 다른 특징은 슈바르츠실트 반경 안으로 물체가 들어가면 블랙홀에서 빠져나올 수 없다는 점이다. 비행체가 블랙홀 가까이 간다고 하자. 블랙홀에서 멀리 떨어진 우리가 이 비행체를 보면 비행체가 내는 빛의 파장이 점점 길어진다(적색편이가 생긴다). 처음엔 가시광선이었지만 블랙홀 가까이 도달할수록 파장이 점점 길어져 가시광선에서 벗어나게 된다. 블랙홀 반경에 도달하면 우리에게 도달하는 빛의 파장이 무한대로 커진다. 그 결과 우리는 비행체에 무슨 일이 일어나는지 알 수 없게 된다. 우리가 보기에 그 비행체는 슈바르츠실트 반경에서 정지해 있는 것 같다. 비행체의 시간이 블랙홀 반경 위에서 얼어붙었다. 그러나 정작 블랙홀로 다가가는 조종사는 엄청난 중력과 함께 상하로 길이가 길게 늘어나는 조석효과(Tidal effect)를 느낀다. 그리고 비행체가 슈바르츠실트 반경 안으로 들어가면 그 비행체는 외부 세계와 영영 단절된다. 그 비행체는 블랙홀 안으로 들어갈 수는 있지만 블랙홀 밖으로 나올 수는 없다. 외부에서 보낸 전파는 블랙홀 안으로 들어갈 수 있지만, 내부에서 보낸 전파는 밖으로 나오지 못한다. 빛이 중력 때문에 궤적이 휘어지는데, 그 휘어지는 정도가 심해 별에서 탈출할 수 없는 것이다.

이러한 블랙홀이 우주에 실제로 존재할까? 블랙홀을 찾는 작업은 여러 가지 형태로 이루어지고 있다. 블랙홀 자체는 빛을 내지 않기 때문에 블랙홀에 대한 증거는 간접적으로 찾아야 한다. 블랙홀을 찾기 위해서는 천체에서 나오는 강력한 X-선이나 감마선을 조사해야 한다. 별들이 블랙홀 주위에서 빨려 들어간다면, 강력한 중력 때문에 엄청난 가속도로 움직이게 될 것이고, 이 때문에 빨려 들어가는 별이 X-선이나 감마선을 낼 것이기 때문이다. 퀘이사는 태양계 정도의 크기이지만, 그 밝기는 태양의 수조 배에 달한다. 이 때문에 퀘이사의 중심부에 블랙홀이 있을 것이라 믿고 있다. 우리 은하의 중심에도 태양 질량의 300만 배가 되는 블랙홀이 있는 것으로 알려져 있다. 우리 은하뿐 아니라 모든 은하의 중심에는 거대 질량의 블랙홀이 있는 것으로 추정하고 있다.

휘어진 시공간이 보여주는 또 하나의 현상은 중력파의 존재다. 전기력이 전자파를 만들어내듯, 중력 또한 중력파를 만들어낸다고 본다. 그러나 중력파는 아주 약하기 때문에 직접 만들어내거나 검출하기 힘들다.

중력파의 증거는 2개의 별로 이루어진 쌍성의 궤도 변화에서 처음 나왔다. 1974년 미국의 천문학자 헐스(Russell Alan Hulse, 1950~현재)와 테일러(Joseph Hooton Taylor, Jr., 1941~현재)는 푸에르토리코에 있는 지름 305m의 아레시보 전파 망원경을 이용하여 펄서(PSR B1913+16)를 발견했다. 이 펄서의 주기는 59ms(밀리초)인데, 이는 강한 자기장을 가진 중성자별이 1초에 17번 자전하기 때문에 생기는 현상이다. 이뿐 아니라 이 펄서는 1.4배의 태양 질량을 가진 2개의 중성자별로 이루어진 쌍성이며, 서로의 무게중심을 축으로 공전하고 있었다. 이것들의 공전주기는 7.75시간이었는데, 이 공전주기가 매년 약간씩 느려지고 있었다. 펄서의 공전주기가 느려지는 현상은 바로 쌍성이 중력파로 에너지를 잃어버리고 있기 때문이다. 이 펄서가 중력파로 잃어버리는 에너지는 태양 빛의 2% 정도에 해당한다. 참고로 태양계 전체가 밖으로 내보내는 중력파를 계산해보면 5000W에 불과하다. 펄서가 엄청난 중력파를 내보내고 있음을 알 수 있다.

그런데 2015년 9월 14일 미국의 캘테크(Caltech)와 MIT 연구진이 주축이 된 전 세계의 과학자(우리나라 과학자들도 참여하고 있다)들이 남반구 천체에서 오는 중력파를 검출하였다. 이 중력파는 지구에서 13억 광년이나 떨어진 곳에서 태양 질량의 수십 배에 해당하는 2개의 블랙홀이 충돌하여 하나로 되는 과정에서 방출된 것이었다. 1초도 안 되는 시간에 태양 3개에 해당되는 질량에너지가 중력파로 변해 우주 공간으로 퍼져 나갔으며, 이 중력파가 지구를 통과하는 것을 운 좋게 관찰할 수 있었다. 중력파 측정은 초정밀도가 필요한 실험으로 이번 측정은 레이저 빔의 간섭현상을 이용한 LIGO(Laser Interferometer Gravitational-wave Obeservertory)에서 관찰했다.

생각해보기

우리 은하에는 수천억 개의 별이 있다. 그런데 대략 추산할 때 별 1000개마다 적어도 1개의 블랙홀이 존재한다고 본다. 이 추산대로라면 현재 우주에는 얼마나 많은 블랙홀이 있다고 생각하는가?

더 볼 만한 자료

The Fabric of the Cosmos: Space, Time, and the Texture of Reality, Brian Greene (2004, Knopf)
http://publicliterature.org/books/relativity/1 (2014)
http://www.einstein-online.info/ (2014)
http://archive.ncsa.illinois.edu/Cyberia/NumRel/NumRelHome.html (2014)
https://www.ligo.caltech.edu/news/ligo20160211

12장
별빛이 된 핵에너지

Star light, star bright, The first star I see tonight; I wish I may, I wish I might, Have the wish I wish tonight.

_Nursery Rhyme

눈에 보이는 하늘은 별로 가득하다. 망원경으로 보면 그 수는 헤아릴 수 없이 많다. 수천억 개의 은하와 각 은하마다 존재하는 수천억 개의 별들은 찬란한 빛을 내고 있다. 태양은 지난 45억 년 동안이나 빛을 내고 있다. 태양이 기름을 태워 빛을 내고 있었다면 1000년을 지탱하지 못하고 이미 사라진 별이 되었을 것이다. 그러나 태양은 앞으로도 50억 년 동안이나 더 빛을 낼 수 있다. 하늘에 있는 수많은 별들은 어떻게 빛을 내는 것일까?

별은 원소 공장이다

하늘에 태양이 뜨면 밤이 사라진다. 태양은 1억 5000만 킬로미터나 떨어져 있지만, 햇빛 아래에 서면 따뜻하게 느껴진다. 멀리 떨어진 지구에서도 따뜻함을 느낄 정도니 태양이 얼마나 뜨거울지는 상상할 수조차 없다. 실제로 표면 온도는 6000K이지만, 내부는 3000배나 더 뜨겁다. 어떻게 태양은 이렇게 뜨겁고 밝은 빛을 내는 것일까?

태양의 질량은 지구의 33만 배나 되지만 대부분은 수소가스다. 태양은 이 수소가스를 이용하여 빛을 낸다. 수소전지를 쓰는 자동차처럼 태양이 에너지를 낸다면 1000년이면 연료가 바닥난다. 그런데도 태양은 45억 년이라는 세월 동안 빛을 내고 있고, 앞으로도 50억 년은 더 밝게 있을 것이다. 태양만이 아니다. 밤하늘의 별들도 마찬가지다. 어떻게 별들이 빛을 내는 것일까?

빛을 내는 일은 오랫동안 수수께끼로 남아 있었다. 그런데 이 수수께끼를 1939년에 독일의 물리학자 베테(Hans Albrecht Bethe, 1906~2005)가 풀었다.

태양은 화학반응이 아니라 핵반응으로 빛을 낸다. 같은 수소이지만 화학에너지를 사용하는 것이 아니라, 핵에너지를 이용하는 것이다. 핵에너지는 화학에너지와 어떻게 다른가? 수소를 살펴보자. 수소는 양성자 1개와 전자 1개로 되어 있다. 전자는 양성자를 중심으로 공전한다. 화학에너지는 공전궤도에 놓인 전자의 에너지다. 따라서 화학에너지는 기껏해야 1eV 정도다. 이에 비해 핵에너지는 수소의 질량을 이용한다. 수소의 질량은 양성자의 질량과 거의 같다. 수소의 질량을 아인슈타인 방정식에서 찾은 질량에너지로 환산하면 1GeV이다. 1GeV는 10억eV에 해당한다. 태양은 수소 질량의 일부분을 사용하고 있고, 여기에서 나오는 에너지는 화학에너지에 비해 100만 배나 된다. 질량에너지는 화학에너지와 크기가 전혀 다르다는 것을 알 수 있다.

태양이나 별에는 엄청난 핵에너지가 저장되어 있다. 태양은 지난 45억 년 동안 지구 100개에 해당하는 질량을 사용했다. 태양은 지구 33만 개가 모인 것과 같으니, 지구 100개는 아주 적은 양이라는 것을 알 수 있다. 이 때문에 태양이 앞으로도 약 50억 년 동안 비슷한 모습을 유지하는 데는 전혀 문제가 없다. 우리가 살아 있는 동안에 태양의 에너지가 사라질 걱정은 전혀 할 필요가 없는 것이다.

우주에는 수소 기체가 풍부한 곳이 존재한다. 이 지역에서는 현재도 새로운 별들이 탄생하고 있다. 그런데 별이 만들어지려면 질량이 중요하다. 목성도 수소 기체로 되어 있지만 빛을 내지 못한다. 질량이 태양의 1000분의 1에 불과하기 때문이다. 적어도 태양 정도의 질량이 되어야 빛을 낼 수 있다. 그 이유는 수소가 우주에서 가장 가볍고 안정된 상태의 물질이라는 사실에서 찾을 수 있다.

수소를 홀로 내버려두면 결코 다른 원소로 변하지 않는다. 따라서 수소

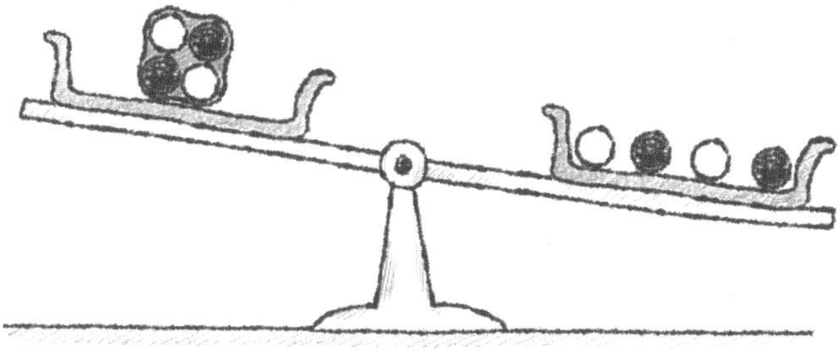

| 그림 12-1 | 수소원자 4개는 헬륨 1개보다 무겁다.

가 핵반응을 할 이유가 없다. 그러나 수소가 별의 중심부에 놓이면 이야기가 달라진다. 태양 중심부처럼 고온 고압이 된다면 수소가 헬륨으로 바뀔 수 있다. 원소가 바뀌는 과정은 화학반응이 절대 아니다. 핵이 바뀌는 과정이 핵반응이다. 가벼운 원소가 무거운 원소로 바뀌는 핵반응을 핵융합이라고 부른다. 헬륨은 원자번호가 2이고, 양성자와 중성자를 각각 2개씩 가지고 있다. 수소 핵융합은 수소원자 4개를 헬륨 1개로 바뀌는 과정이다. 수소 4개의 질량을 합한 에너지보다 헬륨 1개의 질량에너지가 더 작기 때문에 핵융합을 하면 질량에너지가 열로 나온다(그림 12-1). 수소의 핵융합이 시작될 때 비로소 별이 탄생한다. 내부에서는 뜨거운 열이 나오고, 별은 그 크기를 유지하게 된다.

별이 오랫동안 빛을 내고 나면 수소 연료를 다 소진하게 마련이고, 결국엔 핵융합이 멈출 수밖에 없다. 내부에서는 더 이상 열이 나지 않게 되고, 중력에 맞서던 균형이 깨지기 때문에 별은 더 이상 크기를 유지할 수 없다. 별이 붕괴하는 것이다.

별이 붕괴한다고 해서 별의 일생이 끝나는 것은 아니다. 별이 수축하기 시작하면 오히려 제2의 일생을 살게 된다. 그 비밀은 별의 외곽에 있는 수소에 있다. 그동안 사용하지 못했던 수소를 연료로 쓸 수 있는 환경으로 변하기 때문이다. 그동안 핵융합은 별의 중심부에서만 일어났다. 대략 지름의 1/4 안에서 일어났다고 보면 된다. 핵융합이 일어나는 동안 이 부분의 수소는 모두 헬륨으로 바뀌었다. 수소가 없으면 동력을 상실하고 별이 식는다. 이때 강력한 중력으로 별이 수축되면 중심부가 함몰된다. 그 결과 중심부 외곽이 고압으로 바뀌면서 가열된다.

온도가 다시 높아지면 중심부 외곽에 있던 수소에 핵융합이 점화된다. 중심부 외곽에는 더 많은 수소들이 모여 있기 때문에 다시 점화되는 수소 핵융합은 이전보다 더 많은 열을 만들어낸다. 별은 더욱 뜨겁게 달궈지고, 온도가 1억K(절대온도) 이상까지도 올라간다. 태양의 중심부보다 6배 이상 높은 온도다. 열 때문에 별이 차츰 부풀어 커지면 거성 계열의 별로 변한다. 그런데 새로운 별은 1000배 이상 밝지만 표면 온도는 오히려 떨어져 붉게 변한다. 크기가 커지면서 표면 온도가 내려가기 때문이다. 이 때문에 적색거성이라고 부른다. 태양이 일생을 마치고 적색거성으로 변한다면 태양은 아마도 화성궤도 정도까지 부풀어 오를 것이다.

적색거성의 내부 온도가 충분히 높아지면 새로운 핵융합이 시작된다. 중심부에 가득 차 있던 헬륨들이 핵융합을 시작하는 것이다. 이때는 수소 핵융합보다 더 많은 열이 나오기 때문에 별의 내부가 더욱 뜨거워지고, 이에 따라 중심부 외곽에 쌓이기 시작한 헬륨도 핵융합을 시작한다. 그리고 별 외곽에 있던 수소 층도 핵융합을 시작한다. 이처럼 헬륨과 외곽의 수소들이 연쇄적으로 핵융합을 시작하면 적색거성은 엄청난 열로 휩싸이게 되고, 결국 적색거성의 외곽 부분은 열을 견디지 못하고 떨어져 나간다. 별의 내부만 남게 되는 상태를 행성성운(Planetary Nebula)이라고 부른다.

별이 탄생하여 빛을 내는 기간은 100억 년 정도이지만 적색거성이 된 뒤 행성성운이 되는 기간은 수백만 년이 채 못 된다. 이렇게 남게 된 행성성

| 그림 12-2 | 백색왜성 : 밝은 별은 시리우스 A이고, 왼쪽 아래에 하얀 점처럼 보이는 별이 백색왜성인 시리우스 B다.

운의 중심부에서는 강력한 자외선이 쏟아져 나오기 때문에 별에 있는 원자들은 더 이상 전자를 품고 있을 수 없다. 별의 내부에서 나오는 강력한 자외선이 전자를 원자에서 벗겨내어 원자를 이온으로 만들어버리기 때문이다. 원자에서 빠져나온 전자들은 서로 모여 거대한 전자바다를 이루게 된다.

이 별은 수소와 헬륨 등의 연료를 다 사용했기 때문에 더 이상 핵융합을 할 수 있는 여력이 없다. 별의 동력이 사그라들고 식으면 별은 중력을 이기지 못하고 붕괴해 지구만 한 크기의 별로 변한다. 밀도는 지구에 비해 100만 배나 된다. 태양 정도의 질량이 지구 정도의 크기에 담겨져 있기 때문이다. 이렇게 밀도가 큰 별을 백색왜성이라고 부른다(그림 12-2). 백색왜성은 만들어질 당시에는 매우 뜨겁지만 더 이상 핵융합을 하지 못하기 때문에 결국 차갑고 빛을 거의 내지 않는 별로 남는다.

백색왜성은 아주 작은 별이다. 별이 붕괴하여 지구만 한 크기가 되기 때문이다. 별이 이 정도 크기에서 멈추도록 버팀목을 해주는 것이 바로 전자바다다. 전자는 같은 공간에 모여 있지 않으려는 성질(배타원리)이 있다는 것을 보았다. 이러한 배타성 때문에 전자들은 자신의 부피를 유지하기 위해 강력한 압력을 만들어낸다. 이러한 전자의 속성은 금속에서도 볼 수 있다. 금속이 단단한 이유는 금속 안에 돌아다니는 자유전자들이 있기 때문이다. 자유전자들이 자신의 부피를 유지하려고 압력을 행사하기 때문에 금속이 단단한 것이다. 행성성운이 붕괴하여 지구만 한 크기를 유지할 수 있는 것도 전자바다가 강력한 압력으로 중력에 대항하기 때문이다.

별이 백색왜성으로 변하면 이제 우주에서 별의 역할을 다한 것일까? 상황에 따라 다르다. 하늘의 별들은 질량의 덩치 싸움이다. 별은 질량에 따라 다른 운명을 맞이한다. 백색왜성이 주위에 있는 성간물질이나 외부의 별들을 삼킨다면 운명이 전혀 달라진다. 별이 질량을 늘려 태양 질량의 1.4배(찬드라세카르 한계Chandrasekhar Limit라고 한다) 정도가 될 수 있다면, 이 별은 새로운 삶을 살게 된다. 질량이 커지면서 자체 중력이 더욱 강력해지면, 중력은 전자바다가 맞서던 압력을 능가한다. 백색왜성이 붕괴하는 것이다. 찬드라세카르 한계보다 질량이 큰 별에는 더 이상 원자가 존재할 가능성이 없다. 부피가 너무 작아져서 원자를 유지할 만한 공간이 존재하지 않기 때문이다. 대신 원자핵만이 남는다.

원자핵은 원래 양성자와 중성자로 되어 있다. 그러나 백색왜성이 붕괴하면 전자바다는 엄청난 중력에 눌려 맥도 못 추고 양성자들에게 흡수되어버린다. 결국 전자와 양성자는 사라지고 중성자로 바뀐다. 중성자는 페르미온이다. 중성자들도 배타성 때문에 자신들의 부피를 차지하려고 압력을 만들어낸다. 그러나 중성자들은 전자에 비해 훨씬 작은 공간, 다시 말해 중성자는 핵 크기 정도의 부피만 있으면 된다. 중성자가 만드는 압력과 질량이 내리누르는 중력과 균형을 이루면 중성자별이 된다. 중성자별의 밀도는 원자핵의 밀도와 비슷하게 되고, 이 밀도는 백색왜성의 1억 배 이상이다.

백색왜성이 주변의 별을 흡수하여 태양 질량의 2~3배(최소 1.6배 정도) 이상이 되면, 중성자가 만드는 압력조차도 중력과 맞설 수가 없다. 더 이상 중력을 막을 어떤 압력도 존재하지 않는다. 별은 더 이상 크기를 유지할 수가 없다. 별은 완전히 붕괴하게 되고, 블랙홀로 변한다. 이처럼 별의 일생은 수소 기체에서 시작하여 블랙홀로 끝난다. 블랙홀 이후에 어떤 일이 일어날지는 아직 아무도 모른다.

별의 일생은 수소에서부터 시작하여 헬륨과 무거운 원소를 만드는 과정이다. 특히 백색왜성이나 중성자별이 붕괴하는 과정은 무거운 원소를 만드는 데 아주 중요한 역할을 한다. 원래 별들은 수소를 헬륨으로 만든다. 태양에는 질량으로 비교할 때 수소 75%와 헬륨 24%로 구성되어 있다. 헬륨보다 무거운 원소는 거의 없다. 탄소나 질소, 산소처럼 무거운 원소는 적색거성에서 만들어진다.

철보다 무거운 원소는 보통의 별에서 만들어지지 않는다. 금(원자번호 79)과 은(원자번호 47)은 철(원자번호 26)보다 무거운 원소다. 지구에는 금과 은이 다량으로 존재하지만, 태양이나 적색거성에는 없다. 철보다 무거운 원소가 핵융합하면 오히려 질량에너지가 늘어나기 때문이다. 외부에서 엄청난 열과 에너지를 공급하지 않는다면 금이나 은은 만들어지지 않는다. 고대 연금술사가 금을 만들고 싶어했던 소원은 태양에서도 이루어지지 않는다는 것을 알 수 있다. 그렇다면 금이나 은은 어디에서 만들어지는가? 바로 백색왜성이나 중성자별이 붕괴할 때 만들어진다.

별이 붕괴하면서 다량의 중성자가 중심부에서 나오는데, 별에 있던 철

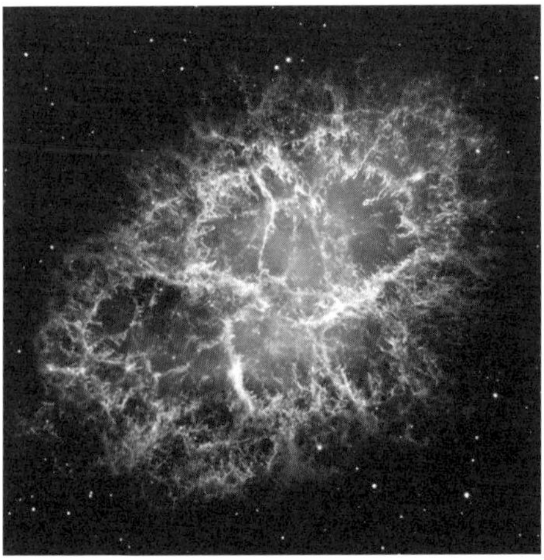

| 그림 12-3 | 게성운 : 1054년에 발견되었으며, 지구에서 6500광년 거리에 있다. 현재 지름은 11광년이며, 초당 1500km씩 퍼져가고 있다.

이 중성자들을 흡수하면 우라늄과 같은 무거운 원소가 다량으로 만들어진다. 이 별이 붕괴한 뒤에는 큰 폭발이 일어나는데, 이 과정에서 태양이 100억 년 동안 방출할 빛에너지를 한꺼번에 쏟아낸다. 이러한 별을 초신성이라고 부른다. 초신성은 별이 그동안 생산했던 원소들을 우주 공간으로 퍼뜨리는 역할을 한다(그림 12-3). 이 원소들은 다시 태어나는 별에 흡수되거나 우주의 성간물질로 남게 된다. 지구를 만들고 있는 물질들도 모두 별에서 만들어진 물질이 우주를 떠돌다가 모인 것이다.

읽어보기 : 태양의 수소 핵융합

핵융합이 일어나려면 수소 핵(양성자) 사이에 작용하는 전기적 반발력을 무릅쓰고 핵 가까이 다가가야 한다. 펨토미터(10^{-15}m) 정도로 가까이 다가가야만 강력히 작용하여 핵융합이 일어난다. 따라서 관건은 전기적 장벽을 어떻게 넘느냐이다. 핵융합은 마치 스키로 이쪽 골짜기에서 다음 골짜기로 넘어가는 것과 같다. 산 너머에 있는 다른 골짜기가 더 깊다 해도 이쪽 골짜기에서 스키를 타고 바로 넘어갈 수는 없다. 골짜기 사이에 능선이 가로막고 있기 때문이다. 핵융합도 비슷하다. 따라서 쿨롱 장벽을 넘으려면 양성자들을 누군가가 밀어 넘겨주어야 한다.

양성자를 쿨롱 장벽 안의 골짜기로 밀어주는 역할은 강력한 중력이 한다. 그러나 태양 중심부에서 중력이 밀어주는 것만으로는 어림도 없다. 대신 가상 터널의 도움을 받게 된다. 가상 터널이란 쿨롱 장벽을 뚫고 가는 터널과 같다. 이 터널은 원자 세계에서만 나타나는 양자효과로 만들어진다. 가상 터널은 지름길이 되지만, 그래도 성공률은 양성자의 움직임에 따라 다르다. 움직임이 빠를수록 성공률이 높다. 태양의 중심부는 고압으로 양성자를 밀고 있고, 고온으로 속도를 높여준다. 그럼에도 양성자가 쿨롱 장벽을 넘는 데 걸리는 시간은 1억 년 정도다. 태양이 별이 되는 것은 수소가스가 충분히 모여 뭉치고 나서도 1억 년 정도의 시간이 흐른 다음이라는 것을 알 수 있다. 이처럼 양성자가 쿨롱 장벽을 넘는 것은 쉽지 않다.

양성자 4개가 헬륨 1개로 변하면 질량이 작아진다. 그 에너지의 차이는 25.7MeV이다. 그런데 이 과정에서 2개의 양성자가 중성자로 바뀌어야 하므로, 양전하와 뉴트리노가 나온다. 양전자는 전자와 똑같다. 오로지 전하만 반대다. 이러한 입자를 반입자라고 부른다. 양전자는 전자의 반입자다. 반입자와 입자가 서로 만나면 빛으로 변해버린다. 양전자와 함께 나오는 뉴트리노는 질량이 거의 없고, 다른 물질과 반응도 거의 하지 않는다. 태양에서 빛만큼이나 많은 뉴트리노가 쏟아져 나오고 있지만 우리가 감지하지 못하는 이유이기도 하다.

질량에너지를 환산해보자. 이때 뉴트리노의 질량은 무시하자. 반전자의 질량은 0.5MeV이므로, 반전자 2개를 만드는 데는 1MeV의 에너지가 필요하다. 따라서 25.7MeV에서 1MeV를 제하면, 핵융합에서 나오는 최대 에너지는 24.7MeV다. 이에 비해 휘발유에 있는 옥탄 분자 하나를 태우면 0.057eV의 열이 나온다. 따라서 헬륨 핵 하나가 만드는 것은 옥탄 분자 4억 개를 태우는 것과 같다. 태양이 그토록 오랜 세월 동안 많은 에너지를 낼 수 있는 이유다.

생각해보기

우주에는 태양, 백색왜성, 중성자별 등 여러 형태의 별들이 존재한다. 여러 종류의 별이 존재하는 이유가 물질과 관계가 있다는 것은 아주 놀라운 사실이다. 특히 별이 크기를 유지하려면 원자 세계에서만 보이는 양자현상이 중요한 역할을 한다. 지구도 예외가 아니다. 지구가 크기를 유지하는 이유는 무엇이라고 생각하는가?

지구는 원소를 저장하는 창고다

지구에는 공기와 물, 그리고 흙이 있다. 이것들을 만드는 원소는 태양의 원소와 전혀 다르다. 지구에는 수소가 그리 많지 않다. 지구에 가장 많은 원소는 질량 순으로 볼 때 철이다. 철이 32%를 차지하고, 산소가 30%, 실리콘이 21%로 뒤를 잇는다. 이에 비해 태양에는 철이 거의 없다. 철은 수명을 다한 별에 많이 존재한다. 그리고 이 별이 폭발하면서 철이 우주로 퍼져 나간다. 지구에 철이 많다는 것은 다른 별에서 철이 다량으로 만들어진 뒤 지구로 옮겨져 왔다는 뜻이다. 지구는 다른 별들이 만들어놓은 원소를 저장하는 창고다.

지표면은 비바람에 따라 모습이 변한다. 그러나 원소 자체가 변하는 것은 아니다. 물이 수증기가 되어 하늘로 오르고, 이것들이 구름이 되어 다시 비로 내린다. 하지만 물 원소가 바뀌는 것은 아니다. 화산이 폭발해도 화산재의 원소가 바뀌는 것은 아니다. 모래로 유리를 생산하고 반도체를 만든다 하더라도 실리콘이라는 원소는 그대로 남는다. 이 모든 변화는 화학반응이기 때문이다.

그렇다면 지구에 저장된 원소는 전혀 변하지 않는 것일까? 실제로는 그렇지 않다. 원소 자체가 변하는 핵반응이 은밀하게 일어나고 있다. 이 핵반응은 태양에서 일어나는 핵융합과는 다르다. 무거운 원소가 가벼운 원소로 바뀌는 핵붕괴이기 때문이다. 이 사실을 처음 알아낸 사람은 프랑스의 물리학자 베크렐(Antoine Henri Becquerel, 1852~1908)이다. 베크렐은 1896년 우라늄에서 방사선을 발견했다. 우라늄처럼 무겁고 불안정한 원소들은 방사선을 내고 저절로 가벼운 원소로 바뀐다. 우라늄은 원자번호가 92인데, 붕괴하면 원자번호 90인 토륨으로 바뀐다. 퀴리 부인(Marie Curie, 1867~1934)이 남편과 함께 발견한 라듐은 원자번호가 88이며, 납으로 바뀐다. 그렇다면 핵이 붕괴하는 이유는 무엇일까? 그 이유는 핵이 만들어지는 원인에서 찾을 수 있다.

수소보다 무거운 모든 원자에는 중성자가 들어 있다. 탄소는 중성자 6개를 가지고 있고, 질소는 7개, 그리고 산소는 8개 가지고 있다. 이 원자들은 모두 양성자와 중성자를 같은 수만큼 가지고 있다. 그러나 원자가 무거워지면 수가 달라진다. 무거운 원소일수록 중성자가 많다. 중성자가 특별한 역할을 한다는 것을 알 수 있다. 핵을 만드는 힘은 전기력보다 훨씬 강하다. 이 힘을 강력(Strong Force)이라고 부른다. 강력은 인력이다. 양성자와 중성자를 막론하고 똑같은 힘으로 핵을 묶고 있다. 그런데 왜 중성자가 필요한 것일까?

원자는 양성자로 구분한다. 헬륨은 원자번호가 2번이다. 양성자 2개만으로 헬륨을 만들 수 있을까? 양성자는 전하를 가지고 있고 전기적으로 반발한다. 전기적 반발력 때문에 핵이 만들어지지 않는다. 전기적 반발력을 이겨내는 방편으로 중성자의 도움이 필요하다. 중성자는 전기적으로 중성이므로 전기적 반발력이 없다. 대신 강력으로 묶고 있다. 따라서 중성자가 핵 안에 있다면 원소를 만드는 데 큰 도움이 된다. 헬륨에 중성자가 하나 있으면 헬륨-3이 된다. 여기에서 3이라는 숫자는 양성자 2개와 중성자 1개를 말한다. 대부분의 헬륨은 헬륨-4로, 중성자가 2개 존재한다. 이처럼 같은 원소라도 중성자의 수가 다를 수 있다. 중성자가 다른 원소를 동위원소라고 부른다. 각 원소에는 중성자가 다른 동위원소가 여러 가지 존재할 수 있다. 대부분의 탄소는 탄소-12다. 중성자가 6개라는 뜻이다. 그러나 대기 중에는 중성자가 8개인 탄소-14도 아주 조금 존재한다.

그렇다면 중성자가 많을수록 좋은 것일까? 그렇지는 않다. 중성자는 불안정한 입자다. 중성자가 핵 밖으로 나오면 15분 만에 다른 입자로 변한다. 그 이유는 중성자의 질량에 있다. 중성자의 질량은 전자와 양성자를 합한 것보다도 더 크다. 이 때문에 중성자가 자유공간으로 나오면 양성자와 전자로 붕괴해버린다. 핵 안에서도 이런 경향이 있다. 중성자가 양성자로 바뀌면 원소도 바뀐다. 탄소동위원소인 탄소-14는 중성자가 양성자로 바뀌면서 질소-14가 만들어진다. 중성자는 붕괴만 하는 것이 아니다. 참고로 별 안에서는 상당한 에너지를 공급받을 수 있어 오히려 양성자와 전자가 모여 중성자를 만든다. 대표적인 예가 중성자별이다. 중성자별은 양성자가 엄청난 압력을 받아 전자를 흡수하고 중성자로 변하기 때문에 별이 만들어질 수 있다.

중성자는 전자처럼 페르미온이다. 핵 안에 중성자가 놓이면 낮은 에너지 상태부터 차곡차곡 쌓이게 된다. 중성자가 필요 이상으로 쌓이면 당연히 불안정해진다. 이 때문에 대부분의 원소는 대략 같은 수의 양성자와 중성자를 가지고 있다. 무거운 원소는 약간의 중성자가 더 필요하다. 우라늄-238은 양성자가 92개이지만, 중성자는 이보다 훨씬 많은 146개가 들어 있다. 원소가 만들어지면 원소에 따라 안정한 원소가 존재하고, 불안정한 원소도 존재한다. 핵 안에서 중성자가 양성자로 바뀌기도 하고, 때로는 헬륨 핵이 원소에서 튀어나오기도 한다.

핵붕괴가 일어나면 원소가 다른 원소로 바뀐다. 원소가 다른 원소로 바뀌는 데 걸리는 시간을 반감기라고 부른다. 반감기가 지나면 원소의 절반이 다른 원소로 바뀐다. 반감기가 길면 안정한 원소이고, 반감기가 짧으면 불안정한 원소다. 수소는 아주 안정한 원소이고, 반감기는 우주의 나이보다 길다. 우라늄의 반감기는 45억 년이다. 지구에 있는 우라늄은 초기에 비해 대략 반으로 줄었다. 토륨의 반감기는 우라늄보다 훨씬 긴 140억 년이다.

핵붕괴는 아주 천천히 일어나지만, 핵붕괴하는 물질이 지구에 많이 존재하기 때문에 그 붕괴하는 효과를 무시할 수 없다. 지각에는 우라늄이 은보다 40배나 많다. 토륨의 양은 우라늄보다 수배나 많다. 토륨은 주석보다도 많고 납만큼 흔한 물질이다. 이런 물질들이 붕괴하면 방사선이 나온다. 방사선으로 나오는 입자는 운동에너지를 가지고 나오기 때문에, 방사선의 운동에너지가 열에너지로 바뀌어 지구 내부를 덥히고 있다. 지구의 맨틀에서 나오는 대부분의 열은 방사선 때문에 생긴 것이다. 중력 때문에 생기는 지각운동은 지각 전체 열의 5분의 1에 불과하다. 우라늄의 반감기가 45억 년인 것을 고려하면, 지구 초기는 지금보다 2배 이상 핵붕괴가 활발했을 것이고, 열도 훨씬 더 많이 났을 것이다.

핵이 붕괴하는 과정에서 부산물로 방사선이 나온다. 방사선은 보통 강력한 운동에너지를 가지고 있어 우리 몸의 세포에 이상을 일으킬 수 있다. 방사선이 세포와 충돌하면 세포의 전자 구조를 바꾸고 이온화시켜 이상세포를 만들기 때문이다. 따라서 생명체에 영향을 미치는 방사선은 이온화 방사선이다. 이온화 방사선이란 원자나 분자를 이온화시킬 수 있는 방사선을 말한다. 이온화 방사선은 세포를 파괴하기 때문에 이온화 방사선을 일정량 이상 쏘이면 심각한 부작용이 생긴다.

핵붕괴에서 나오는 방사선은 대부분 이온화 방사선이다. 자연 방사선에는 알파선과 베타선 그리고 감마선 등이 있다. 이 구분은 전하로 한다. 알파선은 헬륨 핵이며, 양전하를 가지고 있다. 속도가 느리고, 보통 종이 한 장을 뚫지 못한다. 베타선은 전자다. 중성자가 양성자로 바뀌는 과정에서 나오는데, 전자가 가지고 나오는 에너지는 화학반응의 10만 배 이상으로 강력하다. 베타선을 차단하려면 얇은 알루미늄판이 필요하다. 감마선은 파장이 아주 짧은 빛이다. 수 MeV 정도의 강한 에너지를 가지고 나오기 때문에 햇빛과는 비교가 되지 않는다. 참고로 감마선을 차단하려면 두꺼운 콘크리트나 납을 써야 한다.

방사선의 양을 재는 단위로는 베크렐(Bq)이 있다. 1Bq은 1초에 핵이 1회 붕괴하는 것을 뜻한다. 이 단위는 붕괴하는 양만 잴 뿐, 이 방사선이 생명체에 미치는 영향을 직접적으로 나타내지는 않는다. 따라서 생명체에 영향을 재려면 다른 단위를 사용한다. 여기에는 그레이(Gy)와 시버트(Sv)가 있다. 1Gy란 1kg 물질(사람의 몸)이 1J에 해당하는 이온화 방사선을 흡수하는 양이다. 이 경우는 핵붕괴에서 나오는 것만을 이야기하지 않는다. 이온화 방사선에는 자외선과 병원에서 사용하는 X-선 등이 모두 포함된다. 인체에 미치는 영향을 이야기할 때는 생체조직의 흡수 효과를 고려한 시버트를 쓴다. 시버트는 그레이를 환산한 양이다. 1Sv는 아주 큰 에너지 단위이므로, 보통 밀리시버트(mSv) 또는 마이크로시버트(μSv)를 쓴다.

바나나는 칼륨을 포함하고 있어 미량의 방사선을 낸다. 바나나 하나가 내는 방사선 양은 98nSv(나노시버트)다. 나노(Nano)란 10억분의 1을 뜻하는

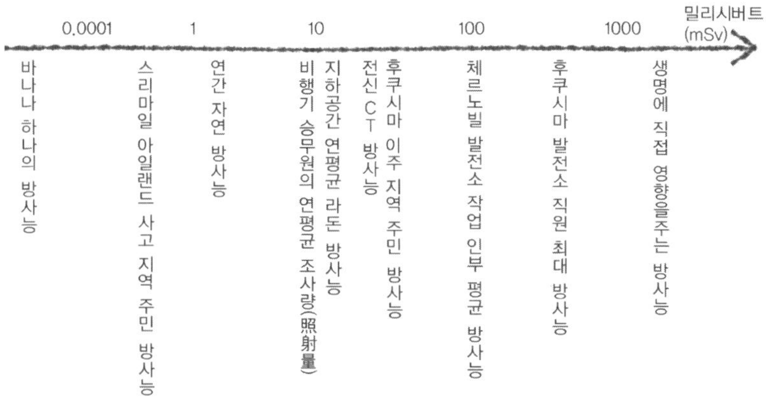

| 그림 12-4 | 방사능의 크기 비교

아주 작은 양이다. 비행기 승무원들도 방사선의 영향을 받는다. 상공에서 머무는 시간이 많기 때문에 우주에서 날아오는 강력한 입자들(우주선)의 영향을 받는다. 승무원들이 받는 방사선의 양은 연평균 9mSv(밀리시버트) 정도로 한정되어 있다. 병원에서 흉부 X-선 촬영을 하면 1회에 약 0.04mSv 정도의 방사선을 받는다. 그러나 전신 CT 촬영의 경우에는 10~30mSv가 된다. 전신 CT 촬영에서 받는 방사선의 양이 매우 크다는 것을 알 수 있다(그림 12-4).

현재 원자력 발전소 근무자는 1년에 최대 50mSv의 양을 넘지 않도록 제한하고 있고, 5년 평균으로는 연 20mSv로 제한하고 있다. 2011년 3월 11일에 일어난 후쿠시마 발전소 사고의 경우에는 한때 허용량을 250mSv로 올렸다. 1Sv에 노출되면 혈액에 이상이 생기며, 2~5Sv에 노출되면 출혈, 탈모, 심지어 생명을 잃을 수도 있다. 3Sv 이상 노출되면 한 달 안에 사망할 확률이 50%가 된다.

핵이 붕괴하면 자연히 방사선이 나온다. 이 때문에 자연 방사선은 지구상 어디에나 존재한다. 베크렐이 처음 발견한 방사능도 자연 상태의 우라늄에서 발견했다. 자연 방사선으로 나오는 물질 중에서 특별히 조심해야 하는 물질이 바로 라돈이다. 라돈은 우라늄이나 토륨이 붕괴하는 중간 과정에서 생기는데, 화학반응을 하지 않는 불활성 기체다. 라돈은 기체 상태로 바위틈을 타고 지하 공간에 스며든다. 색과 냄새가 없기 때문에 그 존재를 쉽게 감지할 수 없지만, 숨 쉴 때 폐로 들어가서 폐암을 일으킨다. 라돈의 반감기는 3.8일이고, 알파입자를 방출하기 때문에 지하공간에서 연 10mSv 정도의 영향을 준다. 지하공간에서 라돈의 피해를 줄이려면 환기를 통해 라돈 기체를 빼내야 한다.

방사선이 인체에 나쁜 영향을 끼치는 것만은 아니다. 병원에서는 방사선 치료로 악성 세포를 죽인다. 병원균의 살균 소독, 식품의 비파괴 살균, 교량의 비파괴 균열 검사 등 많은 분야에서 응용된다. 탄소는 죽은 생명체의 연대 측정에도 유용하게 쓰인다. 탄소 연대 측정은 이산화탄소가 탄소동화작용에 사용되는 것을 이용하는 것이다. 이산화탄소 중에는 보통의 탄소인 탄소-12와 동위원소인 탄소-14가 같이 포함되어 있다. 탄소-14는 원래 지구에 있는 물질이 아니다. 그런데 대기 중에서 탄소-14가 생긴다. 그 이유는 좀 특이하다. 우주에서 끊임없이 날아드는 우주선(Cosmic Ray) 때문이다.

강력한 에너지를 가진 우주선 입자들이 지구의 대기권으로 날아들면, 이 입자들은 대기 중의 질소-14와 충돌하여 탄소-14를 만든다. 그 결과 탄소-14와 탄소-12의 비율은 아주 미량이지만(대략 1.3×10^{-12}정도이다) 비교적 일정하게 유지된다. 두 가지 탄소는 똑같은 화학반응을 하고, 탄소동화작용도 똑같이 한다. 지구상의 생명체는 먹이사슬을 통해 대기 중에 있던 탄소를 계속 흡수하고 방출한다. 따라서 살아 있는 생명체에는 탄소-14가 일정 비율로 유지된다. 그러나 생명체가 죽으면 더 이상 외부의 탄소와 반응을 하지 않는다. 생명체 안에 있던 탄소-14는 붕괴하기 때문에 시간이 지날수록 비율이 줄어든다. 따라서 죽은 생명체의 샘플에서 탄소-14의 양과 원래 있어야 할 탄소-14의 양을 비교해보면 샘플이 죽은 시간을 알아낼 수 있다.

탄소-14의 반감기는 5730년이므로 1μg(마이크로그램)의 탄소-14는 5730년 후가 지나면 그 반인 0.5μg만이 남는다. 2배의 시간이 지나면 원래 원소의 1/4만이 남는다. 따라서 탄소-14의 비가 반으로 줄었다면 이 샘플은 5730년이 지났음을 알 수 있다. 만약 탄소의 비가 1/4로 줄었다면, 이 샘플은 반감기의 2배인 11,460년의 세월이 지난 것으로 추정할 수 있다.

생각해보기

물질은 시간이 지나면 다른 원소로 바뀐다. 우라늄-238의 반감기는 45억 년이지만, 병원에서 쓰는 코발트-60의 반감기는 5.26년이다. 그리고 핵 발전소에서 나오는 요드-131은 8일, 세슘-137은 30년, 그리고 스토론튬-90은 30년이다. 이 반감기는 방사선이 우리 몸에서 머무르는 기간과 어떻게 다를까? 방사선 물질의 피해를 줄이기 위한 방법은 무엇일까?

핵 발전

질량으로 대량의 에너지를 얻을 수 있다는 사실을 우리는 자연에서 배웠다. 별은 열을 얻기 위해 핵융합이라는 방법을 사용한다. 태양이 핵융합을 하고 있으니 우리도 인공적으로 핵융합을 만들어낼 수 있지 않을까? 핵융합을 인공적으로 성공시키려는 시도는 60년 이상 진행되었다. 핵융합 자체는 실험실에서 만들어낼 수 있지만, 경제성 있는 핵융합을 이끌어내기는 쉽지 않다.

핵융합을 하면 열이 나오는데도, 핵융합을 일으키는 것이 간단하지 않은 이유는 무엇일까? 우리가 잘 아는 휘발유를 살펴보자. 휘발유는 산소와 만나면 연소되면서 열이 발생한다. 그렇다고 휘발유가 저절로 타는 것은 아니다. 연소될 수 있는 조건이 갖춰져야 한다. 마찬가지로 수소 핵융합도 적절한 환경이 필요하다. 태양의 중심부는 온도가 1600만K에 이르고 압력도 높다. 또한 태양 중심부의 밀도는 지구의 150배 정도나 된다. 태양처럼 고온 고압의 상태가 만들어져도 별이 곧바로 수소 핵융합을 할 수 있는 것은 아니다. 약 1억 년 정도의 시간이 걸린다. 목성은 수소로 가득 차 있지만, 고온 고압을 유지하지 못하기 때문에 핵융합이 절대 일어나지 않는다. 핵융합이 쉽지 않은 이유는 양성자 사이에 나타나는 전기 반발력 때문이다. 그러나 양성자 사이의 거리가 펨토미터보다 짧으면 강력이 양성자들을 잡아당긴다. 양성자가 강력을 느낄 정도가 되면 가까이 다가갔을 때 핵융합이 일어난다. 결국 관건은 양성자를 어떻게 펨토미터보다 짧은 거리 안으로 집어넣느냐이다.

각 나라들은 양성자를 좁은 공간 안으로 넣기 위해 여러 가지 방법을 시도하고 있다. ITER(International Thermonuclear Experimental Reactor)에서 사용하는 방법은 강력한 자장을 이용하는 방법이다. 수소나 중수소원자를 이온화시킨 후 자장을 이용하여 이온들을 좁은 공간에 가둔다. 토러스(Trous) 모양의 자장을 만들어 사용하는데, 이 장치를 토카막(Tokamak)이라고 부른다. 토카막이라는 용어는 '축을 따라 자장이 만들어진 토러스 형태의 방'이라는 러시아어의 약자다.

세계는 경제성 있는 인공 핵융합을 실현시키기 위해 공동의 노력을 기울이고 있다. 현재 50개국 이상이 ITER 컨소시엄을 형성하여 공동 작업을 하고 있으며, 우리나라도 이 컨소시엄에 가입되어 있다. 현재 ITER는 2038년까지 10배의 효율(50MW의 에너지를 넣어 500MW의 전력을 생산한다)과 1000초 동안 지속적으로 에너지를 생산하는 것을 목표로 삼고 있다.

장거리 우주여행을 하는 우주선은 태양에너지만으로는 필요한 에너지를 얻을 수 없다. 우주선이 태양에서 멀어지면 빛이 희미해지기 때문이다. 이를 보충하기 위해 핵붕괴를 이용하여 에너지를 얻는다. 방사선 물질이 열을 공급하면 이 열로 전기도 생산한다. 보이저 1호에는 3개의 발전기(RTG: Radioisotope Thermoelectric Generator)가 탑재되어 있다. 산화플루토

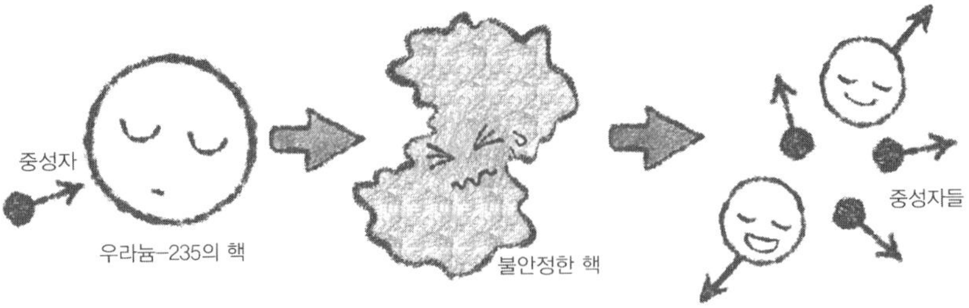

| 그림 12-5 | 핵분열 : 우라늄-235는 중성자 하나를 얻으면 몹시 불안정해져 결국 두 동강이 난다.

늄-238이 동력원이며, 발사 당시 하나당 157W의 전기를 생산하도록 설계되어 있었다. 발전기의 파워는 시간이 지남에 따라 줄어들지만 2025년 정도까지 기본적인 기능을 수행할 수 있도록 만들어졌다.

현재 원자력으로 에너지를 얻는 가장 실용적인 방법은 핵분열이다. 핵분열이란 무거운 핵이 몇 개로 갈라지는 현상이다. 핵분열은 자연 상태에서는 존재하지 않는다. 핵분열은 인공적으로 만들어내야 한다. 핵분열을 위해서는 핵을 인공적으로 불안정하게 만드는 방법을 사용한다. 우라늄-235가 중성자를 먹으면 동위원소인 우라늄-236으로 변한다. 우라늄-236은 중성자 하나가 더 많을 뿐이지만 매우 불안정하다. 마치 파도에 배가 두 동강이 나듯 우라늄-236은 둘로 갈라져버린다(그림 12-5). 우라늄은 바륨(Ba)과 크립톤(Kr)으로 갈라지기도 하고, 크세논(Xe)과 스트론튬(Sr)으로 갈라지기도 한다. 이때 중성자도 2~3개 나온다. 핵분열이 일어나면 원소 하나당 약 200MeV의 에너지가 나오며, 이는 핵융합에 맞먹는 에너지다.

원자력 발전소는 열을 이용하여 발전한다는 점에서 화력발전과 원리가 같다. 다만 화학연료가 아니라 질량에너지를 사용한다는 점이 다르다. 질량에너지를 제대로 활용하려면 핵분열을 안정적으로 지속시켜야 한다. 이를 위해 몇 가지 요소를 고려한다.

먼저 핵연료를 제대로 공급해야 한다. 자연에서 채취하는 우라늄은 대부분 우라늄-238이다. 그러나 우라늄-238은 중성자를 먹어도 핵분열을 하지 않는다. 핵분열에 필요한 우라늄은 우라늄-235인데, 자연에서는 1% 미만으로 매우 소량이다. 우라늄-235가 연료의 역할을 하려면 우라늄-235의 비율이 3% 정도로 높아야 한다. 발전소에서는 우라늄-235의 비율을 높인 연료봉을 사용한다.

다음으로 필요한 작업은 핵분열을 일으키는 중성자를 확보하는 일이다. 핵분열이 일어나면 중성자가 나온다. 따라서 이 중성자를 사용하면 된다. 그러나 이 중성자를 그대로 사용하지는 못한다. 핵분열을 일으키는 중성자는 느리게 움직이는 중성자이기 때문이다. 빠른 중성자를 느리게 하기 위해서는 감속제가 필요한데, 감속제로는 탄소봉이나 물을 사용할 수 있다. 감속제가 하는 역할은 빠른 중성자와 충돌하여 느리게 만드는 것이다. 이는 마치 빠른 당구공이 정지한 당구공과 충돌하면 속도가 느려지는 것과 같다.

마지막으로 중성자의 수를 적당히 조절해야 한다. 핵분열을 한 번 할 때마다 나오는 2~3개의 중성자를 모두 사용한다면 핵분열은 기하급수적으로 일어난다. 이러한 상황이 지속된다면 핵분열이 통제할 수 없는 위험한 상태에 도달하므로 중성자의 수를 적절하게 조절해야 한다. 이 역할을 카드뮴이 한다. 카드뮴은 느린 중성자를 흡수하기 때문에 카드뮴 막대를 쓰면 연료봉 사이에 존재하는 중성자를 적절한 수로 유지할 수 있다.

연료봉이 들어 있는 원자로에서 핵분열이 일어나면 다량의 열이 나온다. 이 열을 이용하기 위해 원자로 안으로 물을 보낸다. 데워진 물은 핵물질로 오염되어 있어 직접 터빈을 돌릴 수 없다. 대신 이 물에 축적된 열로

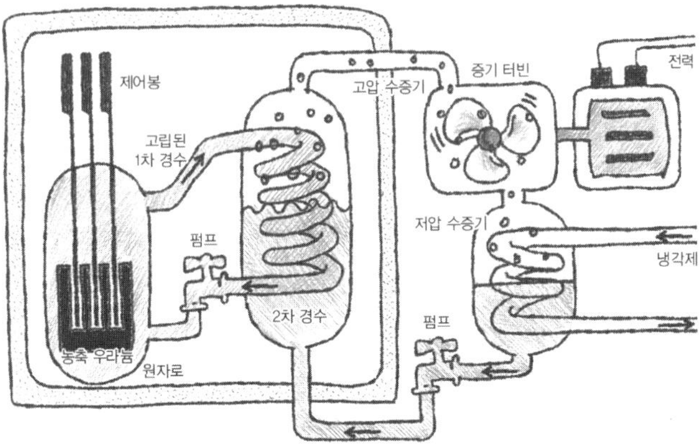

| 그림 12-6 | 가압 경수로 발전 개념도

다른 물을 데워 터빈을 돌린다. 원자로에서 나오는 열을 이용하여 직접 가열하는 물을 1차 경수라고 부른다. 경수란 중수와 구별하기 위해 사용하는 용어다. 경수는 보통의 물 H_2O를 말하고, 중수란 수소에 중성자가 1개 들어 있는 물 D_2O를 말한다. 1차 경수는 끓지 않도록 155기압의 고압을 유지하고 있으며, 원자로 안에 들어가 직접 가열되므로 방사능에 노출되어 있다. 따라서 1차 경수는 외부와 직접 접촉이 되지 않도록 관이 밀봉되어 있다. 대신 1차 경수는 밀봉된 관을 따라 흐르면서 원자로 밖에 있는 2차 경수를 데운다. 2차 경수는 방사능에 직접적으로 노출되지 않는다. 2차 경수가 고압의 수증기로 바뀌면 이 수증기로 터빈을 돌린다. 터빈을 돌린 경수는 냉각제로 액화시켜 회수하여 재사용한다. 터빈과 2차 경수 또한 외부로 노출되지 않도록 설계되어 있다(그림 12-6).

연료봉 안에는 우라늄-235뿐만 아니라 우라늄-238이 많이 섞여 있다. 우라늄-238은 핵분열에 직접 기여하지 않지만, 중성자를 만나면 우라늄-2399로 변하고 이 물질이 다시 플루토늄-239로 바뀐다. 이때 플루토늄-239는 우라늄-238과 달리 핵연료로 사용할 수 있는 물질이다. 플루토늄은 우라늄에 비해 중성자가 많이 나오기 때문에 적은 양으로도 폭발적인 연쇄반응이 가능하다. 이런 이유로 플루토늄-239는 무기의 원료로 쓰이며, 사용 후 연료봉을 재처리하여 플루토늄을 추출하는 문제는 국제적으로 아주 민감한 사안이다.

핵분열이 성공적으로 일어나 원하는 발전을 한다 하더라도 핵분열 후에 나오는 부산물을 제대로 관리하지 못하면 안전에 큰 문제가 생길 수 있다. 모든 부산물에는 안전을 위협하는 방사선이 나온다. 따라서 부산물을 일상적인 생활에서 분리해야 한다.

원자력발전에서 나오는 폐기물에는 고준위, 중준위, 저준위 폐기물 등의 이름이 붙는다. 고준위 폐기물로는 연료봉이 있다. 우라늄-235의 반감기는 7억 년이므로, 거의 반영구적으로 저장해야 한다. 고준위 폐기물은 혹시 모를 연쇄반응을 방지하기 위해 적당한 간격을 유지하여 보관한다. 저준위 폐기물이란 발전에 사용한 기기들, 장갑, 방호복 등을 말한다. 원자로 안에 있던 금속들과 화학 슬러지 등은 중준위 폐기물로 분류한다. 이러한 물질들은 보통 시멘트 블록으로 만들어 저장한다. 폐기물의 안전한 처리는 핵에너지 사용의 가장 큰 문제다. 폐기물의 안전한 처리와 함께 폐기물에 대한 더 많은 연구가 이루어져서 경제성을 높여야 한다.

방사선은 암 치료, 식품 소독, 물질 비파괴 검사 등 여러 분야에 쓰인다. 그러나 방사선과 달리 핵분열을 이용한 에너지는 불행히도 제2차 세계대전을 종식하는 전쟁에서 가장 먼저 사용되었다. 이후 핵에너지는 전력 생산에 사용되었지만, 원자력 발전소에서 발생하는 대형 사고는 안전관리에 대한 심각한 의문을 제기하고 있다. 1979년 미국 스리마일 섬(Three

Mile Island), 1986년 구소련 체르노빌(Chernobyl), 2011년 일본 후쿠시마(Fukushima-Daiichi) 발전소의 사고는 유형은 다르지만 원자력 발전에 대한 심각한 우려를 증폭시켰다. 더욱이 핵의 폐기물 관리는 핵에너지의 안정성뿐만 아니라 경제성을 심각하게 재고해야 한다는 경고를 보내고 있다.

핵에너지의 이용은 인류의 미래에 어떤 영향을 미칠 것인가? 불을 다룰 수 있는 능력을 갖게 됨에 따라 인간은 문명을 획기적으로 바꾸었지만, 프로메테우스가 전해주었다는 신화의 의미처럼 불의 의미는 이중성을 지니고 있다. 인간의 지식이 인간을 위하는 방향으로 쓰일지, 파괴하는 방향으로 쓰일지는 결국 인간의 의도와 제어능력에 달렸다고 보아야 한다.

생각해보기

전 세계의 발전량과 각 나라별로 핵에너지가 차지하는 비율을 알아보자. 원자력 발전의 이점과 문제점은 무엇이라고 생각하는가? 원자력 발전소의 사고와 그 원인을 찾아보고, 각 유형에 따른 안전 대책이 가능하다고 보는가? 대체에너지는 전 세계의 핵에너지를 대체할 수 있는 에너지원이 될 수 있다고 생각하는가? 그 근거를 찾아보자.

더 볼 만한 자료

『마리 퀴리의 위대한 유산:방사선과 현대생활*Radiation and Modern Life: Fulfilling Marie Curie's Dream*』, Alan E. Waltar and Helene Langevin-Joliot 지음, 김재희 · 이병철 · 박상현 옮김 (미래의창, 2006)

『원자폭탄 만들기*The Making of the Atomic Bomb*』, 리처드 로즈 지음, 문신행 옮김 (사이언스북스, 2003).

13장
세 개로 된 삼라만상

Three quarks for Muster Mark.

_James Joyce(in Finnegans Wake)

'Three quarks for Muster Mark' might be pronunciation for 'Three quarts for Mister Mark,' in which case the pronunciation 'kwork' would not be totally unjustified. In any case, the number three fitted perfectly the way quarks occur in nature.

_Murray Gell-Mann

분자는 기본 입자가 아니다. 분자는 원자가 모여서 만들어진다. 원자도 기본 입자가 아니다. 원자 속에는 핵과 전자들이 들어 있다. 그리고 핵은 양성자와 중성자로 만들어진다. 그렇다면 양성자 안에는 또 다른 무엇이 들어 있을까? 물질 속으로 들어가면 끝이 있을까? 현재까지 알려진 물질의 기본적 요소로는 쿼크와 렙톤 그리고 게이지 보존이 있다. 삼라만상에는 물질을 만드는 기본 물질이 존재하고, 이 기본 물질 사이에 힘이 작용하여 물질의 변화가 이루어진다. 이러한 기본 구조는 그리스 엠페도클레스의 4원소설이나 음양오행설의 사고방식과 크게 다르지 않다. 물론 구체적인 요소와 내용은 전혀 다르지만 원소가 존재하고, 이를 변화시키는 힘의 요소가 있다는 사실, 그리고 원소들이 결합하여 삼라만상을 만들어낸다는 기본 골격은 그대로 유지된다. 현재까지 확인된 물질의 기본요소에 대해 알아보자.

삼라만상

물질이란 무엇인가? 주위에 보이는 물질에 대해 사람들이 품어왔던 의문이다. 그 의문을 요약하면 대체로 두 가지로 요약할 수 있다. 첫째, 물질은 무엇으로 만들어졌을까? 둘째, 물질은 어떻게 변화하는 것일까? 음양오행설에서는 물질을 만드는 5가지의 상태가 음과 양의 조화로 변화를 이끌어낸다고 설명한다. 아리스토텔레스는 4원소와 에테르가 삼라만상의 우주를 만들고, 각 원소들이 공유하는 성질들이 변화를 이룬다고 설명했다. 이러한 설명은 아주 초보적이지만 생각하는 방식은 아주 그럴듯하다.

현대과학에서 설명하는 삼라만상도 비슷하기 때문이다. 삼라만상에는 기본 물질이 존재하고, 기본 물질 사이에는 변화를 일으키는 기본 방식이 존재한다. 기본 물질로는 쿼크와 렙톤이 자리 잡고 있고, 기본 물질의 상태 변화는 게이지 보존이 담당한다. 기본 물질을 찾아온 과정과 그 변화 과정을 이해하는 방식을 통해 현대과학에서 현재 삼라만상을 어떻게 이해하고 있는지 살펴보기로 하자.

우리 눈에는 삼라만상이 기체와 고체, 그리고 액체 등의 모습으로 비친다. 이러한 모습들은 모두 겉으로 보이는 모습일 뿐이다. 물질의 안을 자세히 들여다보면 다르다. 물질의 안을 들여다보는 방법은 시대에 따라 다양하게 변해왔다. 가장 쉽고 오래전부터 알려진 방법은 열을 이용하는 것이었다. 열이란 알고 보니 분자들이 움직일 때 나타나는 현상이었다. 이 경우 원소는 분자다. 기체는 분자 때문에 부피가 팽창하고 압력이 나타난다. 그러나 열을 통해서 분자들을 간접적으로 볼 수밖에 없었고, 대신 통계적으로 다루어야만 했다. 따라서 직접적으로 물질 속을 들여다볼 수 있는 방법이 필요했다.

과학자들은 전하를 이용했다. 전하가 움직이면 전자파가 나온다. 전하는 물질 속의 정보를 알려주는 정보원이다. 물질에서 나오는 전자파는 물질 안에 있는 전하의 상태에 따라 다르다. 태양처럼 뜨거우면 가시광선이 나오지만, 우주처럼 차가운 상태에 있다면 마이크로파가 나온다. 전자파는 가까이 있는 물질의 성질을 알려줄 뿐만 아니라, 우주 멀리 떨어져 있는 물질의 성질도 알려준다. 전하의 움직임은 우리의 시야를 크게 넓혀주는 안내자가 되었다. 그러나 아직도 물질을 들여다보기에는 답답하게만 느껴진다. 물질 안을 직접적으로 볼 수 있는 방식이 필요하다. 물질을 미시적으로 다룰 수 있는 획기적인 방법은 20세기에 들어서야 가능해졌다. 원자를 다룰 수 있게 되면서부터다.

원자는 화학반응을 일으키는 기본 요소다. 원자는 무거운 핵과 주위를 공전하는 전자로 이루어져 있다. 핵은 무겁기 때문에 움직이지 않는다. 대신 가벼운 전자가 움직인다. 전자는 화학반응을 일으킨다. 화학적 성질을 정리한 주기율표는 전자의 움직임으로 모두 설명이 된다. 이렇게 보면 삼라만상의 변화를 주도하는 것은 전자다.

전자야말로 오래전부터 사람들이 알고자 했던 궁극적인 요소였다. 따라서 삼라만상의 변화가 화학반응으로만 이루어진다면 우리는 삼라만상의 변화를 모두 파악한 셈이다. 실제로 우리의 삶과 관련된 현상은 거의 전부가 전자가 만들어내는 것이라 해도 과언이 아니다. 세포의 생명 현상은 전자의 움직임으로 이루어지고, 우리의 먹거리는 전자가 일구어내는 광합성과 화학반응으로 만들어진다. 요리는 열에 반응하는 전자가 만들어내는 다양한 모습이고, 우리가 사용하는 스마트폰과 통신은 전자가 만들어내는 전자기파를 이용한다. 결국 우리 삶의 현장에 전자가 없다면 이 세상은 영원히 죽은 세상과 같다. 관심사가 일상생활에서 끝나는 대부분 사람들에게는 전자만이 세상의 변화를 주도하는 기본 요소다. 그러나 우주를 보기 시작하면 전자에서 끝나지 않는다.

눈을 돌려 태양을 보자. 새로운 이야기가 전개된다. 태양이 보내는 에너지는 전자가 만드는 화학에너지가 아니다. 원자 안의 무거운 핵이 에너지를 만드는 역할을 한다. 핵은 무엇인가? 핵은 양전하를 가진 양성자와 전하가 없는 중성자로 이루어져 있다. 핵을 이루는 핵자들은 전자보다 2000배 무겁다. 태양이 핵융합을 하면 수소가 헬륨으로 바뀐다. 이 과정에서 양성자가 중성자로 변한다. 양성자가 중성자로 변하면 전하가 사라진다. 어떻게 이런 일이 벌어질 수 있을까? 무엇인가가 전하를 보충해주어야 한다. 그런데 우리가 알고 있는 전자와 양성자, 그리고 중성자만으로는 전하를 대신할 방법이 없다. 양전하를 가진 새로운 입자가 있어야 한다. 이 역할을 양전자가 한다.

양전자란 양전하를 가진 전자와 같다. 양전자는 질량이 전자와 똑같다. 그러나 전자가 양전자를 만나면 아주 위험하다. 전자와 양전자 모두를 사라지게 하기 때문이다. 양전자는 전자의 반입자다. 음전하가 양전하를 만나면 사라지듯이, 입자와 반입자가 만나면 세상에서 사라진다. 대신 빛으로 바뀐다.

양성자가 중성자로 바뀌는 변화는 누가 만드는 것일까? 전기력은 이 역할을 하지는 못한다. 전기력은 전하들 사이에 작용하는 힘이라 전하를 바꾸지 못하기 때문이다. 이 변화는 전기력이 아닌 새로운 힘이 주도한다. 양성자가 중성자로 변하는 과정은 태양의 핵융합에서 볼 수 있다. 이 반응은 화학반응이 아니다. 따라서 양성자가 중성자로 바뀌는 과정은 새로운 힘이 주도하고 있다.

양성자가 중성자로 변하는 과정에서 볼 수 있는 또 다른 현상은 뉴트리노가 나온다는 것이다. 뉴트리노는 새로운 힘이 작용하고 있다는 신호를 보여주는 전령사다. 뉴트리노는 질량이 거의 없는데다가 물질과 반응도 하지 않는 괴물이다. 태양에서 날아오는 뉴트리노가 우리 몸을 통과하는 양은 초당 1000억 개 이상이다. 그럼에도 우리는 뉴트리노를 전혀 느끼지 못한다. 뉴트리노는 우리 몸에 아무런 영향을 남기지 않을 뿐 아니라 지구를 뚫고 우주 저 멀리로 다시 사라져버린다.

우리의 일상생활에서 벗어나 우주의 영역에서 보면, 원자 속 깊은 곳에 있는 핵이 우주 삼라만상의 변화에 중요한 역할을 하고 있음을 알 수 있다. 이제 눈을 우주로 돌려 삼라만상을 구성하는 기본 입자와 그 변화를 주도하는 힘에 대해 알아보자.

렙톤

렙톤이란 전자와 관련한 형제 입자들을 말한다. 렙톤(Lepton)이라는 용어는 그리스어에서 나왔는데, '작은 동전'이라는 뜻을 가지고 있다. 전자가 양성자에 비해 가볍기 때문에 이름을 렙톤이라고 붙였다. 전자와 뉴트리노를 렙톤의 제1세대라고 부른다. 제1세대라는 뜻은 곧 다른 세대도 있다는 말이다. 전자를 닮은 입자들이 2개 더 발견되었는데, 그중에서 먼저 발견된 입자는 뮤온이다.

뮤온은 대기의 상층부에서 수없이 발견된다. 이 뮤온은 우주에서 날아오는 강력한 에너지의 입자들이 공기 분자와 충돌할 때 생긴다. 뮤온은 1930년대 중반에 우주 방사선을 연구하는 과정에서 처음 발견되었다. 뮤온은 모든 면에서 전자와 성격이 같다. 다만 질량이 전자의 약 200배로 무거우며, 수명은 2.2㎲로 오래 존재하지 못한다. 뮤온이 생겨나거나 사라지는 것은 모두 핵융합 또는 핵붕괴와 밀접한 관련이 있다.

이 과정에서 항상 뉴트리노가 같이 생겨난다. 뉴트리노 역시 세 가지가

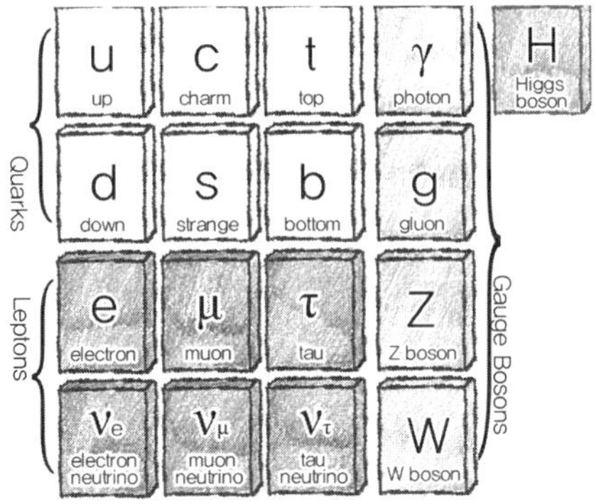

| 그림 13-1 | 표준 모형에 나타나는 물질의 근본 입자들

존재한다. 이것들을 구분하기 위해 제1세대의 뉴트리노는 전자-뉴트리노, 제2세대 뉴트리노는 뮤온-뉴트리노라고 부른다. 제3세대로 발견된 입자는 타우(Tau)다. 타우는 수명이 아주 짧다. 찰나에 지나지 않는 0.29ps(피코초)다. 피코초란 1조 분의 1초를 뜻한다. 질량은 양성자보다도 무겁다. 여기에 타우-뉴트리노도 존재한다.

렙톤으로 분류된 6개의 입자는 각각 2개씩 묶어 3세대로 나뉜다. 그런데 놀랍게도 더 이상의 세대는 존재하지 않고 3세대로 끝난다. 렙톤이라는 이름이 처음엔 양성자보다 가볍다는 의미를 가졌지만, 더 이상은 아니다. 타우가 양성자보다 더 무겁기 때문이다. 대신 렙톤은 핵을 묶어주는 힘(강력)과는 전혀 반응을 하지 않는 특성을 가지고 있다. 렙톤은 원자핵을 만드는 역할을 전혀 하지 않는다는 점에서 양성자나 중성자와 구별된다.

뉴트리노는 질량이 거의 없다. 물질과 반응도 거의 하지 않아 뉴트리노가 존재하는지를 감지하기가 아주 어렵다. 뉴트리노의 존재는 베타 붕괴가 보여준 수수께끼로 세상에 알려졌다. 베타 붕괴란 중성자가 양성자로 바뀌는 현상이다. 태양의 핵융합에서 양성자가 중성자로 바뀐 것과는 정반대로 일어난다. 중성자는 양성자와 전자를 합한 것보다 무겁기 때문에 중성자가 양성자와 전자로 붕괴하는 것은 당연하게 보인다. 질량 차이는 전자가 운동에너지로 가지고 나오면 되기 때문이다. 따라서 전자는 아주 빠른 속도로 움직인다.

베타 붕괴의 대표적 예는 탄소동위원소인 탄소-14가 질소-14로 바뀌는 현상이다. 탄소-14에 있던 중성자 하나가 양성자로 바뀌면서 원자번호가 달라진다. 원자번호 6번인 탄소는 원자번호 7번인 질소로 바뀌고, 전자가 튀어나온다. 이 전자가 핵붕괴에서 보이는 베타선이다. 그런데 이 베타 붕괴가 사람들을 당혹하게 만들었다.

전자의 속도를 살펴보면 전체의 에너지가 보존되지 않는다는 점이었다. 중성자가 붕괴하면 중성자의 질량에너지는 양성자와 전자가 가진 총 에너지와 같아야 하는 것이 정상이다. 그런데 베타 붕괴에서 나오는 전자들은 예상된 운동에너지만을 가지고 나오는 것이 아니었다. 어떤 전자는 빨리 움직이고, 어떤 전자는 느리게 움직였다. 이 때문에 붕괴하기 전에 탄소가 가지고 있던 질량에너지가 베타 붕괴 후에는 질소와 전자가 가진 총 에너지와 같지 않았다.

베타 붕괴는 에너지를 보존하지 않는 것일까? 일부 과학자들은 베타 붕괴를 에너지 보존법칙을 깨는 신호탄으로 생각하기 시작했다. 자연에서 가장 중요하다고 여겼던 에너지 보존법칙이 무너지면 기존의 과학을 다시 써야 한다. 그래서 당시 과학자들은 베타 붕괴에서 제기된 문제를 아주 심각하게 받아들였다.

독일의 파울리는 1930년에 베타 붕괴에서 제기된 문제를 해결할 수 있는 새로운 방법을 제시했다. 그는 에너지 보존법칙은 깨질 수 없다고 보았다. 대신 새로운 입자를 도입하면 이 문제를 해결할 수 있다. 그래서 파울리는 보이지 않는 새로운 입자가 있다고 주장했다. 이 입자는 전기적으로 중성이다.

나중에 페르미는 이 입자를 뉴트리노라고 이름 붙였다. 전하가 없는 중성자를 뉴트론이라 부르는데, 뉴트리노라는 말은 이탈리아어로 작은 뉴트론이라는 뜻이다. 뉴트리노는 오랫동안 발견되지 않다가 핵반응을 하는 원자로에서 1950년대 중반에 이르러서야 그 존재가 처음으로 확인되었다.

뉴트리노는 핵융합이나 핵붕괴 과정에서 나온다. 그러나 정밀 측정하기 전에는 그 존재조차 알 수 없다. 뉴트리노는 빛나는 모든 별에서 나오기 때문에, 지상에 도착하는 모든 뉴트리노는 태양에서 나오는 뉴트리노보다 훨씬 많다. 엄청나게 많은 뉴트리노가 지구를 통과하지만 그 흔적을 찾기가 아주 어렵다. 이 때문에 입자의 가장 간단한 특성인 질량조차 확실하게 알지 못한다. 뉴트리노의 질량은 0에 가깝지만 0이 아니라는 것은 잘 알려져 있다.

뉴트리노가 물질과 반응하지 않기 때문에 오히려 장점이 되는 부분도 있다. 태양에서 나오는 뉴트리노는 태양 중심부에서 생성되자마자 수초만에 곧바로 태양 밖으로 빠져나온다. 핵융합 때 생기는 빛 감마선이 태양 중심부에서 밖으로 나오는 데 걸리는 시간이 1만 년 이상인 것과는 아주 대조적이다. 이 때문에 뉴트리노를 관찰함으로써 태양의 현재 상태를 알아낼 수 있다.

1987년 2월, 지구 남반구에 있는 칠레의 천문대에서 초신성 1987A가 관찰되었다. 이 초신성은 밤에 관측소에서 밖으로 나오던 과학자가 맨눈으로 관찰하여 그 존재가 확인되었다. 갑자기 빛나는 별이 하늘에 나타난 것이다. 이와 동시에 지하에 있던 일본과 유럽의 뉴트리노 검출기에서도 새로운 뉴트리노의 증거가 나타났다.

당시에는 그 누구도 천체에서 일어나는 현상을 지하에 있는 검출기에서 관찰할 수 있으리라고 예상하지 못했다. 그러나 이제는 지하에 있는 뉴트리노 검출기가 지구 밖에 있는 천체의 상태를 파악하는 데 중요한 역할을 맡고 있다.

핵융합 과정에서 양성자가 중성자로 바뀌면 양전하를 가져가는 양전자가 생겨난다. 양전자는 전자의 반입자다. 이러한 반입자의 존재는 양전자가 발견되기 이전에 이미 영국의 물리학자 디랙(Paul Adrien Maurice Dirac, 1902~1984)이 예측했다. 그는 원자에서 사용하던 슈뢰딩거 방정식을 발전시켜 전자의 속도가 광속에 접근할 때 다룰 수 있는 방정식을 찾아냈다. 슈뢰딩거 방정식은 전자가 빛보다 상당히 느리게 움직일 때만 맞는 방정식이다. 전자가 광속 가까이 움직일 때는 슈뢰딩거 방정식으로 전자를 제대로 다룰 수가 없다.

디랙은 1928년 전자가 아인슈타인의 $E=mc^2$을 만족하도록 방정식을 새로 만들었다. 디랙이 찾은 방정식도 전자가 물질파라는 입장에서 만든 방정식이다. 이 방정식에는 4개의 물질파가 나타난다. 2개의 물질파는 전자를 나타낸다. 전자의 스핀을 고려하면 두 가지 상태가 나타나기 때문이다. 그러나 나머지 2개의 물질파는 왜 나타나는지가 확실하지 않았다. 그리고 새로 나타난 물질파는 마이너스 에너지를 가지고 있었다. 질량을 포함한 총 에너지가 마이너스라는 것을 어떻게 받아들여야 할까? 마이너스 에너지를 가지는 전자가 정말로 존재하는 것일까?

디랙은 물질파가 마이너스 에너지를 가진다는 사실을 진공과 관련지어 생각했다. 진공이란 무엇인가? 디랙은 마이너스 에너지를 가진 전자가 세상을 가득 메운 상태를 진공으로 보았다. 디랙이 도입한 이러한 진공 상태

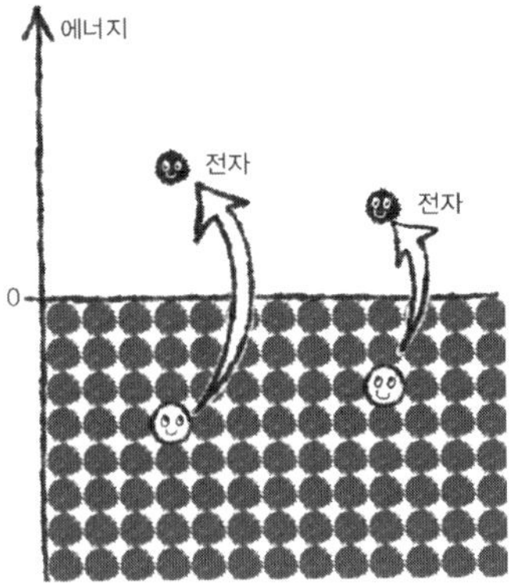

| 그림 13-2 | 전자와 반전자 : '디랙 바다'에 있는 전자를 바다 위로 올리면 바닷속에는 구멍이 생긴다.

를 '디랙 바다(Dirac sea)'라고 부른다.

전자는 페르미온이기 때문에 디랙 바다에는 마이너스 에너지를 가진 전자가 차곡차곡 쌓여 있다고 보면 된다. 바닷속에 있는 전자 하나를 바다 위로 올려보자. 바닷속에는 빈 구멍(Hole)이 하나 생긴다. 그리고 바다 위에는 전자 하나가 생겼다(그림 13-2). 바다 위로 올라온 전자는 플러스 에너지를 가진다. 이 에너지는 질량도 포함한다.

바닷속에 생긴 빈 구멍은 어떤 에너지를 가지고 있을까? 다음과 같이 생각해보자. 바닷속에 있던 전자는 마이너스 에너지를 가지고 있다. 전자가 정지해 있다면 그 에너지는 $-mc^2$이다. 그런데 바다 위로 올린 전자는 $+mc^2$에너지를 가지고 있다. 마이너스 에너지를 가진 전자를 플러스 에너지를 가진 전자로 올려놓으려면 에너지 차이에 해당하는 만큼의 에너지를 밖에서 공급해주어야 한다. 따라서 우리가 공급하는 에너지는 $2mc^2$이다. 그런데 우리가 공급해준 에너지의 반은 바다 위에 있는 전자가 가지고 있다. 나머지 반은 누가 가지고 있을까? 바로 구멍이다. 구멍이 $1mc^2$의 에너지를 가지고 있다. 즉, 바닷속 구멍은 플러스 에너지를 가지고 있다.

한편, 진공의 총 전하는 0이다. 그런데 바다가 꽉 차 있는 상태가 진공이므로, 구멍이 하나 생기면 전자의 전하에 해당하는 음전하 하나가 비게 된다. 따라서 이 구멍은 양전하를 가지고 있어야 한다. 1931년 디랙은 이 구멍을 반입자로 해석했다. 이 세상에는 전자의 반입자인 반전자가 존재하는가? 만약 반입자가 존재한다면 반전자는 전자와 똑같은 성질을 가질 것이다. 질량도 같고 스핀도 같다. 다만 전하만이 반대 부호인 양전하를 가져야 한다.

디랙이 예측한 그 반전자를 1932년 미국의 물리학자 앤더슨(Carl David Anderson, 1905~1991)이 발견했다. 앤더슨은 우주선(Cosmic Ray)이 만드는 궤적을 조사하다가 전자와 질량이 똑같은 반입자의 궤적을 발견했다. 그는 반입자의 이름을 양전자(Positron)라고 불렀다. 양전자는 인류가 최초로 발견한 반입자다. 반입자는 전자만 있는 것이 아니다. 모든 입자마다 반입자가 존재한다. 뉴트리노에도 반입자가 존재하고, 뮤온과 타우에도 반입자가 존재한다. 심지어는 양성자와 중성자에도 반입자가 존재한다.

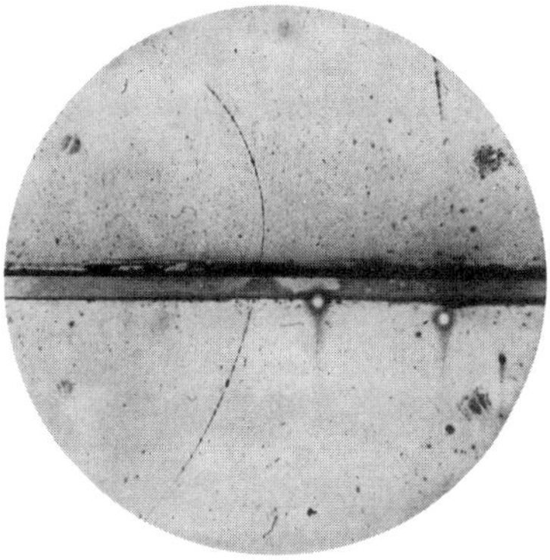

| 그림 13-3 | 양전자의 발견 : 전자와 양전자가 서로 반대로 휘어진 궤적을 만들어냈다.

생각해보기

뮤온은 전자보다 약 200배 무겁지만 그 성질은 전자와 같다. 수소원자 안에 있는 전자를 뮤온으로 바꿔치기하면 어떨까? 원자의 크기가 200배 줄어든다. 이렇게 작은 원자로 어떤 일을 할 수 있을까? 원자에 들어 있는 양성자를 양전자로 바꾸어보면 어떨까? 이런 원자를 포지트로늄(Positrium)이라고 부른다. 수소원자에 있는 입자들을 반입자로 바꾸어 반원자를 만들 수 있을까?

쿼크와 하드론

핵을 만드는 입자는 양성자와 중성자다. 이것들을 핵자라고 부른다. 안정한 핵 안에서는 양성자와 중성자의 수가 변하지 않는다. 그러나 핵 안에 있는 핵자들이 얌전히 있는 것이 아니며 서로 변한다. 양성자가 중성자로 변하고 중성자가 양성자로 변한다. 이렇게 핵 안에서 입자들이 다이내믹하게 바뀌는 현상은 핵붕괴가 아니다. 핵붕괴는 불안정한 원소가 다른 원소로 변하는 것이지만, 이 경우는 안정한 핵일지라도 아주 짧은 시간 동안 중성자와 양성자가 서로 임무교대를 하는 것이다. 핵자가 가만히 있지 못하는 이유는 이것들 사이에 작용하는 강력 때문이다.

일본의 물리학자 유카와(Hideki Yukawa, 1907~1981)는 핵자가 서로 뭉쳐 있는 이유를 설명하고 싶었다. 전하를 가진 입자 사이에 전기력이 작용하는 이유는 무엇인가? 질량이 없는 입자(광자)를 주고받기 때문이다. 힘이 작용하려면 무엇인가를 서로 주고받아야 한다. 유카와는 동양사상에서 그 힌트를 얻었다고 전한다. 장자는 「제물론(齊物論)」에서 "잠들면 꿈으로 교

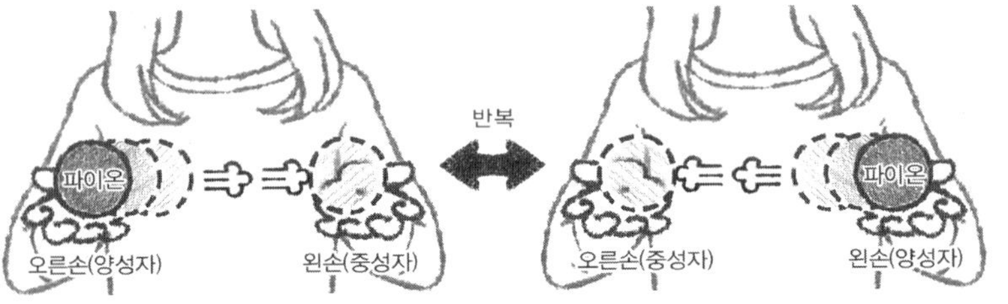

| 그림 13-4 | 양성자와 중성자는 파이온을 주고받음으로써 힘을 느낀다.

류하고, 깨어나면 신체가 사물과 접촉하니 날마다 마음이 싸운다(其寐也 魂交 其覺也 形開 與接爲構 日以心鬪)"라고 했다. 유카와는 만물이 영향을 주고받는 것은 무엇인가를 서로 주고받는 데 있다는 것에 착안했다. 또 중성자와 양성자가 서로 영향을 받는 것은 이를 묶는 역할을 하는 입자가 있기 때문이라고 보았다(그림 13-4). 1935년 그는 주고받는 입자가 존재한다고 주장하고, 그 입자의 질량은 100MeV 정도가 될 것이라고 예측했다. 그의 논리는 불확정성 원리에 따른 것이었다. 입자가 핵 안에서 잠시 생겼다 없어지려면 불확정성 원리에 따라 그 정도의 에너지가 생겼다 없어져야 한다는 것이었다. 그가 찾은 질량은 전자와 양성자 사이의 질량이었으므로, 중간을 뜻하는 그리스어 메소(Mesos)에서 이름을 따와 메소트론(Mesotron)이라고 불렀다. 그런데 하이젠베르크가 그리스 글자에는 'tr'이라는 철자가 없으니 메존으로 쓰는 것이 적절하다고 지적하여 메존이라는 이름으로 자리매김했다.

1930년대에는 가속기가 발달하지 않은 시절이라 과학자들은 우주에서 날아오는 우주선(Cosmic Ray)이 대기와 충돌할 때 생겨나는 입자를 찾는 데 주력했다. 그 결과 1936년, 미국의 앤더슨은 140MeV의 질량을 가진 입자를 발견했다. 처음에는 이 입자가 유카와가 생각해낸 메소트론으로 착각

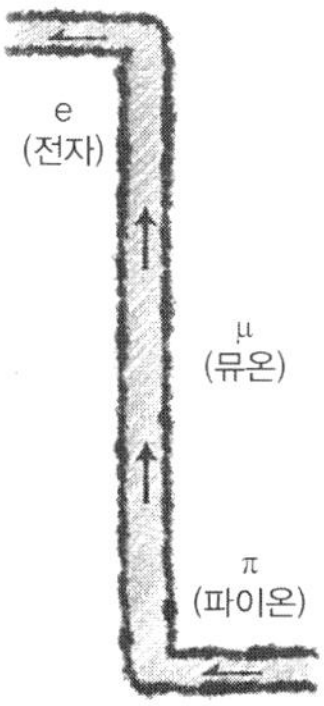

| 그림 13-5 | 파이온은 뮤온으로 붕괴한다.

했다. 그래서 이름을 뮤-메소트론이라고 붙였다. 그러나 이 입자는 알고 보니 핵을 묶는 역할을 하는 입자가 아니었다. 메존이 아닌 새로운 입자를 발견한 것이다. 이 입자는 우리가 현재 뮤온이라고 부르는 렙톤이었다.

유카와가 예측한 메존은 1947년 브리스틀 대학의 연구 팀이 찾았다. 그들은 피레네 산맥과 안데스 꼭대기에 사진건판을 가져다 놓고, 이 건판에서 입자의 흔적을 찾는 방식으로 입자를 확인했다. 새로운 입자의 질량은 140MeV이었고, 전하를 가지고 있었다. 이 메존을 파이온(Pion, π)이라고 부르는데, 파이온은 뮤온으로 붕괴하고, 뮤온은 다시 전자로 붕괴한다(그림 13-5).

메존은 보존이다. 이후 가속기가 건설되자 파이온보다 무거운 수많은 메존들이 발견되었다. 그뿐이 아니었다. 양성자와 중성자는 페르미온인데 양성자와 중성자보다 무거운 페르미온 입자들이 수없이 발견되었다. 이러한 페르미온들을 통틀어 바리온(Baryon)이라고 부른다. 그리고 바리온과 메존을 통틀어 하드론(Hadron)이라고 부른다.

하드론은 렙톤에 비해 질량이 크다는 뜻을 가진 그리스어에서 따왔다.

하드론 사이에는 강력이 작용한다. 물론 전하를 가지고 있기 때문에 전기력도 중요하고, 핵이 붕괴하는 과정에도 관여한다. 따라서 하드론을 이해하는 것은 아주 복잡하다. 특히 하드론이 렙톤과 다른 점은 그 수명에 있다. 양성자와 중성자를 제외하면 하드론의 수명은 대부분 아주 짧다. 가장 먼저 발견된 파이온은 그나마 수명이 긴 편으로 10ns(나노초) 정도다. 이에 비해 질량이 큰 하드론의 수명은 대부분 10^{-23}초 정도에 불과하다. 이런 하드론이 광속으로 달린다면 얼마나 가겠는가? 사진건판에 남긴 하드론 자국은 점에 불과하다. 이런 하드론은 가짓수도 많고 수명도 짧은데 과연 물질을 구성하는 기본 입자가 될 수 있을까?

미국의 물리학자 겔만(Murray Gell-Mann, 1929~현재)과 즈베익(George Zweig, 1937~현재)은 1964년 각각 독립적으로 하드론을 만들어내는 기본적인 구성 입자를 제안했다. 이 모형은 쿼크 모형이다. 쿼크에는 6가지가 있다. 6가지의 쿼크는 렙톤처럼 3세대로 구분된다. 1세대 쿼크는 가장 가벼운 쿼크이며, u와 d라고 부른다. u-쿼크와 d-쿼크는 양성자와 중성자를 만드는 쿼크다. 양성자(uud)는 u-쿼크 2개와 d-쿼크 하나로 이루어져 있고, 중성자(udd)는 u-쿼크 1개와 d-쿼크 2개로 이루어져 있다. 메존은 쿼크와 반입자인 반쿼크로 되어 있다. 양성자가 양전하를 가져야 하고 중성자는 전하가 없어야 하기 때문에 u-쿼크와 d-쿼크는 분수전하를 가져야 한다. 따라서 u-쿼크의 전하는 2/3이고, d-쿼크의 전하는 -1/3이다. 그러나 분수전하를 가진 입자를 보거나 가속기에서 찾은 사람은 아무도 없다. 따라서 쿼크의 역할은 간접적인 정황 증거를 통해 확인할 뿐이다. 이 때문에 쿼크의 질량이 얼마인지 정확히 알지 못한다.

제2세대 쿼크는 제1세대 쿼크보다 늦게 발견되었다. 제2세대 쿼크는 무거운 하드론 안에 들어 있기 때문이다. 제2세대 쿼크는 c-쿼크와 s-쿼크

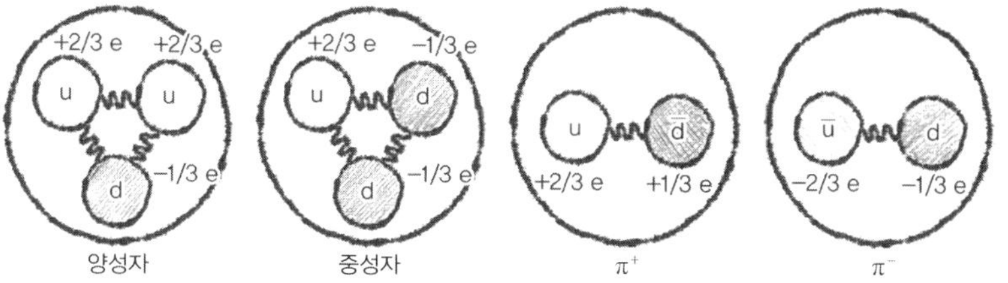

| 그림 13-6 | 쿼크가 만드는 하드론의 형태

다. c-쿼크는 u-쿼크처럼 2/3 분수전하를 가지고 있고, s-쿼크는 d-쿼크와 같은 −1/3 분수전하를 가지고 있다. s-쿼크는 c-쿼크보다 가볍고, 먼저 발견되었다. s-쿼크를 가진 하드론이 발견될 때 하드론이 사진건판에 이상한 자국을 남겨 사람들은 이 쿼크를 스트레인지 쿼크(Strange Quark)라고 불렀다. 나중에 알고 보니 s-쿼크가 1세대 쿼크로 바뀌는 과정에서 나온 입자였다. 이처럼 세대가 달라지는 반응은 핵붕괴와 같다. 3세대에는 t-와 b-쿼크가 있다. t-쿼크의 전하는 2/3이고, b-쿼크의 전하는 −1/3이다. 쿼크를 사용하면 모든 하드론을 만들어낼 수 있다. 쿼크를 본 사람은 아직 아무도 없지만 과학계에서는 쿼크가 기본 입자라는 것을 정설로 받아들이고 있다.

읽어보기 : 하드론과 팔정도

쿼크를 직접 볼 수는 없지만, 쿼크는 하드론의 대칭성을 보여주는 중요한 수단이 되었다. 양성자와 중성자는 질량이 서로 비슷하다. 이렇게 질량이 비슷한 쌍둥이 입자들이 후에 여러 개 발견되었다. 이 입자들을 모아보면 8개가 된다. 8개의 입자를 그림에 표시하면 6각형 꼭짓점에 1개씩 그리고 가운데 2개를 놓을 수 있다. 이 그림을 불교의 팔정도에 비유해서 사람들의 흥미를 자아내기도 했다.

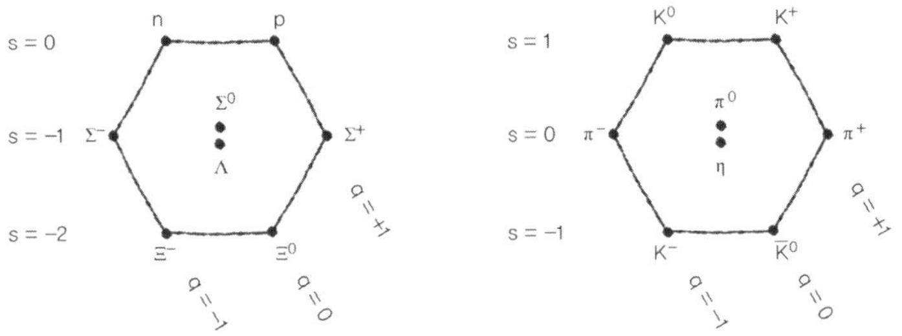

| 그림 13-7 | 양성자와 중성자 그리고 비슷한 질량의 입자들(왼쪽), 파이온과 비슷한 질량의 메존들(오른쪽)

6각형의 가운데 놓인 Λ는 입자가 생성될 때 Λ-형태의 궤적을 만든다고 해서 이름을 그리스어로 Λ(Lambda)라고 붙였다. Λ의 전하는 없으며, 양성자나 중성자보다 약간 더 무겁다. Λ입자는 양성자나 중성자와 다르게 보여 기묘도(Strangeness)라는 양을 도입했다. Λ는 기묘도가 −1인 입자로 취급한다. Λ가 발견된 이후 기묘도가 다른 입자들이 더 발견되었다. 기묘도 −1인 입자로는 3개의 쌍둥이 입자인 Σ들이 더 있다. 기묘도 −2인 입자는 2개의 쌍둥이 입자인 크사이(Ξ)가 있다. 팔정도의 그림은 쿼크로 설명이 된다. 기묘도가 −1이라는 것은 s-쿼크가 하나 들어 있다는 뜻이다(반입자 s가 들어 있으면 기묘도는 +1이 된다). 기묘도를 가진 시그마(Σ)는 s-쿼크가 각각 하나씩 들어 있다. 전하를 고려하면 이 입자들은 uus, uds, dds로 표시된다. 팔정도는 바로 2세대 쿼크인 s-쿼크가 만들어낸 현상이었다. 메존의 경우도 비슷하다. 질량이 비슷한 쌍둥이 입자들을 모으면 8개가 만들어진다. 3개의 파이온(π)과 에타(η)는 기묘도 0인 입자들이다. 기묘도가 1인 케이온K^+과 기묘도가 −1인 케이온K^-도 있다. 이를 모으면 마찬가지로 6각형에 들어간다. 이처럼 질량이 대략 비슷한 입자들을 하나의 도표 안에 그려보면 기묘도의 값에 따라 질량에 약간의 차이가 나는데, 그 질량의 차이에 규칙성이 나타난다. 팔정도에 나타나는 메존의 기묘도 역시 s-쿼크의 포함 여부에 따라 달라진다.

질량의 규칙적인 차이를 이용하여 겔만이 새로운 입자 오메가(Ω)를 찾은 것은 유명하다. 1962년 당시 양성자와 중성자보다 무거운 9개의 입자로 3각형 형태를 만들었으나 꼭짓점 1개(Ω^- 자리)가 비어 있었다. 이 삼각형 구조를 근거로 겔만은 꼭짓점에 있어야 할 입자의 질량을 예측했다. 전하는 −1이고, 질량은 약 1680MeV정도였다. 2년 뒤에 실제로 이 질량에 해당하는 입자 Ω^-가 발견되었다.

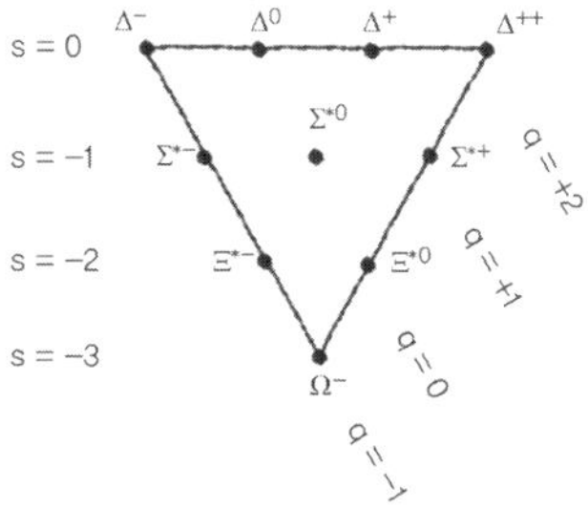

| 그림 13-8 | 비슷한 질량의 바리온

생각해보기

수명이 초 정도로 짧은 입자들을 공명입자(Resonance Particle)라고 부른다. 공명입자들은 광속으로 달린다 하더라도 이 입자들이 남기는 궤적은 펨토미터 정도의 길이밖에 되지 않는다. 이런 궤적을 가속기의 탐지기에서 찾는 것은 불가능하다. 이런 입자들의 존재는 어떻게 찾아낼 수 있을까? 생각을 돕기 위해, 폭죽이 터질 때의 장면을 보자. 폭죽이 터질 때 조각들이 남기는 아름다운 모습을 촬영한 사진이 있다고 하자. 이 사진을 보고 폭죽이 터지기 전의 모습을 추측해낼 수 있을까? 공명입자들을 찾는 방법은 이와 아주 비슷하다.

힘을 전달하는 광자와 게이지 보존

원자 안에 놓인 전자는 일정 궤도를 따라 공전한다. 원자가 광자를 흡수하면 전자의 궤도가 올라가고, 궤도가 떨어지면 광자를 방출한다. 이 과정에서 광자가 하는 역할은 무엇일까? 전자의 궤도가 달라지면 전기력도 달라진다. 유카와가 생각해낸 것처럼 광자는 공전하는 전자에 전기력을 전달하는 전령사 역할을 한다. 전령사 광자는 질량도 없고, 광속으로만 달린다. 이러한 광자를 게이지 보존이라고 부른다.

게이지 보존이란 일반적으로 힘을 전달하며 광속으로 달리는 모든 입자를 가리킨다. 그런데 광자를 게이지 보존이라고 부를 때는 전자와 광자 사이에 게이지 대칭성이 있다는 것을 강조하기 위해서다. 게이지 대칭성은 고전 세계에 사는 우리가 쉽게 이해할 수 있는 현상이 아니다. 물질파가 전하를 가지고 있을 때 생기는 원리이기 때문이다.

파동은 파동의 크기와 함께 위상도 가지고 있다. 파동의 크기는 파동이 얼마나 크게 요동치는지를 알려준다. 이에 비해 위상은 파동의 모양을 결정한다. 파도가 서로 만나면 파도가 커지기도 하고 사라지기도 한다. 이를 간섭이라고 한다. 간섭이 일어나면 파의 모양이 달라지게 되고, 이 현상은 파도가 가지고 있는 위상으로 결정된다. 위상이 같으면(모양이 같은 파가 만나면) 파도가 커지고, 위상이 반대가 되면(모양이 뒤집어진 파가 만나면) 파도가 사라진다. 전자도 비슷하다. 전자가 물질파이기 때문이다. 전자선으로 이중 슬릿 실험을 하면 간섭무늬가 보인다는 것은 잘 알려져 있다. 간섭무늬가 나타난다는 것은 전자가 위상을 가지고 있다는 뜻이다. 이처럼 위상에 따라 간섭무늬가 나타나는 것은 파도나 물질파나 다르지 않다.

위상을 측정하기 위해서는 눈금 잣대를 사용한다. 그런데 이 잣대의 눈금을 정의하는 방법에는 차이가 있다. 파도의 경우에는 위상을 측정하기 위해 파도가 있는 모든 점에서 똑같은 눈금을 가진 잣대를 사용한다. 똑같은 자로 위상을 서로 비교하는 것은 간단하다. 눈금의 차이를 읽으면 그만이다. 그러나 모든 점마다 똑같은 잣대를 사용하지 않을 수도 있다. 이런 아이디어를 처음 생각한 사람은 독일의 수학자이자 물리학자인 바일(Hermann Weyl, 1885~1955)이다. 그는 1918년 중력을 재는 눈금을 위치에 따라 다르게 매길 수 있다고 생각했다. 이 아이디어에서 게이지 눈금이라는 용어가 생겨났다. 그러나 바일의 아이디어는 중력보다는 물질파에서 위력을 발휘했다. 전자의 위상을 재는 데 필요한 자의 눈금을 모든 점에서 다르게 만들 수 있기 때문이다.

각 점마다 위상을 재는 자가 다르면 각 점에서 자신의 자로 잰 위상을 쉽게 비교할 수가 없다. 각 위치마다 자가 다르기 때문에 서로의 결과를 연결해주는 환산표가 필요하다. 위상의 값을 환산해주는 역할을 바로 광자가 한다. 광자는 전기력을 전달해줄 뿐 아니라 위상의 자를 환산하는 역할도 한다. 힘을 전달하는 것과 위상을 알려주는 것은 다른 역할이지만 양자 세계에서는 두 가지 역할이 아주 밀접하게 연관되어 있다. 이 때문에 광자처럼 힘을 전달하는 역할을 하는 입자를 게이지 보존이라고 부른다. 그리고 위치마다 위상을 재는 자를 다르게 만들 수 있는 자유도를 게이지 대칭성이라고 부른다. 물질파 사이를 연결해주는 모든 기본 힘은 게이지 대칭성에 상응하는 게이지 보존이 전달한다.

핵붕괴나 핵융합을 만드는 힘은 약력(Weak Force)이다. 약력을 전달하는 게이지 보존은 W보존과 Z보존이다. W보존에는 +전하를 가진 W^+보존과 −전하를 가진 W^-보존이 있다. Z보존은 전하를 가지고 있지 않다. W와 Z 보존이 작용하면 핵붕괴가 일어난다. 중성자가 양성자로 바뀔 때 쿼크가 바뀐다는 것을 기억하자. 베타 붕괴는 u−쿼크를 d−쿼크로 바꾼다. 이처럼 약력이 쿼크에 작용한다는 것을 표시하기 위해 쿼크에 맛−전하(Flavor Charge)가 있다고 본다. 쿼크마다 맛이 다르다는 것은 아이스크림의 경우 바닐라맛, 초콜릿맛 등으로 구별하는 것과 비슷하다. u−쿼크는 u−맛을 가지고, d−쿼크는 d−맛을 가진다. 약력은 쿼크의 맛을 변하게 해주는 힘이다. 베타 붕괴가 일어나면 중성자가 양성자로 바뀐다. 이것을 쿼크로 보면 d−맛이 u−맛으로 바뀌는 과정이다. 전하는 −1/3에서 +2/3로 변한다. 이 중간 과정에서 −전하를 가져가는 게이지 보존은 W^-이다. 핵융합의 경우는 반대로 양성자가 중성자로 바뀐다. u−맛이 d−맛으로 바뀌고 전하는 2/3에서 −1/3로 변한다. W^+ 게이지 보존이 중간 과정의 역할을 한다. 약력이 작용해도 전하가 바뀌지 않는 경우도 있다. 이 경우에는 Z보존이 역할을 한다. W보존과 Z보존은 1983년에 유럽핵물리연구소(CERN) 가속기에서 발견되었다.

쿼크 사이에는 강력이 작용한다. 강력은 핵자를 만드는 힘이다. 강력이 쿼크에 작용하는 것은 쿼크가 컬러−전하를 가지고 있기 때문이다. 컬러−

전하에 세 가지가 있다. 이 전하를 r, g, b라고 부른다. 강력은 컬러-전하 사이에 작용하는 힘이다. 강력도 게이지 보존이 역할을 담당한다. 강력을 전달하는 게이지 보존을 글루온(Gluon)이라고 부른다. 글루온도 쿼크처럼 실험실에서 관찰된 적이 없다. 글루온이나 쿼크들은 그 어느 것도 핵 밖에서는 발견되지 않기 때문에 핵 안에 '감금되었다(confined)'고 말한다. 강력은 핵에서 떨어질수록 힘이 더 세지고, 핵 깊숙이 들어갈수록 힘이 약해지는 경향이 있다. 이런 면에서 강력은 만유인력이나 전기력과 전혀 다르다. 전기력이나 만유인력은 둘이 서로 멀어질수록 힘이 약해진다. 강력은 이와 달리 떨어질수록 힘이 세지고, 가까워질수록 힘이 약해진다. 핵 속으로 들어갈수록 오히려 쿼크와 글루온이 자유롭게 돌아다닐 수 있다는 뜻이다. 글루온을 제대로 아는 일은 과학계가 풀어야 할 난제에 속한다.

진공이 변하고 질량이 나타나다

이제 물질을 구성하는 기본적인 입자와 그 입자들 사이에 작용하는 게이지 보존에 대한 정리가 일단락되었다. 렙톤과 쿼크가 힘을 받아 운동하는 모습을 정리한 것을 표준 모형이라고 한다. 여기에는 기본 입자인 렙톤과 쿼크, 그리고 그것들 사이에 상호작용하는 전자기력, 약력 그리고 강력이 나온다. 그러면 모두 정리된 것인가? 여기에 빠진 것이 하나 있다. 진공이다. 진공이란 무엇인가? 진공이 간단하지 않다는 것은 맥스웰이 전자파를 도입할 때 이미 예견되었다. 빛은 진공을 매질로 삼아 우주 공간을 날아간다. 진공이 매질이라는 사실을 이해하기 위해 그는 아리스토텔레스가 도입했던 에테르라는 개념을 다시 받아들였지만, 실제로 에테르가 존재한다는 어떤 증거도 없었다. 그렇다면 진공이 무엇이기에 전자파를 전달하는 매질이 될 수 있을까?

진공이 전기적으로 반응한다는 증거가 반입자에서 나왔다. 디랙은 전자를 상대론적으로 다룰 수 있는 방정식을 만들면서 질량을 포함하는 입자의 에너지가 마이너스가 되는 문제에 봉착했다. 이 문제를 해결하기 위해 그는 진공이 단순히 입자가 없는 상태가 아니라, 마이너스 에너지로 가득 채워진 공간이라고 해석했다. 이른바 디랙 바다다. 디랙은 진공을 다시 생각하게 하는 계기를 마련했다. 디랙은 전자를 물질파의 입장에서 다루었지만, 전자를 입자의 입장에서 다루면 진공에 대한 생각이 좀 더 명확해진다. 전자를 입자로 다루는 방식을 양자장론이라고 부른다. 이에 비해 전자를 물질파로 다루는 슈뢰딩거 방정식이나 디랙 방정식은 양자역학이라 부른다.

양자장론은 1950년대에 미국의 물리학자인 슈윙거(Julian Schwinger, 1918~1994)와 파인만(Richard Feynman, 1918~1988), 그리고 일본의 물리학자 도모나가(Sin-Itiro Tomonaga, 1906~1979)가 개발했다. 양자장론은 전자와 빛의 상호작용을 아주 정밀하게 다룰 수 있는 방법이다. 광자는 입자이고, 전기력을 전달한다. 전자는 광자를 방출하거나 흡수한다.

전자와 광자가 서로 작용하는 것을 자세히 보면 여태까지 생각하지 못했던 일이 나타난다. 아주 짧은 시간 동안 전자는 광자를 방출한 후 이를 다시 흡수한다. 마찬가지로 광자는 아주 짧은 시간 동안 전자와 양전자의 쌍을 만들어냈다가 다시 소멸시킬 수도 있다. 이를 양자요동이라고 부른다. 아주 짧은 시간 동안에 전자와 광자는 스스로 상태가 바뀌는 양자요동이 일어난다(그림 13-9).

아주 짧은 시간 동안 입자와 반입자가 연출하는 이러한 모습은 디랙이 생각했던 대로 진공이 막후에서 역할을 하고 있기 때문이다. 진공은 잠시 자신이 품고 있던 입자와 반입자를 밖으로 보여주는 것이다. 양자장론은 진공의 역할에 주목한다. 맥스웰이 진공을 매질로 생각했던 방식은 틀렸지만 진공은 빛과 소통하고 있다. 진공은 전자파를 구성하는 광자와 반

| 그림 13-9 | 전자와 광자가 진공과 어울려 만드는 양자요동

응할 뿐 아니라 전자와 반입자와 어울려 역동적으로 작용한다. 전기력을 양자장론으로 다룰 수 있게 됨에 따라 1968년에는 미국의 물리학자 글래쇼(Sheldon Glashaw, 1932~현재)와 와인버그(Steven Weinberg, 1933~현재) 그리고 파키스탄의 살람(Abdus Salam, 1926~1996)이 전기력과 약력, 강력을 하나의 이론 체계로 보는 표준 모형을 만들어냈다. 이 표준 모형이 바로 렙톤과 쿼크의 변화를 다루고 있다. 한국계 미국인 이휘소(Benjamin W. Lee, 1935~1977) 박사도 표준 모형을 정립하는 데 큰 공헌을 했다.

표준 모형에서는 진공을 어떻게 다룰까? 먼저 진공과 게이지 보존이 밀접한 관계가 있으리라는 것을 짐작할 수 있다. 입자와 반입자가 서로 작용할 수 있는 역할을 게이지 보존이 하기 때문이다. 광자는 전기력을, 그리고 W보존과 Z보존은 약력을 전달한다. 광자가 질량이 없듯이 게이지 보존인 W와 Z 역시 질량이 없어야 하고, 광속으로 달려야 한다. 그런데 실제로는 그렇지 않다. 이것들은 질량을 가지고 있다. W보존의 질량은 양성자의 86배나 되고, Z보존은 이보다 더 무거워 양성자의 96배가 된다. W와 Z보존이 게이지 보존이라면 어떻게 질량을 가질 수 있을까? 맥스웰이 찾아낸 전자파를 보자. 전류는 전자석을 만들고, 자석이 전류를 만든다. 맥

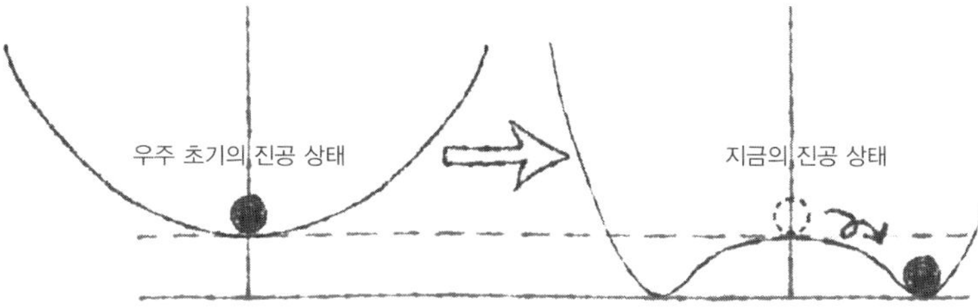

| 그림 13-10 | 진공 상태의 변화 : 우주의 진공 상태가 우주 초기와 달리 변했다.

스웰은 전기와 자석이 밀접하게 연결되어 있다는 사실에서 전자파를 찾을 수 있었다. 이와 비슷한 일이 전기력과 약력 사이에도 일어난다. 지금은 전기력과 핵붕괴 현상이 전혀 다르게 보이지만, 우주 초기에는 그렇지 않았다. 우주 초기에는 전기력과 약력을 구별할 수가 없었다. 무엇이 이런 구분을 만들어냈는가? 바로 진공 상태의 변화다. 우주는 팽창해왔고, 점차 온도가 낮아지고 있다. 우주의 진공 상태도 우주 초기와 지금은 다르다(그림 13-10).

입자의 질량은 진공 상태가 달라지면서 나타난 새로운 에너지라고 생각하면 편리하다. 과거의 진공 상태에서 보면 W보존과 Z보존은 질량이 없다. 그리고 광속으로 달린다. 그러나 진공 상태가 변하면서 W보존과 Z보존에는 질량이 나타난다. 물론 광속으로 달릴 수 없다. 이처럼 진공 상태의 변화에 따라 물질이 질량을 갖게 되는 현상을 힉스 메커니즘(Higgs Mechanism)이라고 부른다.[17]

진공 상태가 바뀌면서 질량을 갖게 되는 것은 W와 Z만이 아니다. 전자

17 힉스 메커니즘은 원래 1962년 앤더슨(Philip Warren Anderson, 1923~현재)이 그 가능성에 대해 언급했고, 1964년 세 팀의 이론 그룹이 독립적으로 만들었다. Robert Brout and Francois Englert 그룹, Peter Higgs, 그리고 Gerald Guralnik, C. R. Hagen, Tom Kibble 그룹이다.

역시 우주 초기에는 질량이 없었으며, 진공 상태가 바뀌면서 질량을 갖게 되었다. 쿼크 역시 마찬가지다. 모든 입자들은 우주 초기에 질량이 없었지만 진공 상태가 바뀌면서 질량을 가지게 되었다. 진공 상태가 변하는 힉스 메커니즘으로 질량이 만들어지면 이에 대한 흔적으로 힉스 입자가 나온다. 힉스 입자는 우주의 진공 상태가 변했다는 것을 알려주는 신호탄이다. 2013년 LHC(양성자 가속기)의 실험을 분석한 결과에 따르면, 126GeV의 질량을 가지고 있는 입자가 발견되었고, 이 입자가 힉스 보존으로 확인되었다. 우주의 진공 상태를 변화시키는 메커니즘이 무엇인지에 대해서는 아직도 구체적으로 알려지지 않았다. 그러나 적어도 우리가 질량을 가지게 된 원인이 우주의 진공 상태가 달라졌기 때문이라는 사실은 우주가 우리의 삶에 역동적으로 관계하고 있다는 사실을 알려준다.

더 볼 만한 자료

『LHC, 현대물리학의 최전선』, 이강영 지음 (사이언스북스, 2011)
Particle Physics: A Very Short Introduction, Frank Close (Oxford, 2004)
http://en.wikipedia.org/wiki/Higgs_boson#Subsequent_developments (2014)

14장
우주와 원자의 대통합

Deep Thought does not know the ultimate question to Life, the Universe and Everything, but offers to design an even more powerful computer, Earth, to calculate it.

_The Hitchhiker's Guide to the Galaxy(1979, Douglas Adams)

이와 기는 서로 뒤섞이지 않으며, 이와 기는 서로 분리되지 않는다(理氣不相雜, 理氣不相離).

_주희(남송, 1130~1200)

In principio erat verbum(In the beginning was the Word).

_Gospel of John, 1:1

밤하늘은 수많은 별이 떠 있는데도 왜 어두운 것일까? 이 물음을 올베르스(Heinrich Wilhelm Olbers, 175~1840) 패러독스라고 한다. 케플러도 같은 의문을 품었다. 무한히 큰 우주 공간에 무한히 많은 별들이 퍼져 있다. 그리고 이 별들은 아주 오랜 옛날부터 빛을 내고 있다. 이 많은 별빛이 사방에서 쏟아진다면 밤과 낮은 항상 밝아야 하지 않을까? 그런데 실제로는 그렇지 않다. 왜일까?

우주의 현재 모습

밤하늘의 별은 우주가 비어 있지 않다는 사실을 알려준다. 우주에 대한 정보는 대부분 빛을 통해 얻고 있다. 갈릴레오가 망원경으로 하늘을 관측한 이후 하늘을 바라보는 망원경은 계속 발전되었다. 우주의 희미한 물체를 좀 더 자세히 관찰하기 위해 망원경의 지름을 크게 만들었고, 색수차를 보정하기 위해 거울로 된 반사망원경을 만들었다. 우주에서 오는 빛은 가시광선만이 아니다. 마이크로파를 관찰하기 위한 전파망원경도 만들었다. 그러나 지상에서 우주를 정밀 관찰하는 데는 많은 어려움이 따른다. 대기의 흔들림, 도시의 빛 공해, 낮에 관찰할 수 없는 등의 한계를 극복하기 위해 이제는 지구 밖에서 하늘을 관측하고 있다. 1957년 소련이 스푸트니크 1호를 지구궤도에 올려놓은 후, 각 나라마다 많은 위성을 궤도에 올렸다. 허블 망원경을 비롯하여, 태양을 관찰하는 위성, X-선을 내는 물체를 찾는 위성, 우주배경복사를 관찰하는 위성 등 수많은 위성들이 하늘을 관측하고 있다. 지상과 우주에서의 관측을 토대로 우리는 우주의 현재 모습을 그려내고 있다.

우리가 관찰한 우주는 어떤 우주인가? 현재 인간이 지구에서 가장 멀리 보낸 위성은 보이저 1호다. 1977년에 발사된 보이저 1호는 이제 태양계 외곽에 있는 카이퍼 벨트(The Kuiper belt)를 벗어났다. 카이퍼 벨트는 해왕성 너머 30AU에서 50AU까지 걸쳐 있다. 1AU는 지구와 태양 사이의 거리인 1억 5000만 킬로미터를 뜻한다. 카이퍼 벨트 밖에는 오르트 구름(The Oort Cloud)이 존재한다. 오르트 구름은 5만AU, 즉 1광년 거리까지 뻗어 있다. 보이저 1호는 2013년 말 현재 120AU에 도달했다. 혜성은 카이퍼 벨트와 오르트 구름에서 날아온다. 수십 년에 걸쳐 인간의 힘으로 도달한 태양계 외곽도 우리 은하(The Milky Way)에 비하면 매우 작다. 밤하늘에 보이는 은하수는 우리 은하에 모여 있는 별들의 집합체다. 북두칠성, 견우와 직녀성, 카시오페아, 오리온을 포함한 약 2000억 개의 별들이 10만 광년의 거리에 펼쳐져 있다. 우리 은하 바깥에는 또 다른 은하가 있다. 가장 가까운 은하는 안드로메다이다. 그러나 260만 광년이나 떨어져 있다.

이후 수많은 은하가 발견되었는데, 현재 파악한 은하만 해도 1000억 개가 넘는다. 이 은하들은 외로이 존재하기도 하고, 여럿이 모여 군을 형성하기도 한다. 우리 은하와 안드로메다 은하는 국부은하군(The Local Group)에 속한다. 크기는 약 1000만 광년이나 되는데, 50개 이상의 은하를 포함하고 있다. 그럼에도 국부은하군은 비교적 작은 은하군에 속한다. 큰 은하군의 대표적인 예는 처녀자리 클러스터(The Virgo Cluster)이며, 1300개 이상의 은하로 구성되어 있다. 그리고 이 은하군은 좀 더 큰 구조인 처녀자리 거대 클러스터(The Virgo Supercluster)에 속한다. 이 거대 클러스터는 100개 이상의 은하군을 포함하고 있으며, 1억 1000만 광년의 크기에 퍼져 있다. 2003년에 발견된 슬론 거대 벽(The Sloan Great Wall)은 가장 큰 은하 구조에 해당한다. 그 길이는 무려 13억 7000만 광년에 달한다. 이처럼 끝없이 이어지는 우주는 현재 138억 광년의 크기를 가지고 있다고 알려져 있다.

아인슈타인에 따르면, 우주 시공간의 휘어진 모습은 우주에 들어 있는 물질과 에너지의 양으로 결정된다. 따라서 시공간의 눈금 간격은 우주에 존재하는 물질과 에너지가 결정한다. 이 결론에 따르면, 우주가 앞으로 계속 팽창할지, 아니면 우주가 팽창을 멈추고 수축할지는 우주 안에 들어 있는 물질과 에너지가 결정한다. 즉, 우주의 미래는 우주 안에 있는 총 에너지가 결정한다는 뜻이다. 현재 우리가 우주에서 전자파로 발견할 수 있는 물질은 은하를 구성하는 원소들 그리고 성간물질 등이다. 그러나 이 물질들을 모두 합해도 우주 전체 에너지의 5%가 되지 않는다. 대부분의 물질은 전자파로 관찰되지 않는다. 전자파로 보이지 않는 물질을 암흑물질이라고 부른다. 암흑물질은 전체 에너지의 25%에 해당한다. 암흑물질이 보이는 물질보다 5배나 많다. 암흑물질은 1932년 네덜란드의 천문학자 오르트(Jan Hendrik Oort, 1900~1992)가 처음 제기했다. 그는 우리 은하 안에 있는 별들의 속도가 예상과는 다르다는 것을 확인하고, 보이지 않는 물질(암흑물질)이 있을 것으로 추정했다. 다음 해인 1933년 스위스의 천문학자 츠비키(Fritz Zwicky, 1898~1974)는 은하단에 속해 있는 은하의 움직임을 분석하고, 보이지 않는 질량이 더 많이 있다는 증거를 찾았다.

암흑물질의 징후는 그 후 나선형 은하 안에 있는 별들의 움직임에서도 알려졌다. 나선형 은하는 가운데가 볼록하고, 대부분의 별이 은하 중심부에 놓여 있다. 따라서 은하 바깥쪽에 놓여 있는 별들의 속도는 안쪽에 놓인 별들보다 느려야 한다. 그러나 별들의 실제 속도는 내부와 외부 구별 없이 거의 같았다(그림 14-1). 이 결과는 은하의 질량 분포가 보이는 것보다 보이지 않는 것이 더 많다는 것을 의미한다.

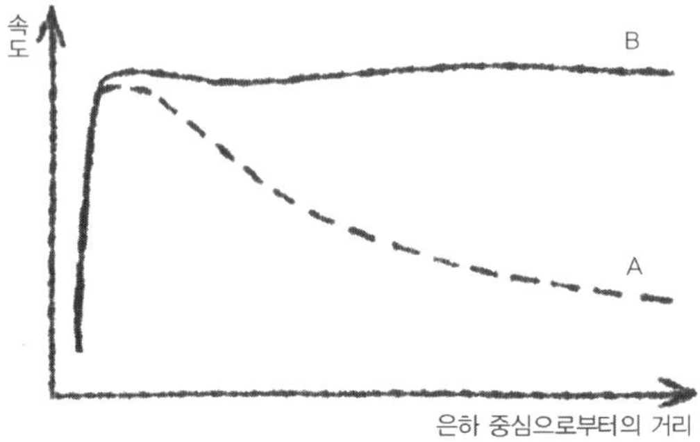

| 그림 14-1 | 나선은하 내부의 별들의 속도 : A는 예측된 속도, B는 관측된 속도

암흑물질의 존재는 중력렌즈를 통해서도 확인된다. MACS J0025.4−1222는 두 은하 클러스터가 충돌하면서 만들어진 클러스터다(그림 14-2). 중력렌즈로 본 이 충돌 이미지는 클러스터의 여러 자료를 겹쳐 표시해놓은 것이다. 양쪽에 뿌옇게 보이는 부분은 암흑물질이 분포된 부분이다. 이 결과는 2006년과 2007년에 허블 망원경으로 찍은 가시광선 이미지에서 중력렌즈 결과를 분석하여 암흑물질의 분포를 찾아낸 것이다. 가운데에 구름처럼 보이는 부분은 찬드라 위성이 관측한 X−선 이미지다. 가운데 부분은 뜨거운 가스가 분포되어 있음을 나타내며, 전자파로 관측되는 물질에

| 그림 14-2 | 두 은하 클러스터의 충돌에서 나타나는 암흑물질의 효과 : 암흑물질은 충돌 후에도 속도 변화 없이 서로 스쳐간다.

해당한다. 충돌하는 두 은하 클러스터들에서 찾은 질량 분포에 따르면, 보이는 부분의 질량 분포와 암흑물질의 질량 분포가 다르다는 것을 알 수 있다.

눈에 보이는 물질들은 서로 충돌하면서 뜨거운 가스들을 형성하고, 이들이 X-선을 낸다. 이 뜨거운 가스들은 충돌 후 속력이 느려지고 있다. 그러나 눈에 보이지 않는 암흑물질들은 충돌 후에도 아무런 속도 변화 없이 서로 스쳐 지나가고 있다. 암흑물질들은 상호작용이 아주 약하다는 사실을 보여준다. 이처럼 암흑물질은 은하 주위에 퍼져 있으며, 관측되지 않을 정도로 상호작용이 거의 없는 물질로 알려져 있다. 암흑물질은 전자파를 내지 않기 때문에 그 정체가 구체적으로 밝혀지지는 않았지만, 암흑물질의 양은 빛을 내는 물질에 비해 5배나 되는 것으로 추정되고 있다.

우주에 존재하는 에너지의 70%는 정체를 알지 못하는 암흑에너지다. 암흑에너지는 기존 물질이나 암흑물질과는 성격이 크게 다르다. 암흑에너지는 편의상 우주상수로 표현하며, 우주상수는 우주 공간에 압력을 행사한다. 그런데 이 압력은 기존의 물질이 작용하는 것과는 달리 양(+)이 아니라 음(-)으로 작용한다. 음의 압력으로 작용한다는 것은 마치 척력처럼 작용한다는 뜻이다. 서로 밀쳐내는 역할을 하므로 결과적으로 암흑에너지는 우주를 가속 팽창시키는 역할을 담당한다. 우주가 가속 팽창하고 있다는 증거는 1998년에 천체물리 학자인 미국의 펄무터(Saul Perlmutter, 1959~현재)와 리스(Adam Riess, 1969~현재), 호주의 슈미트(Brian Schmidt, 1967~현재)가 처음 밝혔다. 이 증거는 천문학적으로 멀리 떨어진 곳의 거리와 도플러 효과를 신빙성 있게 측정할 수 있게 됨에 따라 구체적으로 알려졌다. 이 측정을 위해 Ia-타입의 초신성을 폭대로 썼다. Ia-타입의 초신성은 백색왜성이 폭발할 때 만들어지는 초신성으로, 이때 나오는 빛의 크기와 변하는 모습이 잘 알려져 있어 천문학적 거리를 잴 때 사용된다. 우주가 가속 팽창하고 있다는 확실한 증거에도 가속 팽창을 일으키는 이 암흑에너지의 정체에 대해서는 알려진 것이 별로 없다. 다만 암흑에너지가 중력 이외의 다른 힘과는 반응하지 않는다는 것, 우주 전체에 균일하게 퍼져 있으리라는 것, 그리고 우주의 거시적인 크기에서 볼 때에만 효과가 나타난다는 것, 시간이 흐를수록 그 효과가 커진다는 것 정도만을 짐작할 뿐이다.

우리가 관찰해온 우주는 아주 넓고, 복잡하며 아직도 잘 알려지지 않은 부분이 많다. 이러한 우주를 이해하려면 우주를 해석하는 제대로 된 우주관이 필요하다. 17세기에 뉴턴이 태양계의 움직임을 제대로 예측할 수 있게 되기까지에는 중요한 과정이 있었다. 그리고 태양계를 정밀하게 관찰하고 이를 정리한 케플러가 있었다. 케플러 법칙이 나올 수 있었던 것은 지구 중심에서 벗어나 태양 중심의 우주관을 받아들인 극적인 변화가 있었기 때문이다.

현대에 우주를 보는 방식도 비슷하다. 우주의 은하들은 지구에서 멀어져간다. 1929년 허블이 발견한 이 사실에서 우리는 어떤 결론을 내릴 수 있을까? 언뜻 생각하면 지구가 우주의 중심일 것 같은 느낌이 든다. 지구를 중심으로 모든 은하들이 움직인다는 생각이 들기 때문이다. 그러나 조금만 생각하면 지구 중심의 이러한 생각이 옳을 리가 없다는 것을 알게 된다. 그렇다면 허블의 발견은 어떻게 해석해야 할까?

코페르니쿠스가 태양계를 이해하려면 태양 중심으로 사고방식의 전환이 필요하다고 주장했던 것처럼 우주를 제대로 이해하려면 우주에 맞는 사고방식의 전환이 필요하다. 과학자들은 우주를 제대로 이해할 수 있는 사고방식을 우주원리로 본다. 우주원리란 지구가 우주에서 특별한 지위를 차지하지 않는다는 보편적인 원리다. 지구에서 발견되는 자연법칙은 우주

어디에서 보아도 똑같이 적용되어야만 한다는 것이다. 이 원리에 따르면, 지구에서 볼 때 은하가 멀어져간다는 사실은 지구에서만 발견되는 사실이 아니다. 어떤 은하에서 관찰해도 다른 은하들은 멀어져갈 것이다. 따라서 결론은 모든 은하들이 서로 멀어져간다는 것이다. 즉, 우주가 팽창하고 있다고 보는 것이 타당하다.

우주원리를 우리의 현재 기술로는 검증할 수 없다. 이 때문에 우주원리는 우리의 관측 결과가 우주원리와 위배되지 않는다는 것을 전제로 받아들이는 믿음이라고 볼 수 있다. 이 상황은 코페르니쿠스가 지동설을 주장할 때와 비슷하다. 우리는 태양 중심설을 받아들이고 나서야 태양계를 제대로 이해할 수 있었다. 우주원리 역시 우주를 제대로 이해하는 데 중요한 안내자가 될 것이다.

우주원리를 뒷받침하는 중요한 사실은 하늘을 어떤 방향으로 관찰해도 똑같이 보인다는 것이다. 이를 등방성이라고 한다. 우주의 등방성을 볼 수 있는 가장 좋은 데이터는 우주배경복사다. 하늘의 온도는 동서남북 어떤 방향을 보아도 똑같다. 우주의 온도는 2.7K이고, 지역에 따른 온도 차이는 200μK(마이크로 켈빈) 이하로 균일하다. 우주의 등방성은 은하의 관측을 통해서도 확인된다. 밤하늘을 약 100Mpc(약 3억 광년)의 거대 크기로 나누어 조사해보면 등방성이 확인된다(그림 14-3).

우주가 사방으로 보이는 모습이 같다면 우주는 균일할까? 우주가 균일하다는 것은 어떤 은하에서 관찰해도 하늘이 똑같이 보인다는 것을 뜻한다. 따라서 이를 확인하려면 다른 은하에 가서 관찰할 수 있어야 한다. 그러나 멀리 떨어진 은하에서 우주를 관찰하는 것은 불가능하다. 결국 우리는 우주원리에 의존해야 한다. 우주원리에 따르면, 다른 은하에 있는 어떤 관찰자도 하늘이 등방으로 보일 것이다. 많은 과학자들은 우주원리에 따

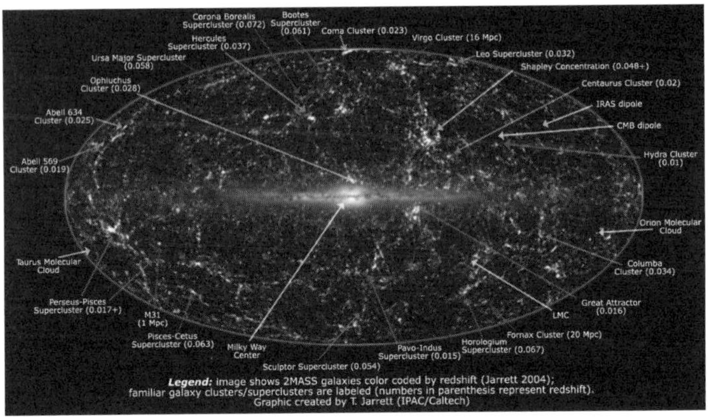

| 그림 14–3 | 근적외선으로 본 150만 개의 은하들과 우리 은하에 있는 별 5억 개의 모습. 우리 은하가 중심에 배치되어 있다.

라 우주가 균일하리라 믿고 있다.

우주의 시공간은 시공간을 재는 자의 눈금(Metric)으로 표시된다. 우주가 팽창하면 이 눈금도 시간에 따라 늘어난다. 시공간을 나타내는 눈금의 구체적인 형태는 1920년대와 1930년대에 걸쳐 알려졌다. 이 모형을 우주의 표준 모형이라고 하는데, 이를 찾은 사람들을 기념하여 프리드먼–르메트르–로버트슨–워커 눈금(Friedmann-Lemaitre-Robertson-Walker Metric)이라고 부른다. 이 표준 모형에는 우주의 등방성이 들어 있다. 그리고 우주원리에 따라 우주가 균일하다는 전제가 깔려 있다.

그런데 우주가 팽창하는 것이 우리의 일상과 어떤 관련이 있을까? 언뜻 생각하면 우주의 거대한 모습과 우리의 일상은 아무런 관련이 없을 것 같지만 실제로는 그렇지 않다. 바로 밤이 어두운 이유이기 때문이다. 하늘에는 수천억 개의 은하와 각 은하마다 수천억 개의 별이 떠 있다. 이렇게 많은 별들이 오래전부터 빛을 보내고 있다면 하늘은 밤낮으로 밝아야 한다. 그런데도 밤에는 왜 어두울까? 바로 우주가 팽창하기 때문이다. 은하가 우리에게서 멀어져가기 때문에 우리에게 보이는 별의 밀도가 줄어든다. 따라서 하늘에서 우리에게 다가오는 별빛의 양도 줄어들고 있다. 그뿐 아니라 별이 멀어지면 별빛의 파장도 덩달아 길어진다. 가시광선으로 밝았던 과거의 별빛은 우리 눈에 보이지 않는 빛으로 변하고 있다. 비록 우주 초기에는 밤하늘이 밝았을지라도 세월이 지나면서 밤하늘이 점차 어두워졌다고 볼 수 있다. 오늘날 밤하늘이 어두운 것은 우주가 팽창하기 때문이다.

읽어보기 : 우주원리와 우주의 팽창

내가 볼 때 모든 사람의 거리가 멀어져간다면 내가 모든 사람의 중심이 되는 것일까? 나를 중심으로 무한 직선이 지나가고 있고, 사람들이 직선 위에 놓여 있다. 나의 위치를 0으로 잡고, 사람들의 위치에 눈금을 그어보자. 각 사람의 위치는 …, −2, −1, 0, 1, 2, …로 표시된다. 0을 중심으로 왼쪽과 오른쪽으로 눈금이 계속 뻗어 있다. 그렇다면 0이라는 점은 특별한 것일까? 0 대신 1을 원점으로 잡아보면 어떨까? 1을 중심으로 …, −1, 0, 1, 2, 3…으로 눈금이 보인다. 무한히 뻗은 눈금은 0을 중심으로 보나 1을 중심으로 보나 똑같은 간격으로 뻗어나간다. 이제 눈금 간격을 2배로 늘여보자. 눈금은 …, −4, −2, 0, 2, 4, …으로 변한다. 눈금 간격이 2배로 변한 것은 0을 중심으로 보나 2를 중심으로 보나 똑같다. 어떤 점에서 보아도 눈금 간격은 2가 된다. 0으로 표시된 지점은 직선에서 특별한 점이 아니다. 무한히 뻗은 직선 대신 원을 그려보면 상황이 더 명확하다. 원 위의 어떤 점에서 보아도 눈금의 간격이 늘어나는 것은 똑같다. 원 전체가 늘어나기 때문이다(그림 14-4).

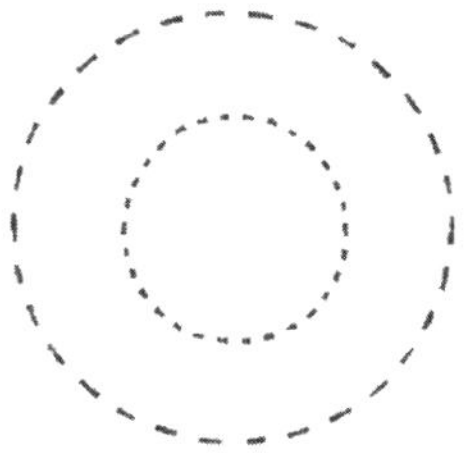

| 그림 14-4 | 원 자체가 커지고 있다면 원 위의 어떤 점에서 보아도 눈금 간격이 똑같이 커진다.

지표면 위에 사는 우리를 생각해보자. 모든 옆집이 우리 집에서부터 멀어져간다고 하자. 그렇다면 우리 집이 세상의 중심일까? 옆집에서 보아도 다른 집들이 똑같이 멀어져간다면 우리 집을 중심으로 멀어져간다는 것은 착각일 뿐이다. 그럼 모든 집이 서로 멀어져간다는 것은 무엇을 뜻하는 것일까? 지구 자체가 커진다고 볼 수 있다. 은하가 멀어져가는 것도 마찬가지다. 우주에 있는 어떤 은하가 볼 때 다른 은하가 멀어져간다고 하자. 우주원리를 받아들인다면 옆의 은하가 볼 때 다른 은하가 멀어져갈 것이 분명하다. 즉, 모든 은하들은 서로 멀어져갈 것이 분명하다. 결국 우주 자체가 팽창하고 있다고 볼 수 있다.

우주의 과거 모습

우주에는 140억 년에 가까운 과거가 있다. 우주의 과거는 어떤 모습이었을까? 과학자들은 지구의 과거를 알아내기 위해 땅과 계곡이 변한 흔적을 찾는다. 지각에 지구의 옛 모습이 새겨져 있기 때문이다. 마찬가지로 우주의 과거는 은하와 빛 속에 그 과거가 새겨져 있다. 우리에게서 멀리 떨어진 은하일수록 오래전의 모습이 새겨져 있다. 안드로메다는 200만 년 전의 모습을 보여주지만, 더 멀리 떨어진 은하는 100억 년 전의 모습도 보여준다. 그렇다면 우주 초창기 모습은 어떻게 알 수 있을까? 바로 배경복사가 우주 탄생 40만 년 후의 상태를 알려준다(그림 14-5). 우주배경복사를 통해 초창기의 모습을 재현해보자.

현재 우주의 온도는 2.7K다. 영하 270도 정도에 해당한다. 우주는 아주 차갑다. 그런데 과거에도 이렇게 차가웠을까? 그렇지 않다. 우주가 팽창을 거듭하여 현재에 이르렀기 때문이다. 팽창을 하여 우주의 온도가 내려갔으므로 현재 우주는 차갑지만, 과거의 우주는 뜨거웠다. 과거에는 우주

| 그림 14-5 | 우주배경복사의 WMAP 이미지 : 우주 온도는 2.7K이고 밝게 보이는 부분은 뜨거운 곳이고, 검게 보이는 부분이 차가운 곳이다. 뜨겁고 차가운 곳의 온도차는 20마이크로K 정도로 아주 미미하다.

가 작았을 뿐 아니라 온도가 아주 높았다. 온도가 아주 높으면 원자조차 분해될 수 있다. 원자가 없다면 우주에는 은하나 별이 존재할 수 없다. 우주는 현재 보이는 모습과 전혀 다른 세계였을 것이다. 따라서 질문을 바꾸어보자. 과거의 하늘은 어떤 모습이었을까?

현재의 은하는 원자가 만들고 있다. 그런데 원자는 온도가 얼마나 높으면 분해될까? 원자 안에는 전자가 공전하고 있다. 전자는 에너지가 낮기 때문에 원자에 갇혀 있다. 그런데 우주의 온도가 3000K 정도가 되면, 전자가 열로부터 큰 에너지를 얻어 활발하게 움직인다. 큰 에너지를 가진 전자는 원자 안에 머무르지 못하고 원자에서 탈출한다. 전자가 달아난 원자는 이온으로 바뀐다.

양성자와 중성자(핵자)가 핵을 형성할 수 있는 이유는 핵자 사이에 강력이 작용하기 때문이다. 우주의 온도가 10억K 이상이면 핵자는 핵에서 탈출할 수 있는 에너지를 가지게 된다. 온도가 더 오르면 양성자조차도 분해될 수 있다는 뜻이다. 아마도 10^{27}K 이상 되었던 과거에는 핵 대신 쿼크들이 세상을 가득 채웠을 것이다. 현재의 우주는 은하와 성간물질로 차 있지만, 과거에는 쿼크들이 우주를 채웠을 때도 있었다.

이처럼 과거의 우주는 온도에 따라 그 모습이 크게 달라 보이므로 온도에 따라 시기를 표시하는 것이 편리하다. 물론, 우주의 긴 역사를 시간으로 나타낼 수도 있다. 우주가 균일하다면 우주 전체에 통용되는 시간이 똑같이 정의되므로, 우리의 시간이 우주 전체에 통용되는 시간이 된다. 이처럼 우주 전체에 부여하는 시간을 우주 시간(Cosmic Time)이라고 부른다. 따라서 우주의 온도와 우주 시간은 서로 환산이 가능하다. 한편, 우주의 온도는 우주가 팽창하면서 내려갔기 때문에 우주의 온도 또한 우주의 크기와 밀접한 관계가 있다. 따라서 우주의 온도, 우주 시간, 그리고 우주 크기를 연결하는 사전이 존재한다. 우주의 어떤 상태에 관심이 있느냐에 따라 시간과 온도, 크기 등으로 쓸 수 있다. 이제 몇 가지 주요 관심사를 통해 우주가 어떤 과정을 거쳐 현재의 모습으로 바뀌었는지 추측해보자.

우주는 항상 투명했을까?

우리는 빛을 통해 우주 공간을 보고 있다. 이 빛은 우주 끝 먼 곳에서부터 온다. 빛이 먼 길을 방해받지 않고 올 수 있다는 것은 우주가 투명하다는 뜻이다. 그렇다면 과거의 우주도 현재처럼 투명했을까? 온도를 생각하면 그 답을 쉽게 내릴 수 있다. 온도가 3000K 이상이면 우주는 투명할 수 없다. 그 이유는 다음과 같다.

우주 온도가 3000K 이상이면 우주에는 원자가 이온상태로 존재한다. 그리고 자유전자는 기체처럼 우주 공간을 떠돌고 있었을 것이다. 이 당시 우주는 자유전자와 이온원자들로 구성된 플라스마 상태로 보면 된다. 이런 우주를 태양과 비교해보자. 태양의 표면 온도는 6000K 정도이지만 비교적 투명하다. 그러나 태양 속으로 들어가면 플라스마 상태가 되어 불투명하다. 그렇다면 온도가 3000K 상태였던 과거에는 태양 표면에 비해 온도가 낮았으므로 투명하지 않았을까? 그렇지 않다. 당시의 우주는 크기가 아주 작아 우주의 당시 밀도는 현재 태양에 비해 1000배나 높았다. 이렇게 농도가 짙은 플라스마 상태에서는 태양 속이 전혀 보이지 않듯이 우주도 아주 불투명했다.

온도가 3000K로 높아질 당시의 우주 나이는 약 38만 년이다. 그러나 38만 년이 지나면서 우주는 극적으로 투명하게 변했을 것으로 본다. 온도가 떨어지면서 전자가 가지고 있던 운동에너지(열에너지)가 줄어들어 전자는 원자에 갇히게 된다. 원자가 중성으로 변하고 플라스마 상태에서 기체로 바뀐다면 빛은 방해받지 않고 멀리 갈 수 있다. 우주가 투명하게 변한 것은 우주가 충분히 식어 원자로 된 기체가 만들어졌기 때문이다. 당시 3000K 온도의 물체에서 나오던 가시광선은 우주가 팽창하면서 파장이 길어져 현재 마이크로파로 변했다. 결국 우주 전 공간에서 날아오는 마이크로파는 과거 우주가 불투명했다는 것을 증언해주는 셈이다.

원자들은 처음에 어떻게 만들어졌을까?

은하와 성간물질은 대부분 수소와 헬륨이다. 헬륨의 양을 수소와 비교해보면, 질량으로 볼 때 헬륨은 수소의 3분의 1 수준이다. 원자 개수로 따지면 헬륨과 수소의 질량비가 4:1이므로 수소가 헬륨의 12배가 된다. 나머지 원소들은 아주 미미하다. 질량으로 볼 때 산소가 약 1% 정도이고, 탄소, 철, 질소, 네온 등이 그 뒤를 잇는다. 우주에 존재하는 이러한 원소들은 어떻게 만들어졌을까?

현재 원소를 만드는 공장은 별이다. 별 내부에서 핵융합을 통해 원소들이 만들어진다. 그런데 별에서 만들어지는 헬륨의 양을 보면 우주 전체에 존재하는 헬륨의 양과 비교할 때 아주 미미한 수준이다. 현재 우주 전체에 존재하는 많은 양의 헬륨은 별에서 만들어진 것이 아니라는 뜻이다. 이렇게 많은 헬륨은 별이 만들어지기 이전부터 우주에 존재했다고 보아야 한다. 헬륨이 만들어지려면 수소들이 모여 핵융합이 일어나야 한다. 그런데 별에서 헬륨이 만들어지는 것이 아니라면 어디에서 엄청난 양의 핵융합이 일어났을까? 바로 초기 우주다. 초기 우주 시절에 핵융합이 일어날 수 있는 적절한 환경이 조성되었기 때문이다.

핵이 존재하기 이전의 우주를 보자. 당시 우주의 물질은 양성자와 중성자 형태로 존재하고 있었다. 온도가 10억K 정도가 되면 양성자와 중성자가 결합하여 잠시 동안 동위원소인 이중수소 형태로 존재할 수도 있다. 이중수소는 동위원소다. 수소이지만 핵에 중성자가 하나 더 있다. 이중수소는 헬륨 핵을 만드는 중간 단계가 될 수 있다. 그러나 온도가 너무 높으면 이중수소가 만들어진다 하더라도 곧바로 양성자와 중성자로 분해되어버린다. 헬륨을 만들 수 있는 시간적 여유가 없는 것이다.

그런데 우주가 팽창하면서 온도가 10억K 이하로 떨어지면 이야기가 달라진다. 이중수소가 존재할 수 있는 시간이 길어지기 때문에 이중수소들이 결합하여 헬륨 핵을 만들 수 있는 가능성도 커진다. 바로 이런 가능성 때문에 우주 탄생 후 3분이 지나면서 헬륨이 다량으로 만들어졌다고 추측한다.

헬륨이 만들어진 가능성을 확인하는 방법은 당시에 존재하던 중성자의 양이다. 그 당시 우주에 존재하던 모든 중성자들이 헬륨 핵이 만들어지면서 우주에서 사라졌을 것이기 때문이다. 따라서 당시에 존재하던 중성자의 양을 알면 헬륨 핵이 만들어진 양을 알아낼 수 있다. 중성자는 양성자보다 질량이 약간 크기 때문에 중성자가 양성자로 붕괴하며, 이때 전자도 나온다. 그런데 온도가 높으면 거꾸로 중성자가 전자를 포획하면서 양성자로 바뀔 수도 있다. 따라서 온도가 높으면 중성자가 붕괴하고, 다시 중성자가 생겨나면서 중성자와 양성자의 수가 평형을 유지하게 된다. 양성자와 중성자의 비율은 질량에너지로 결정되는데, 중성자는 양성자보다 질량이 크기 때문에 중성자의 수가 양성자보다 적다. 당시 우주의 높은 온도에서는 양성자와 중성자의 생성비율이 7:1로 나타난다. 이 때문에 현재 존재하는 수소와 헬륨의 수가 12:1이 되었다.

반입자로 이루어진 별이나 은하는 왜 존재하지 않을까?

모든 입자마다 반입자가 존재한다. 전자의 반입자는 양전자다. 양성자의 반입자는 반-양성자다. 중성자도 반입자가 존재한다. 중성자는 전기적으로 중성이고, 반입자인 반-중성자도 전기적으로 중성이다. 그러나 중성자와 반-중성자는 같지 않다. 입자와 반입자가 만나면 빛으로 변하듯이 중성자와 반-중성자가 만나면 빛으로 사라진다. 현재는 실험실에서 인공적으로 생성하지 않으면 반입자를 볼 수 없다. 그러나 과거의 우주에서는 그렇지 않았다. 우주의 온도가 높고 밀도가 높았을 당시에는 양전자와 반-양성자, 중성자와 반-중성자들이 우주를 채우고 있었고, 이것들이 서로 만나 빛으로 변하기도 하고, 광자들이 만나 입자와 반입자들을 만들기도 했다. 그런데 현재는 왜 반입자로 된 별이나 은하가 존재하지 않을까? 이 물음에 대한 답으로는 과거 우주에 존재하는 입자가 반입자보다 약간 더 많았기 때문으로 보고 있다.

입자와 반입자는 서로 만나 빛으로 사라진다. 그런데 입자가 약간 많았다면 결국 더 많은 입자가 살아남았을 것이고, 그 입자들이 현재의 은하를 만들었을 것이다. 그렇다면 과거에는 어떻게 입자가 반입자보다 더 많았을까?

글루온(강력)과 W, Z보존(약력)이 우주 공간을 돌아다니던 시절로 돌아가 보자. 이때의 온도는 적어도 10^{27}K 이상이 되어야 한다. 우주의 나이로 환산하면, 1초도 되지 않던 우주의 아주 초창기(나이가 10^{-32}초에 해당되던 때)에 해당된다. 우주가 태어나던 찰나다.

우주에는 렙톤과 반-렙톤, 쿼크와 반-쿼크들, 그리고 광자와 글루온, W, Z보존들이 모두 보인다. 그리고 전기력과 약력이 강력 정도로 세져서 모두들 비슷하게 힘겨루기를 하고 있었다. 이 힘들은 입자와 반입자를 만드는 과정에도 똑같이 관여한다. 감마선이 충돌하면 입자와 반입자가 만들어진다. 빛이 만나 입자와 반입자를 만든다는 것은 전기력이 작용한다는 증거다. 글루온이 충돌하면 쿼크와 반-쿼크가 만들어진다. 이 과정에는 강력이 작용한다. W보존이나 Z보존들이 충돌하면 쿼크와 반-쿼크, 또는 렙톤과 반-렙톤이 만들어진다.

입자와 반입자를 생산하는 과정에는 모든 힘이 관여하고 있지만, 힘에 따라 특성이 다르다. 전기력과 강력은 똑같은 수의 입자와 반입자를 만들어낸다. 입자 100개를 만들면 반입자도 100개가 나온다. 따라서 전기력과 강력이 작용하면 입자와 반입자의 개수에 차이가 생길 수 없다. 그러나 약력은 다르다. 입자와 반입자를 만들 때 입자가 반입자보다 약간 많게 된다. 이러한 이유로 우주 초창기에는 입자 수가 반입자의 수보다 약간 많았다고 본다.

우주가 팽창하면서 온도가 내려가면 입자와 반입자가 단계에 따라 사라진다. 가장 먼저 바리온과 반-바리온이 사라지고, 다음으로 렙톤과 반-렙톤이 사라진다. 우주가 충분히 식은 현재에 이르렀을 때는 이미 반입자가 모두 사라졌다. 오로지 여분의 입자만이 우주에 남게 되었고, 반입자로 우주를 만들 수 있는 기회는 사라졌다.

우주는 어떻게 모든 방향으로 똑같이 보일까?

우주는 아주 크다. 우주의 한쪽 끝에서 출발한 빛이 다른 끝까지 도달하려면 130억 년 이상이 필요하다. 멀리 떨어진 우주 공간들은 우주가 팽창할 때 서로 정보를 교환하면서 평형을 유지할 수 있는 시간적 여유가 없었다. 그런데도 우주의 동서남북 모든 방향의 하늘이 크게 달라 보이지 않는다. 이것은 우주 전체가 평형 상태를 유지한다는 뜻이다. 멀리 떨어져 있어 서로의 상태를 알지 못하는데도 어떻게 우주의 모든 방향에서 차이가 나지 않는 것일까? 이 역시 우주가 처음 생겼을 때의 상태에서 답을 찾아볼 수 있다.

우주 초기에는 크기가 그리 크지 않았다. 이러한 우주가 어느 순간 급팽

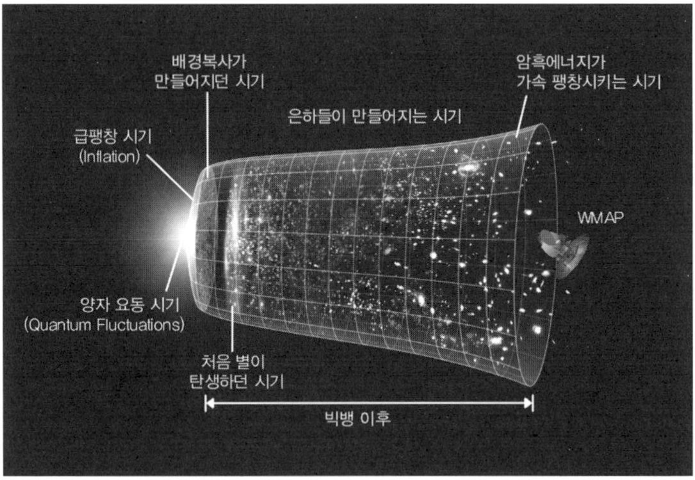

| 그림 14-6 | 우주의 급팽창 : 우리의 우주는 나이가 30만 년이 되기 전에 급팽창하던 시기가 있었다.

창하여 크게 부풀어 올라 현재 우주가 되었다는 생각을 급팽창 시나리오(Inflation Scenario)라고 한다. 급팽창 시나리오는 우주 초기에 균일하던 조그만 부분이 급팽창하면서 우리의 우주가 만들어졌다고 본다(그림 14-6). 평형 상태에 있던 초창기의 작은 우주가 급팽창 과정을 거치면서 커졌기 때문에 우주 전체가 균일해 보이고, 물질로 휘어진 공간도 급팽창하면서 평평하게 되었다고 본다. 이 주장에 따르면, 우리 우주 이외에도 우리에게 보이지 않는 다른 우주가 많이 존재할 수도 있다. 다만 현재의 우리에게 관측되지 않을 뿐이다.

그렇다면 우주는 어떤 이유로 급팽창했을까? 이에 대한 설명으로 우주의 진공 상태를 지목한다. 진공이란 에너지가 가장 낮은 상태를 말한다. 그런데 우주의 진공 상태가 어떤 이유에서인지 불안정해지고, 기존에 있던 진공 상태가 새로이 만들어진 진공 상태에 비해 에너지가 높으면 우주는 새로운 진공 상태로 떨어진다. 이 과정에서 진공의 에너지 차이가 척력 역할을 하기 때문에 우주를 기하급수적으로 팽창하게 만든다고 본다. 불안정한 진공 상태가 우주를 급팽창시키는 것이다. 이 모든 과정은 우주 초기의 찰나 시간(10^{-32}초)대에 이루어졌을 것으로 믿고 있다. 우주가 급팽창하면 온도가 낮아지고, 물질들 사이에 작용하는 힘의 세기도 달라진다. 10^{27}K의 초창기 고온 상태에서 온도가 내려가면 여러 힘들 중에서 가장 먼저 강력이 다른 힘과 구별되어 나타난다. 이 온도에서는 여전히 전기력과 약력은 비슷한 세기의 힘을 유지하기 때문에 전기약력이라고 부른다. 이 당시에 빛과 W, Z보존은 모두 질량이 없는 상태를 유지한다. 그러나 온도가 더 낮아져 10^{15}K 정도가 되면, 진공 상태가 변하면서 W보존과 Z보존이 더 이상 질량이 없는 상태가 아니라 상당히 무겁게 변한다. 이 과정에서 다른 기본 입자들도 질량을 얻게 된다. 최근 유럽핵물리연구소(CERN)

의 양성자 가속기(LHC)에서 확인한 힉스 입자는 바로 그 당시 보이던 우주의 모습을 재현하고 있다고 보면 된다.

우주의 초창기는 어떤 모습일까?

그 밖에도 많은 질문이 아직도 수수께끼로 남아 있다. 예를 들어 은하가 먼저 만들어졌을까, 아니면 별이 먼저 만들어졌을까? 참고로 우리 은하에서 발견된 가장 오래된 별은 2007년에 발견된 적색거성 HE 1523~0901이다. 이 거성은 지구에서 약 7500광년 떨어져 있으며, 나이가 132억 년 정도인 것으로 알려져 있다. 우주의 나이가 138억 년인 것을 감안하면, 우주 초창기에 생긴 별들이 초신성 폭발 후 잔해로 남은 것이 아닐까 추정한다.

우주에서 별이나 은하가 만들어지려면 질량들이 어느 정도 모아져야 한다. 어떤 과정을 거쳐야 질량들이 서로 뭉칠 수 있을까? 이런 질문들은 우주배경복사와 밀접한 관련이 있다. 그 까닭은 우주배경복사의 관측 결과는 우주의 전 공간에 걸쳐 온도 변화가 거의 없다는 것을 알려주기 때문이다. 이것은 우주 탄생 후 38만 년 전후에, 빛을 내던 당시의 물질 분포가 아주 균일했다는 것을 보여주는 강력한 증거다. 물질이 모여 은하를 만들기 위해서는 물질이 균일하지 않은 지역이 있어야만 한다. 이런 이유로 은하를 형성하기 위해서는 빛을 내는 물질뿐만 아니라 빛을 내지 않는 암흑물질도 중요한 역할을 했을 것으로 보고 있다. 하지만 어떤 과정을 거쳐 은하가 만들어졌는지를 찾는 일은 아직도 잘 알지 못한다.

한 걸음 더 나가 우주의 '시작'에 대한 질문은 어떨까? 그러나 우주의 시작에 대해서는 알려진 것이 별로 없다. 우주가 급팽창하기 이전의 우주 초기로 가면 우주의 크기는 0으로 접근한다. 이 때문에 고온 고밀도의 불덩이로 시작되었을 것으로 추정할 뿐이다. 이 영역에서는 중력과 양자 세계,

그리고 특수상대론과 통계의 세계가 합쳐지는 전혀 새로운 미지의 세계라고 볼 수 있다. 우주의 모든 법칙과 모든 물질이 하나로 통합이 이루어지는 새로운 세계이기 때문이다. 이러한 미지의 영역을 어떻게 표시할 수 있을까? 중력을 나타내는 뉴턴 상수 G, 원자 세계를 나타나는 플랑크 상수 h, 특수상대론을 나타내는 광속 c, 통계를 나타내는 볼츠만 상수 k_B를 조합하여 시간과 길이, 질량과 온도의 한계를 만들어볼 수 있다. 이를 플랑크 시간, 플랑크 길이, 플랑크 질량, 플랑크 온도라고 부른다. 그 크기를 보면 다음과 같다.

플랑크 시간 = 5.4×10^{-44}초

플랑크 길이 = 1.6×10^{-35}m

플랑크 질량 = 2.2×10^{-8}kg

플랑크 온도 = 1.4×10^{32}K

이렇게 표현한 시간과 길이는 우리의 기술로는 잴 수 없는 아주 작은 양이고, 온도 또한 상상을 초월한다. 마찬가지로 플랑크 질량은 언뜻 보면 작은 것처럼 보이지만 실제로는 어마어마하게 큰 양이다. 원자 세계의 단위로 환산해보면 플랑크 에너지는 1.2×10^{19}GeV가 나온다. 이러한 질량을 가지는 입자가 있다면 이 입자는 어떤 입자일까? 수소의 질량에너지 1GeV와 비교하면 플랑크 질량이 얼마나 큰지 쉽게 알 수 있다.

미지의 세계는 플랑크 시간이나 플랑크 길이 정도보다 더 작은 세계, 입자의 질량이 플랑크 질량보다 더 큰 세계, 온도는 플랑크 온도보다 더 높은 세계가 될 것이다. 이런 영역을 우주 특이점이라고 부른다. 과학자들은 이 영역에서는 시간이나 공간이라는 개념 자체가 없을 것으로 보고 있다.

이렇게 상상을 초월하는 미지의 세계를 양자 중력의 세계라고 한다. 이 세계는 중력과 양자론이 결합되어 새로운 세계를 보여주기 때문이다. 양자 중력의 세계는 인류에게 아주 생소한 미지의 세계다. 이를 알아내기 위해 뛰어난 학자들이 골몰하고 있다. 끈 이론으로 불리는 새로운 연구 분야는 양자 중력을 이해하기 위해 고안된 대표적 이론이다. 그러나 태초의 비밀은 여전히 꼭꼭 숨겨져 있다. 우주 초기를 다루기 위해서는 더욱 새로운 아이디어와 현재보다 더 수준 높은 수학적 도구가 필요할 것으로 보인다.

우주의 미래 모습

우주의 과거에 대한 힌트는 우주배경복사가 알려준다. 우주의 미래는 어떨까? 뉴턴과 아인슈타인의 방정식이 미래를 알려줄 수 있을까? 라플라스가 생각했듯이 미래를 과거처럼 볼 수 있을까?

아인슈타인에 따르면, 시공간의 미래는 우주에 들어 있는 물질과 에너지의 양으로 결정된다. 우주가 앞으로 계속 팽창할지, 아니면 우주가 팽창을 멈추고 수축할지는 우주 안에 들어 있는 물질과 에너지가 결정한다. 즉, 우주의 미래는 우주 안에 있는 총 에너지가 결정한다는 뜻이다.

그런데 현재 관찰한 결과에 따르면 우주는 팽창하고 있고, 그것도 가속 팽창하고 있다. 우주가 가속 팽창한다는 것은 암흑에너지의 역할이 크다는 뜻이다. 시간이 갈수록 암흑에너지의 비중이 커지리라 짐작은 하지만, 암흑에너지에 대한 정체는 제대로 알려져 있지 않다. 물질과 에너지에 대한 불확실한 정보 때문에 미래를 예측하는 것이 쉽지 않다. 그럼에도 가까운 미래에 큰 변화는 생기지 않을 것이다. 우주의 먼 미래에 대해서는 여러 가지 관점에서 유추해볼 수 있다.

원료가 사라지면?

가장 먼저 생각할 수 있는 것은 시간이 지나면 별빛을 내는 데 필요한 원료가 소진된다는 점이다. 별은 수소를 원료로 사용한다. 수소는 우주 초기에 만들어진 물질로 양이 한정되어 있다. 암흑물질을 제외한 물질의 75%가 수소다. 별들은 이 수소로 핵융합하고, 빛을 내며 무거운 원소들을 만들어낸다.

별들이 수명이 다하면서 폭발하면 무거운 원소들이 우주 전체로 퍼져나간다. 시간이 지날수록 수소는 줄어들고, 대신 무거운 원소들이 많아진다. 따라서 오래된 별에 비해 새로 태어나는 별은 무거운 원소를 더 많이 포함하고 있다. 그리고 현재 별이 태어나는 속도는 100억 년 전보다 10배나 줄었다. 시간이 갈수록 새로운 별이 태어나는 속도는 더욱 느려질 것이다. 별을 만들 수 있는 수소 원료가 줄어들었기 때문이다.

이대로 간다면 우주 나이의 100배쯤 흐른 1조 5000억 년 정도가 지나면 새로운 별을 보기 힘들 것이다. 밤하늘엔 아기 별은 보이지 않고 늙은 별들만이 남아 어쩌다 가끔 초신성 폭발을 일으키는 정도가 되지 않을까?

우주가 팽창하면?

우주는 전체적으로 팽창하고 있다. 우주가 팽창한다는 사실은 은하의 간격이 커진다는 뜻이다. 은하가 멀리 떨어져 있을수록 멀어져가는 속도가 더 크다. 그렇다고 은하 자체가 커진다는 뜻은 아니다. 우주가 기체로 균일하게 차 있다면, 우주가 팽창함에 따라 기체를 구성하는 물질의 간격도 늘어날 것이다. 그러나 은하를 구성하는 별들이 기체와 다른 점은 중력이 중요한 역할을 하고 있다는 점이다. 중력의 영향을 크게 받는 별들은 우주 팽창의 영향을 덜 받는다. 우주가 팽창한다고 별의 크기가 변하는 것도 아니고, 은하의 크기가 변하는 것도 아니다. 오히려 가까운 은하 사이에는 중력이 더욱 큰 영향력을 발휘하여 은하들이 서로 모이려는 경향도 존재한다.

우리 은하와 안드로메다도 이런 경향이 있다. 30억 년이 지나면 우리 은하와 안드로메다 은하가 서로 만나게 될 것이다. 두 은하가 충돌하면 거대한 불꽃놀이처럼 장관을 연출할 것이다. 두 은하 근처에 있는 성간물질이 뭉치면서 새로운 별들을 만들어내는 장관을 연출할 것이기 때문이다. 그뿐만이 아니다. 우리 국부은하군에 들어 있는 은하들도 아주 느리지만 서로 모이고 있다. 아마도 1000억 년 정도의 시간이 지나면 하나의 거대은하로 바뀔지 모른다.

한편, 거시적으로 보면 우주 전체는 팽창을 하고 있다. 그것도 가속 팽창을 하고 있다. 시간이 갈수록 더 빠른 속도로 팽창하고 있다는 뜻이다. 시간이 지나면 암흑에너지는 더욱 큰 영향력을 발휘할 것이다. 우주의 팽창이 가속화된다면 우주의 미래는 몹시 암울할 수밖에 없다. 클러스터들이 서로 멀어질 것이고, 우주의 온도는 더욱 떨어져 0K에 근접하게 될 것이다.

이런 상태를 거대한 결빙(Big Freeze)이라고 한다. 암흑에너지의 역할이 더욱 커져 클러스터 정도에서도 나타난다면 클러스터나 거대은하들이 더 이상 존재하지 못하고 산산조각이 날지도 모른다. 이런 상태를 거대한 부서짐(Big Rip)이라고 한다. 이 경우 우주의 궁극적인 미래는 암흑에너지에 달려 있다고 볼 수 있다.

엔트로피가 커지면?

우주의 미래를 엔트로피 입장에서 바라본다면 어떨까? 우주 전체의 엔트로피는 계속 증가한다고 알려져 있다. 열이 뜨거운 데서 차가운 데로 흐른다는 것에서 내린 결론이다. 별들이 역동성을 가지는 것은 열을 만들어내기 때문이다. 별은 질량을 열로 바꾼다. 그러나 별이 연료를 소진하면 더 작은 별로 바뀌게 되고, 결국은 블랙홀이라는 종착역에 다다를 것이다. 별은 각 단계마다 뜨거운 열을 만들어내고, 이 열이 찬 곳으로 이동하면서 은하가 역동성을 가지게 된다. 열이 이동하는 과정에서 우주의 엔트로피는 계속 증가할 수밖에 없다.

우주의 엔트로피가 계속 증가하여 더 이상 증가할 수 없는 상태에 이르지는 않을까? 더 이상 열이 이동할 수 없다면 은하의 엔진은 더 이상 작동하지 못하고 멈추게 될 것이다. 이러한 상태를 열죽음(Heat Death)이라고 부른다. 열죽음은 영국의 물리학자 1851년 톰슨(켈빈 경)이 예견했다.

열죽음 상태에서는 더 이상 새로운 사건이 일어나지 않는다. 심지어 시간조차 무의미해질 수 있다. 시간의 흐름을 분간할 수 있는 변화가 없기 때문이다. 우리 우주가 열죽음이라는 상태에 도달할까? 도달한다면 시간은 얼마나 걸릴까?

우주 초기와 미래의 엔트로피를 간단하게 비교해보자. 우주 초기의 대표적 시기는 우주가 투명해지기 시작할 때다. 현재의 우주와 달리 당시에는 원자의 수에 비해 광자가 월등히 많았다. 당시에 존재하던 광자의 수는 대략 10^{88}개라고 추측하고 있다. 광자 하나가 가지는 엔트로피를 대략 1로 잡는다면, 우주가 투명할 당시의 엔트로피는 대략 광자의 수와 같다고 보면 된다. 미래의 우주는 어떤가? 각 은하의 종착역을 블랙홀이라고 하자. 각 은하가 블랙홀로 변한다면 우주는 수천억 개의 블랙홀로 이루어질 것이다. 멕시코계 이스라엘의 물리학자 베켄슈타인(Jacob Bekenstein, 1947~현재)과 영국의 물리학자 호킹(Stephen Hawking, 1942~현재)은 블랙홀의 엔트로피를 계산했다. 블랙홀의 엔트로피는 블랙홀의 질량으로 결정된다.

따라서 은하 하나가 블랙홀로 바뀐다면 블랙홀의 엔트로피는 대략 10^{90}이 된다. 그렇다면 수천억(10^{11}) 개의 블랙홀로 이루어진 우주의 엔트로피는 $10^{11} \times 10^{90} = 10^{101}$이 된다. 광자가 우세했던 우주 초기에 비해 블랙홀로 만들어진 우주는 엄청난 엔트로피 증가가 일어난다는 것을 알 수 있다.

이제 우주 전체가 하나의 블랙홀로 바뀐다면 엔트로피는 어떻게 변할까? 우주 전체가 거대한 하나의 블랙홀로 변한다면 우주의 엔트로피는 대략 10^{120} 정도가 될 것으로 추정할 수 있다. 우주의 엔트로피가 계속 증가한다는 것을 알 수 있다.

우주 전체가 블랙홀이 될 때까지 걸리는 시간은 우주에 있는 연료가 동이 나 더 이상 핵융합이 일어나지 않을 시기까지 기다려야 하기 때문에 적어도 우주 나이 100배 이상은 되어야 할 것이다. 따라서 톰슨(켈빈 경)이 염려했던 열죽음은 조만간 일어날 가능성은 전혀 없다.

그런데 엔트로피의 이야기는 여기서 멈추지 않는다. 호킹은 블랙홀이 마지막 단계가 아니라고 주장한다. 그는 블랙홀에 원자 세계가 결합하면 블랙홀에 있던 에너지를 다시 우주로 방출할 것이라 주장했다. 이를 호킹 복사라고 부른다. 블랙홀이 에너지를 방출하면 에너지가 줄어들기 때문에 결국엔 블랙홀이 사라질 수 있다.

태양 정도의 질량을 가진 블랙홀이 사라지는 데 걸리는 시간은 대략 우주 나이의 약 10^{58}배의 시간이 걸린다. 블랙홀이 에너지를 방출하고 사라지는 데 걸리는 시간은 질량의 세제곱에 비례한다. 우주의 블랙홀이 사라지는 데 걸리는 시간은 우주 나이의 100배, 1000배와는 비교가 안 되는 긴 시간이 될 것이다.

그 후의 우주는 어떤 우주가 될 것인가? 상상을 초월하는 미래의 우주를 알아내는 일은 여러분의 상상력에 맡긴다.

더 볼 만한 자료

Cosmology, Michael Rowan-Robinson (Oxford, 2004)

『현대물리학, 시간과 우주의 비밀에 답하다*From eternity to here*』 숀 캐롤 지음, 김영태 옮김 (다른 세상, 2012)

『스트링코스모스』, 남순건 지음 (지호, 2007)

http://hubblesite.org/hubble_discoveries/dark_energy/ (2014)

http://map.gsfc.nasa.gov/ (2014)

http://www.aip.org/history/cosmology/ideas/mechuniverse.htm (2014)

맺는 글

하늘 저 멀리 떠 있는 별은 우주 공간으로 가로막혀 있어 우리와는 무관한 것처럼 보였지만, 과학이 발달하면서 우리와 별이 모두 한배를 타고 있다는 것이 점차 확실해졌다. 우주는 장엄한 역사를 이루어가고 있고, 인류 역시 그 안에서 숨 쉬고 활동해왔다. 태양과 달은 인류의 일상적인 삶에 영향을 주지만, 소행성의 출현은 지구의 역사에 영향을 준다. 우주를 바라보는 시각에 따라 전혀 다른 모습이 보인다는 것을 알 수 있다. 우리의 몸을 구성하는 모든 원소들이 실은 우주 저 멀리 다른 별에서 왔다는 사실은 얼마나 충격적인가? 우리의 근원은 모두 별에 있다. 물질을 알수록 우주의 역사가 보이고, 우주를 연구할수록 물질이 보인다.

과학이 발달함에 따라 우리가 알고 있는 상식이 해마다 바뀌고 있다. 2013년에는 우주의 진공을 바라보는 과학자들의 생각이 옳다는 것이 힉스 보존의 존재로 확인되었다. 아마도 시간이 갈수록 우주의 나이는 더욱 정밀하게 알려질 것이고, 우주 초기의 모습 또한 더욱 확실해질 것이다. 우주에 존재하는 암흑물질과 암흑에너지의 정체도 더 확실해질 것이다. 우주와 물질을 자세히 알게 될수록 현대의 물질문명은 크게 달라져왔다. 인류의 삶에 미치는 변화는 20세기 이후 가속화되고 있지만, 이를 만들어내고 있는 변화된 우주관은 일반인들에게 쉽게 알려지지 않은 형편이다.

과학의 역사를 거슬러가면, 과학은 실생활과는 상당히 떨어진 채 출발했다는 것을 알 수 있다. 논리적 사고방식과 수학적 능력, 그리고 실험을 통한 검증 능력은 상아탑 안에서 실생활과 격리된 채 2000년에 걸쳐 개발되었다. 이 능력은 현대에 이르러 마침내 자연을 다루고 이해할 수 있는 엄청난 능력으로 다시 태어났다. 천체운동은 이제 신화나 상상의 연출이 아니다. 중력이 만들어내는 드라마다. 그리고 물질 속에 숨어 있던 원자와 분자를 끌어내 일상생활의 영역으로 올려놓았다. 과학이 찾아낸 자연은 여기에서 멈추지 않았다. 우주를 우리 삶의 영역으로 가져다 놓았기 때문이다. 우주 탐사는 이제 시작일 뿐이다. 100억 년 넘게 별이 작동하여 우리의 현재 모습을 만들어놓았다. 또한 138억 년에 걸쳐 팽창한 우주가 오늘의 밤하늘을 만들었다. 우리의 우주는 어떻게 시작되었을까? 어떻게 불덩이가 생겨났을까? 이런 우주 초기의 상황은 아직 아무도 모른다. 우주 초기에 대한 연구는 여전히 호기심의 대상으로 남아 있다. 이에 비해 원자와 빛을 다루는 기술은 눈부신 발전을 이루고 있다. 원자 1개와 빛 1개를 대상으로 정밀한 실험을 하고 있다. 이를 통해 원자세계가 보여주던 측정과 인식론의 괴리에 대한 양자 수수께끼의 답을 찾아가고 있다. 그러나 이러한 연구가 앞으로 우리 일상을 어떻게 바꿀지는 아무도 모른다. 과학적 사고방식의 변화가 가져온 세기적인 변화를 고려한다면, 과학의 발달은 미래에도 적잖은 충격으로 다가올 것이다.

과학자들은 하늘에 있는 태양과 달을 보고, 이것들을 신적인 존재가 아니라 하늘의 운행 원리에 따라 움직이는 물체로 보았다. 이러한 과학자들의 생각을 어떻게 옳다고 믿을 수 있었을까? 하늘과 물질의 작동 원리를 인간의 사고방식으로 이해하는 것이 가능한 일이었을까? 누구도 장담할 수 없는 일이었지만, 결국엔 과학자들은 인간의 언어로 자연과 소통할 수 있는 기본 원리를 찾아냈다. 그 누구도 예측하지 못했던 결과가 나온 것이다. 처음에는 넘볼 수 없을 것 같았던 광활한 우주가 결국 인간이 이해할 수 있는 영역으로 바뀌어가고 있다.

현대문명을 이끄는 기술의 변화도 이와 비슷하다. 과학의 변화는 오랫동안 더디게 진행되었지만 때가 무르익자 과학이 만들어낸 기술의 변화는 세상을 전혀 다르게 바꾸어놓고 있다. 텔레비전과 컴퓨터, 휴대전화가 등장하고, 인류의 수명은 점차 연장되고 있다. 가정에서는 로봇과 인터넷, 컴퓨터가 점점 많은 부분의 역할을 담당하고 있다. 로봇을 비롯한 자동화 기기가 우리의 사회와 생활을 담당하게 된다면, 인간은 어떤 역할을 해야 할까? 그리고 지구 밖 우주에서 날아오는 소행성이 지구의 운명에 영향을 준다면, 우주와 인간은 얼마나 밀접한 관계에 있을 것인가? 우주와 원자는 미래의 우리에게 전혀 새로운 생각과 행동을 요구하고 있다.

현대의 사회와 국가는 과학기술을 부인하지 않을 뿐 아니라 오히려 장려하고 투자한다. 국가의 부가 첨단과학과 기술발전에서 창출되기 때문이다. 현대기술을 수용해야 사회의 발전을 이룰 수 있다는 믿음이 사회적으로도 뒷받침되고 있다. 그러나 이러한 적극성에 비해 정작 그 바탕이 되는 과학적 사고를 받아들이는 사회적 인식은 애매할 때가 많다. 현실화된 유전자 기술은 수용하면서 진화론에 대한 사고방식에 대해서는 갸우뚱하고, 원자와 우주의 신기술의 혜택은 누리면서 138억 년이라는 우주의 연륜에 대해 반신반의한다면 얼마나 우스꽝스러운 일인가? 우주와 물질의 깊은 원리를 이해하는 과정에서 나온 사고방식을 받아들이는 데에 주저한다면, 과연 우리의 미래가 합리적이고 건설적으로 변할 수 있을까?

16세기 이후 서양에서 일어난 과학혁명의 과정을 돌아보면서 우리의 과학을 생각하지 않을 수 없다. 동양에서는 오랜 세월 서구의 과학 수준을 능가해왔다. 중국은 기원전부터 밤하늘을 자세히 관측했고, 천문학과 수학을 발달시켜왔다. 우리의 조상들도 이에 못지않게 전문적인 천문 기록을 남겼고, 청자와 한글을 만들어 사용하는 등의 능력을 가지고 있었다. 그리고 현대적 기술의 발달은 세계의 정상을 향하고 있다. 그럼에도 오랜 세월 우리의 과학적 사고방식이 세계에서 큰 역할을 하지 못한 것은 무슨 이유에서일까? 우리에게 어떤 과학적 영웅이 필요한 것일까? 우리에게 필요한 새로운 사고방식은 무엇일까? 각 시대마다 과학적 영웅이 어떤 고민을 했는지를 자각한다면, 우리에게도 새로운 시대를 주도할 과학적 영웅이 나오지 말란 법이 없지 않을까 기대해본다.

찾아보기

ㄱ

ㅁ

ㅂ

ㅅ

ㅇ

ㅈ

ㅊ

ㅋ